装配式建筑职业技能系列丛书

装配式
建筑施工员

四川省装配式建筑产业协会　主编

U0205870

西南交通大学出版社
·成都·

图书在版编目（CIP）数据

装配式建筑施工员 / 四川省装配式建筑产业协会主编. -- 成都：西南交通大学出版社，2025.1.

ISBN 978-7-5774-0201-7

Ⅰ. TU3

中国国家版本馆 CIP 数据核字第 2024MX2403 号

Zhuangpeishi Jianzhu Shigongyuan

装配式建筑施工员

四川省装配式建筑产业协会/**主编**

策划编辑／周　杨　张少华
责任编辑／王同晓
封面设计／原谋书装

西南交通大学出版社出版发行

（四川省成都市金牛区二环路北一段 111 号西南交通大学创新大厦 21 楼　610031）

营销部电话：028-87600564　　028-87600533

网址：https://www.xnjdcbs.com

印刷：成都蜀通印务有限责任公司

成品尺寸　210 mm×285 mm

印张　21.25　　字数　586 千

版次　2025 年 1 月第 1 版　　印次　2025 年 1 月第 1 次

书号　ISBN 978-7-5774-0201-7

定价　58.00 元

随着我国建筑工业化的进程不断加快，国务院于 2016 年正式提出了装配式建筑的发展目标，我国建筑业的模式即将进化为工业化集成建造。2017 年《关于促进建筑业持续健康发展的意见》具体提出：力争用 10 年左右的时间，使装配式建筑占新建建筑面积的比例达到 30%。2020 年 7 月 23 日，住房和城乡建设部等十三个部门联合发布《关于推动智能建造与建筑工业化协同发展的指导意见》，提出大力发展装配式建筑。以建筑工业化、智能化为重要特点的装配式建筑产业，随着"新基建"时代的到来，在国家政策大力支持下，驶入了发展的"快车道"。与此同时，传统建筑产业要想得以发展就必须改造升级，紧跟行业发展潮流。

目前，装配式技术已经在各大项目中得到了初步实现，随着各地装配式建筑的不断推进和发展，装配式技术所带来的价值被广泛认可，装配式技术在建筑业中逐渐成为一种新的发展趋势。但是现阶段，装配式建筑的整体发展仍面临着诸多艰巨考验，如对装配式专业技能理解不深、装配式技术专业人才储备不足、部分中小型建筑建筑企业可能面临被整合或淘汰出局的局面。同时，装配式建筑高技能复合型创新人才的短缺，也制约着装配式建筑行业的健康可持续发展。

因此，如今的建筑业市场，亟需懂技术、会施工、精管理的装配式建筑高技能复合型人才。国务院办公厅发布的《关于大力发展装配式建筑的指导意见》明确强调了装配式建筑人才队伍建设，提出："大力培养装配式建筑专业人才，创新人才培养模式，加大职业技能培训资金投入，建立培训基地，加强岗位技能提升培训，促进建筑业农民工向技术工人转型。"为装配式建筑人才培养工作指明了方向，也为装配式建筑施工员未来的职业发展传递了新契机。

四川省装配式建筑产业协会（以下简称"协会"）以国家产业政策和市场需求为导向，聚集行业力量，凝聚发展智慧，搭建行业平台，做好政企桥梁，推动行业人才培育高质量发展。积极贯彻国家推动装配式建筑发展方针，落实产业发展政策，大力开展装配式建筑人才培训工作，筑牢装配式建筑发展根基，以人才推动装配式建筑创新发展。协会参与编制装配式建筑技术及职业标准，组织编写装配式建筑项目管理丛书，制订人才培训方案，建立装配式人才实训基地，推动校企合作，培育装配式建筑师资队伍，开展高校学科研究与专业建设，举办装配式建筑行业职业技能竞赛，培育行业工匠与高技能人才，为推动装配式建筑高质量发展发挥引导与组织作用。

本书作为装配式建筑职业技能系列丛书之一，紧密对接国家人力资源社会保障部发布的国家职业标准《装配式建筑施工员》（职业编码：6-29-01-06），可作为以新职业"装配式建筑施工员"为职业方向的个人和机构的培训使用教材和学习参考资料。本教材由四川省装配式建筑产业协会主编，以国家职业标准《装配式建筑施工员》为导向，以装配式混凝土建筑结构为主，结合行业现状与职业技术要求，聚集装配式建筑行业企业优秀力量，引进行业先进技术经验和做法，以行业技术标准为基准，着重介绍相关设计、施工工艺，做到理论结合实际，科学、合理且有效地指导装配式建筑施工员的专业操作技能，能做到规范、统一、标准、高效地提升装配式建筑施工员技能水平。

本书编写过程中，搜集了大量资料，参考了当前国家施行的设计、施工、检验和生产标准，并汲取了多方研究，引用了相关专业书籍的数据和资料。但建筑业转型升级不断推进，装配式建筑行业体系快速发展，相应的技术、规范、标准、数据、资料都在不断地推陈出新，限于我们的水平有限，书中难免有漏编、不足之处，希在使用中批评指正。

最后，向参与本书编写以及对本书内容提出帮助的领导、专家表示诚挚的感谢！

编　者

2024 年 12 月

目 录

第1章 装配式混凝土建筑概述

20世纪50年代，我国便开始了建筑工业化的道路，开始实施建筑技术改革并着手发展装配式建筑。随着工业化水平的逐步提高，装配式建筑在几十年间发展迅速，并于80年代末达到第一次高峰。

进入21世纪，我国仍积极探索发展装配式建筑，但建造方式大多仍以现场浇筑为主，装配式建筑比例和规模化程度较低，与发展绿色建筑的有关要求以及先进建造方式相比还有很大差距。2016年9月国务院常务会议提出：按照推进供给侧结构性改革和新型城镇化发展的要求，大力发展钢结构、混凝土等装配式建筑，具有发展节能环保新产业、提高建筑安全水平、推动化解过剩产能等一举多得之效。发展装配式建筑与我国可持续发展战略不谋而合，更是实现建筑工业化的必由之路，装配式技术迎来再一次发展的契机。

近年来，我国加快推动建筑业转型升级，推动装配式建筑行业高质量发展。数据显示，2022年，全国新开工装配式建筑面积达8.1亿平方米，较2021年增长9.46%。2023年我国装配式新开工面积达10.16亿平方米，占全国房屋新开工面积比例超过25%。

1.1 装配式建筑政策

1.1.1 国家层面装配式建筑相关政策

"十二五"以来，我国高度重视装配式建筑的发展和应用，将其作为促进我国建筑行业转型升级的重要措施，进行了大面积推广。2016年，国务院发布了《关于进一步加强城市规划建设管理工作的若干意见》作为开端，提出"大力推广装配式建筑"，明确了发展装配式建筑是建筑行业建造方式的重大变革。近年来，国家层面陆续发布的推广装配式建筑的政策汇总见表1.1。

表1.1 国家层面推广装配式建筑的政策汇总

颁发部门	时间	政策文件
中共中央、国务院文件	2016年2月	中共中央 国务院《关于进一步加强城市规划建设管理工作的若干意见》（2016年第7号）
	2017年9月	中共中央 国务院《关于开展质量提升行动的指导意见》（2017年第27号）

颁发部门	时间	政策文件
中共中央、国务院文件	2018 年 6 月	中共中央 国务院《关于全面加强生态环境保护 坚决打好污染防治攻坚战的意见》（2018 年第 19 号）
	2021 年 10 月	中共中央办公厅 国务院办公厅印发《关于推动城乡建设绿色发展的意见》（2021 年第 31 号）
	2023 年 2 月	中共中央 国务院发布《质量强国建设纲要》（2023 年第 5 号）
	2016 年 9 月	国务院办公厅《关于大力发展装配式建筑的指导意见》（国办发〔2016〕71 号）
	2017 年 2 年	国务院办公厅《关于促进建筑业持续健康发展的意见》（国办发〔2017〕19 号）
	2021 年 10 月	国务院《2030 年前碳达峰行动方案的通知》（国发〔2021〕23 号）
	2023 年 11 月	国务院《空气质量持续改善行动计划》（国发〔2023〕24 号）
住房和城乡建设部文件	2016 年 12 月	住房和城乡建设部《关于印发装配式混凝土结构建筑工程施工图设计文件技术审查要点的通知》（建质函〔2016〕287 号）
	2017 年 3 月	住房和城乡建设部《关于印发建筑节能与绿色建筑发展"十三五"规划的通知》（建科〔2017〕53 号）
	2017 年 3 月	住房和城乡建设部《关于印发〈"十三五"装配式建筑行动方案〉〈装配式建筑示范城市管理办法〉〈装配式建筑产业基地管理办法〉的通知》（建科〔2017〕77 号）
	2017 年 4 月	《住房和城乡建设部关于印发建筑业发展"十三五"规划的通知》（建市〔2017〕98 号）
	2019 年 12 月	全国住房和城乡建设工作会议
	2020 年 7 月	住房和城乡建设部等部门《关于推动智能建造与建筑工业化协同发展的指导意见》（建市〔2020〕60 号）
	2020 年 8 月	住房和城乡建设部等部门《关于加快新型建筑工业化发展的若干意见》（建标规〔2020〕8 号）
	2022 年 1 月	住房和城乡建设部关于印发《"十四五"建筑业发展规划的通知》（建市〔2022〕11 号）
	2022 年 3 月	住房和城乡建设部关于印发《"十四五"住房和城乡建设科技发展规划的通知》（建标〔2022〕23 号）
	2022 年 3 月	住房和城乡建设部关于印发《"十四五"建筑节能与绿色建筑发展规划的通知》（建标〔2022〕24 号）
	2024 年 3 月	国家发展改革委、住房城乡建设部发布《加快推动建筑领域节能降碳工作方案》（国办函〔2024〕20 号）

2016 年 2 月，中共中央、国务院发布《关于进一步加强城市规划建设管理工作的若干意见》，提出"大力推广装配式建筑"，"加大政策支持力度，力争 10 年左右时间，使装配式建筑占新建建筑的比例达到 30%"。2016 年 9 月，国务院办公厅印发《关于大力发展装配式建筑的指导意见》，明确了发展装配式建筑是建造方式的重大变革，是推进供给侧结构性改革和新型城镇化发展的重要举措，并提出 8 项重点任务，是我国今后一段时间内推进装配式建筑的纲要。这些政策从国家

层面上，为发展装配式建筑发展奠定了基础。2017 年，住房和城乡建设部为全面推进装配式建筑的发展，出台了《"十三五"装配式建筑行动方案》《装配式建筑示范城市管理办法》《装配式建筑产业基地管理办法》等，为装配式建筑发展提供了措施保障。2022 年，住房和城乡建设部陆续出台了《"十四五"建筑业发展规划》《"十四五"住房和城乡建设科技发展规划》等，要求以建筑工业化为核心，以装配式建筑为载体，加大政策支持力度，推广应用绿色建材，推进实施绿色施工，推进建筑产业现代化。同时建立与装配式建筑相适应的工程建设管理制度，鼓励企业进行工厂化制造、装配化施工，在全国布局建设装配式建筑产业基地。因地制宜大力发展装配式建筑，推动智能建造与建筑工业化协同发展，装配化建造方式占比稳步提升，使装配式建筑占新建建筑面积比例达到 30%。

1.1.2　四川省装配式建筑相关政策

自 2017 年四川省人民政府印发《关于大力发展装配式建筑的实施意见》以来，四川省陆续出台了《关于推动四川建筑业高质量发展的实施意见》《推进装配式建筑发展三年行动方案》《四川省装配式建筑装配率计算细则》等，在文件明确了装配式建筑发展目标、重点工作、保障措施等。2021 年四川省就"大力发展装配式建筑，加快新型建筑工业化发展"相继出台了《2021 年全省推进装配式建筑发展工作要点》《2022 年全省推进装配式建筑发展工作要点》《提升装配式建筑发展质量五年行动方案》《关于推动智能建造与建筑工业化协同发展的实施意见》《四川省加快培育新时代建筑产业工人队伍的实施方案》《四川省"十四五"建筑业发展规划》《加快转变建筑业发展方式推动建筑强省建设工作方案》等装配式相关政策。政策提出实施提升装配式建筑发展质量五年行动计划，在成都平原、川东北、川南、川西北、攀西五大区域统筹布局装配式建筑产业基地，推动装配式建筑建造水平和建筑品质明显提高。另外政策要求政府投资或主导的项目按照 50% 装配率进行建造，市政基础设施项目积极推行装配式技术，到 2025 年，全省新开工装配式建筑占新建建筑 40%。

成都市近两年来也相继出台了《关于印发成都市绿色建筑创建行动实施计划的通知》《关于大力推进绿色建筑高质量发展助力建设高品质生活宜居地的实施意见》《关于进一步提升我市建设工程装配式要求的通知》《成都市建筑业发展"十四五"规划》等多项政策。政策指出加强新型建筑工业化、系统化产品的集成应用，提升对部品部件的标准化设计、工厂化生产、装配化施工、集成化应用和全生命期智能化管理能力，全面推进新型建筑工业化发展。同时加大智能建造在工程建设各环节应用，形成涵盖科研、设计、生产加工、施工装配、运营等全产业链融合一体的智能建造产业体系，推动智能建造发展。政策要求项目装配率不低于 40%，政府投资及总建筑面积大于 20 万 m² 的项目，装配率不低于 50%，到 2025 年，装配式建筑占当年城镇新建建筑比例达到 80%。

四川其他市（州）也相继出台了促进装配式建筑发展的相关政策，有力地支撑了装配式建筑推广应用。如德阳市住房和城乡建设局印发《关于明确已出让土地项目装配式建筑建设要求（2021 年版）的通知》、绵阳市住房和城乡建设局印发《关于公开征求绵阳市装配式建筑审查要点（征求意见稿）意见的通知》、广元市人民政府办公室印发《广元市大力发展装配式建筑实施方案的通知》、泸州市住房和城乡建设局等五部门印发《泸州市加快建筑业高质量发展推动建筑强市建设工作方案的通知》等。

1.2　装配式建筑概念

1.2.1　装配式建筑定义

装配式建筑从狭义上讲，是指全部或者部分建筑构件、配件、部品等采用模数协调的设计方法，在工厂预制完成，通过运输在建筑工地现场按照一定的连接方式进行组装的建筑设计与建造的建筑。

装配式建筑从广义上讲，是建筑工业化的设计与建造方式，不仅仅体现在预制构件的应用，而是建筑设计、建造、使用以及后期运行维护全寿命周期范围内，采用标准化设计、工业化生产、装配式实施、一体化装修以及信息化管理的全过程。

与传统建筑的设计与建造相比，装配式建筑的生产过程具有一定程度的科学性和先进性。这种先进性不仅体现在设计与建造技术方面，而是在整个生产过程中体现不同专业、企业以及市场的协同性，从建筑生产和组织理念以及能力等方面所产生的根本变革。与传统建筑设计与建造过程中各环节相对分离的状态不同，装配式建筑是以建筑整体为最终产品进行的设计与建造，整个过程中强调一体化，具有系统化和集约化的特点。装配式建筑以标准化设计为前提，采用建筑工业化的理念，其中建筑师不仅仅对建筑设计环节负责，并且对建筑生产和全过程进行控制。从标准化设计逐渐实现建筑领域的工业化建造以及建筑产业的现代化。

1.2.2　建筑工业化的概念

新型建筑工业化是采用标准化设计、工厂化生产、装配化施工、一体化装修和信息化管理为主要特征的生产方式，并在设计、生产、施工、开发等环节形成完整的、有机的产业链，实现房屋建造全过程的工业化、集约化和社会化，从而提高建筑工程质量和效益，实现节能减排与资源节约。

1.2.3　装配式建筑与建筑工业化、建筑产业化

建筑工业化是装配式建筑发展的路径。建筑工业化指从传统建造方式向现代工业化建造方式转变的过程，是以建筑为最终产品，并在房屋建造全过程中，采用标准化设计、工厂化生产、装配化施工、一体化装修和信息化管理等为主要特征的工业化生产方式。装配化是建筑工业化的主要特征和组成部分，工程建造的装配化程度具体体现了建筑工业化的程度和水平。建筑工业化是运用现代工业化的组织和生产手段，对建筑生产全过程的各个阶段的各个生产要素的技术集成和系统整合，达到建筑设计标准化，构件生产厂化，部品系列化，现场施工装配化，土建装修一体化，生产经营社会化形成有序的工业化流水式作业，从而提高质量、提高效率、提高寿命，降低成本、降低能耗。因此，发展装配式建筑是实现建筑工业化的核心和路径。

建筑产业现代化是装配式建筑发展的目标。现阶段以装配式建筑发展作为切入点和驱动力，其根本目的在于推动并实现建筑产业现代化。建筑产业现代化以建筑业转型升级为目标，以装配

式建造技术为先导，以现代化管理为支撑，以信息化为手段，以建筑工业化为核心，通过与工业化、信息化的深度融合，对建筑的全产业链进行更新、改造和升级，实现传统生产方式向现代工业化生产方式转变，从而全面提升建筑工程的质量、效率和效益。建筑产业现代化针对整个建筑产业链的产业化，解决建筑业全产业链、全寿命周期的发展问题，重点解决房屋建造过程的连续性问题，使资源优化，整体效率最大化。建筑工业化是生产方式的工业化，是建筑生产方式的变革，主要解决房屋建造过程中的生产方式问题，包括技术、管理、劳动力、生产资料等，目标更具体明确。标准化、装配化是工业化的基础和前提，工业化是产业化的核心。只有工业化达到一定程度才能实现产业现代化。因此，产业化高于工业化，建筑工业化的发展目标就是实现建筑产业现代化。

1.3　装配式建筑结构体系

装配式建筑按照结构材料不同分成三类，即装配式混凝土结构、装配式钢结构和装配式木结构。

1.3.1　装配式混凝土结构

装配式混凝土结构作为三类中最常见的一种，是以工厂化生产的混凝土预制构件为主，并在现场装配为整体结构，是我国建筑结构发展的重要方向之一，在装配式建筑市场中占有主导地位。与传统建筑的结构分类相似，装配式混凝土结构建筑中最为常用的通用体系包括装配式混凝土剪力墙结构、装配式混凝土框架结构和装配式混凝土框架-现浇剪力墙结构，其中装配式混凝土剪力墙结构多用于住宅建筑。装配式混凝土结构建筑体系如今普遍采用装配与现浇技术相结合的施工手法。

1. 装配式剪力墙结构体系

装配式剪力墙结构是全部或部分剪力墙采用预制墙板组成的装配整体式混凝土结构，通过竖缝节点区后浇混凝土和水平缝节点区后浇混凝土带或圈梁实现结构的整体连接，具有工业化程度高特点。目前还存在的装配整体式双面叠合混凝土剪力墙结构也较为常用，就是将剪力墙从厚度方向划分为三层，内外两侧预制，通过桁架钢筋连接，中间现浇混凝土，可操作性空间大。

2. 装配式框架结构体系

装配式框架结构体系是全部或部分框架梁、柱采用预制构件组成，其主要结构构件包括梁（预制梁或预制叠合梁）、板、柱等。相比于剪力墙结构，框架结构平面布置更加灵活，能够满足多种建筑功能需求。我国装配式框架结构主要用于低层、多层的厂房、商场、办公楼等需要开敞且相对灵活空间的公共建筑。

3. 装配式框架-现浇剪力墙结构体系

装配式框架-现浇剪力墙结构体系为全部或部分预制的框架结构和现浇剪力墙结构相结合的

装配式混凝土结构体系，主要结构构件包括竖向结构构件（全部或部分预制柱和预制/叠合剪力墙）和水平方向结构构件（叠合楼板、叠合梁等）。剪力墙通常集中布置在建筑核心区域，形成较高的结构刚度和承载力；框架结构布置在建筑周边区域，加强抗侧力。剪力墙形成的区域可作为竖向交通和设备空间。框架结构形成的空间更加自由，可以满足更多的功能要求。装配式框架-现浇剪力墙结构体系既有理想的高度又能够实现大空间，可广泛用于各类公共建筑和居住建筑。

1.3.2　装配式钢结构

装配式钢结构的结构系统是由钢（构）件组成，其对钢材结构、维护系统、设备与管线系统和内装系统要求较高，并且要建立在四者协调工作的前提下。该结构建筑现场无现浇节点，但是由于自身重量较轻，安装起来较快。钢材结构的延展性决定了装配式钢结构在抗震性上具有独一无二的优势，对建成后的建筑而言，其质量可以得到很好的保证。但装配式钢结构也有不完美的地方，它不具备较高耐火性能，容易被腐蚀、锈蚀。随着建筑钢结构技术的发展，钢结构防火防腐方面逐步得到有力保障。

1.3.3　装配式木结构

装配式木结构是指作为主要承重构件和搭配组件的木制产品在制作车间生产完毕后，经现场直接安装而建成的木结构建筑。它具有设计灵活、改造方便、抗震性能好、质量轻、可再生的特点。但它的缺点也比较明显，强度低、容易被虫蛀或腐蚀，维护成本较高；主材属于易燃材料，不具备较强防火能力。

1.4　部品部件类型

装配式混凝土结构目前主要部品部件类型包括：预制叠合板、预制楼梯、预制梁、预制柱、预制剪力墙、预制空调板、预制外墙板、工业厂房构件、装饰部品部件等。

1.4.1　预制叠合板

桁架钢筋混凝土叠合板（简称叠合板）是在钢筋桁架下弦处浇筑一定厚度的混凝土，形成的一种带钢筋桁架的混凝土水平构件，是目前我国装配式混凝土结构（简称 PC 结构）中最常用的楼板形式。作为 PC 结构重要水平构件，预制叠合板（图 1.1）采用工厂流水线生产，具有节约模板，提高施工速度，改善作业环境及良好的外观质量等优点，被广泛应用。

图 1.1　预制叠合板

1.4.2　预制楼梯

　　预制楼梯是将房屋建筑中梯段在工厂加工成型，上下支座采用销键与平台梁进行连接，是目前我国 PC 结构中最常用的预制构件，如图 1.2。预制楼梯采用工厂一次成型，外观质量佳，无须二次饰面，并快速形成竖向通道，减少模板支撑，节约工期等优势，被广泛应用。

图 1.2　预制楼梯

1.4.3　预制叠合梁

　　预制叠合梁是房屋结构中一种叠合受弯构件,如图 1.3,沿梁高方向预留一定高度(≥150 mm)现场浇筑，梁下部纵筋、腰筋、箍筋在工厂预制成型，并外伸锚进现浇部位，梁上部纵筋及箍筋帽在现场安装后再进行叠合层混凝土浇筑。预制叠合梁刚度大，可采用简易支撑架，减少现场模架支设。

图 1.3 预制叠合梁

1.4.4 预制柱

预制柱是框架房屋结构的竖向承重构件，梁柱节点位置采取现场浇筑，预制柱纵筋采用灌浆套筒连接，等同现浇结构整体性，如图 1.4。

图 1.4 预制柱

1.4.5　预制剪力墙

预制剪力墙是高层剪力墙房屋结构中的竖向受力构件,如图 1.5,构件水平连接通过水平钢筋外伸锚进现浇段,竖向连接采用灌浆套筒连接,等同现浇结构整体性。通过工厂预制加工,产品精度高,成型质量好,安装效率高,减少现场施工作业量。

图 1.5　预制剪力墙

1.4.6　预制外围护墙

预制外围护墙(图 1.6)是房屋建筑的非承重外墙构件,水平连接通过构造钢筋锚进现浇部位,竖向连接可采取外伸钢筋锚进现浇部位或灌浆套筒连接方式。可将窗框与构件整体一次浇筑成型,亦可将外墙装饰、保温在工厂加工,减少后期现场施工工序。

图 1.6　预制外围护墙

1.4.7 其他预制构件

根据项目现场实际需要，还有预制阳台、预制飘窗、预制空调板、预制女儿墙等其他预制构件，如图 1.7，整体预制成型，预留外伸钢筋锚进现浇部位。

图 1.7 其他预制构件

1.5 装配率计算与评价

1.5.1 国家装配式建筑评价

为加强装配式建筑评价体系的科学性和可操作性以及适应我国装配式建筑当前的需求和发展，我国在 2017 年发布《装配式建筑评价标准》GB/T 51129—2017，同时废止了《工业化建筑评价标准》GB/T 51129—2015。新标准将原有标准构件预制率和建筑部品装配式双指标概念进行了整合，同时将全国各省市对装配式建筑装配化程度不同的标准进行了整合，统一以装配率作为评价指标。

国家装配式建筑评价标准包括五章内容，分别是总则、术语、基本规定、装配率计算和评价等级等。该标准适用于民用建筑包括居住建筑和公共建筑。其核心部分是装配率的计算规则，以单体建筑作为计算和评价单元，将单体建筑室外地坪以上的主体结构、围护墙和内隔墙、装修和设备管线等采用预制部品部件的综合比例，用装配率这一指标来反映装配化程度。装配率按照式（1.1）计算：

$$P = \frac{Q_1 + Q_2 + Q_3}{100 - Q_4} \times 100\% \tag{1.1}$$

其中：P——装配率；

　　　　Q_1——主体结构指标实际得分值；

　　　　Q_2——围护墙结构；

　　　　Q_3——装修和设备管线；

　　　　Q_4——Q_1、Q_2、Q_3 中缺少的评分值总和。

具体的评分要求详见表 1.2

表 1.2　国家装配式建筑评价指标

评价项		评价要求	评价分值	最低分值
主体结构 （50分）	柱、支撑、承载墙、延性墙板等竖向构件	35%≤比例≤80%	20~30*	20
	梁、板、楼梯、阳台、空调板等构件	70%≤比例≤80%	10~20*	
围护墙和内隔墙 （20分）	非承重围护墙非砌筑	比例≥80%	5	10
	围护墙与保温、隔热、装饰一体化	50%≤比例≤80%	2~5*	
	内隔墙非砌筑	比例≥50%	5	
	内隔墙与管线、装修一体化	50%≤比例≤80%	2~5*	
装修和设备管线 （30分）	全装修	—	6	—
	干式工法楼面、地面	比例≥70%	6	
	集成厨房	70%≤比例≤90%	3~6*	
	集成卫生间	70%≤比例≤90%	3~6*	
	管线分离	50%≤比例≤70%	4~6*	

《装配式建筑评价标准》GB/T 51129—2017 规定了装配率计算的方法，该标准同时规定了参评建筑可以评价为装配式建筑的基本条件：

（1）主体结构的评价得分>20 分；

（2）围护墙和内隔墙的评价得分>10 分；

（3）采用全装修；

（4）总体装配率≥50%。

在满足以上 4 条的基础之上对装配率进行等级划分，划分为三个等级，分别是 A 级（装配率为 60%~75%）、AA 级（装配率为 76%~90%）、AAA 级（装配率为 91%以上）。

1.5.2　四川省装配式建筑评价

为进一步推动四川省的装配式建筑发展，同时与《装配式建筑评价标准》GB/T 51129—2017 的基本要求接轨，提升标准化建设水平，推进系统集成技术发展应用，四川省于 2020 年 9 月发布《四川省装配式建筑装配率计算细则》（川建建发〔2020〕275 号），原《四川省装配式建筑装配率计算细则（试行）》（川建建发〔2018〕300 号）同时废止。

装配式建筑施工员

《四川省装配式建筑装配率计算细则》评级内容包括 5 部分：标准化、主体结构、外围护系统、内装系统、管线系统，适用于四川省装配式建筑单体建筑装配率的计算，包括混凝土结构、钢结构、木（竹）结构、混合结构等结构类型。其核心部分也是装配率的计算规则，以单体建筑作为计算和评价单元，将单体建筑室外地坪以上的标准化、主体结构、外围护系统、内装系统、管线系统等采用预制部品部件的综合比例，用装配率这一指标来反映装配化程度。装配率按照式（1.2）计算：

$$P = \frac{Q_1 + Q_2 + Q_3 + Q_4 + Q_5}{100} \times 100\% \tag{1.2}$$

其中：P——单体建筑装配率；

Q_1——标准化指标实际得分值；

Q_2——主体结构系统指标实际得分值；

Q_3——外围护系统指标实际得分值；

Q_4——内装系统指标实际得分值；

Q_5——管线系统指标实际得分值。

《四川省装配式建筑装配率计算细则》按照居住建筑、公共建筑和工业建筑的特点分别给出评分项及评分值，具体的评分项及评分值详见表 1.3 ~ 表 1.5：

表 1.3　四川省装配式建筑评价指标（居住建筑）

评价项			评价要求	评价分值	最低分值
标准化 Q_1（5分）	标准户型应用比例 q_{1a}		≥70%	5	
	标准模数的套内空间应用比例 q_{1b}		≥50%		
	标准宽度的预制剪力墙应用比例 q_{1c}		≥70%		
	标准宽度的预制楼面板应用比例 q_{1d}		≥70%		
	标准化预制构件应用比例 q_{1e}		≥70%		
主体结构系统 Q_2（45分）	竖向承重构件 q_{2a}		15%~70%	5~25	20
	水平承重构件 q_{2b}		40%~80%	5~20	
外围护系统 Q_3（10分）	非承重外围护墙体非砌筑 q_{3a}		≥80%	5	
	非承重外围护墙体保温一体化 q_{3b}		50%~80%	1~2.5	
	外围护墙体装饰一体化 q_{3c}		50%~80%	1~2.5	
内装系统 Q_4（34分）	内部装修 q_{4a}	全装修（仅公区装修时）	—	6（3）	15
	内隔墙非砌筑 q_{4b}		≥50%	5	
	内隔墙与管线、装修一体化 q_{4c}	内隔墙与管线一体化 q_{4c1}	50%~80%	1~2.5	
		内隔墙与装修一体化 q_{4c2}		1~2.5	
	混凝土楼板底面免抹灰 q_{4d}		≥70%	2	
	墙面免抹灰 q_{4e}	内隔墙体免抹灰 q_{4e1}	≥70%	3	
		室内混凝土墙体免抹灰 q_{4e2}	≥70%		
	内墙面干法装修 q_{4f}		≥70%	4	
	厨房 q_{4g}	集成式成品厨房 q_{4g1}	≥70%	3	
		干式工法 q_{4g2}			

评价项			评价要求	评价分值	最低分值
内装系统 Q_4（34 分）	卫生间 q_{4h}	集成式成品卫生间 q_{4h1}	≥70%	3	
		干式工法 q_{4h2}			
	楼地面 q_{4i}	干式工法 q_{4i1}	≥50%	3	
		楼地面隔声、保温一体化 q_{4i2}			
管线系统 Q_5（6 分）	管线分离 q_{5a}	竖向管线与墙体分离 q_{5a1}	50%～70%	2～3	
		水平管线与楼面湿作业分离 q_{5a2}	50%～70%	2～3	

表 1.4　四川省装配式建筑评价指标（公共建筑）

全装修					
评价项		评价要求	评价分值	最低分值	
标准化 Q_1（5 分）	标准柱网应用比例 q_{1a}	≥70%	5		
	标准宽度的预制剪力墙应用比例 q_{1b}	≥70%			
	预制柱截面尺寸类型 q_{1c}	≤3			
	标准宽度的预制楼面板应用比例 q_{1d}	≥70%			
	预制梁截面尺寸类型 q_{1e}	≤3			
主体结构系统 Q_2（50 分）	竖向承重构件 q_{2a}	15%～80%	5～25	25	
	水平承重构件 q_{2b}	40%～80%	5～20		
	预制梁 q_{2c}	≥40%	5		
外围护系统 Q_3（22 分）	非承重外围护墙体非砌筑 q_{3a}	50%～80%	5～10	5	
	外围护墙体保温一体化 q_{3b}	50%～80%	2～6		
	外围护墙体装饰一体化 q_{3c}	50%～80%	2～6		
内装系统 Q_4（18 分）	全装修 q_{4a}	--	6	10	
	内隔墙非砌筑 q_{4b}	≥50%	5		
	内隔墙与管线、装修一体化 q_{4c}	50%～80%	2～5		
	集成卫生间 q_{4e}	≥70%	2		
管线系统 Q_5（5 分）	管线与主体结构分离 q_{5a}	50%～70%	2～5		
仅公区和确定使用功能的区域装修					
评价项		评价要求	评价分值	最低分值	
标准化 Q_1（5 分）	标准柱网应用比例 q_{1a}	≥70%	5		
	标准宽度的预制剪力墙应用比例 q_{1b}	≥70%			
	预制柱截面尺寸类型 q_{1c}	≤3			
	标准宽度的预制楼面板应用比例 q_{1d}	≥70%			
	预制梁截面尺寸类型 q_{1e}	≤3			
主体结构系统 Q_2（50 分）	竖向承重构件 q_{2a}	15%～80%	5～25	25	
	水平承重构件 q_{2b}	40%～80%	5～20		
	预制梁 q_{2c}	≥40%	5		

仅公区和确定使用功能的区域装修				
	评价项	评价要求	评价分值	最低分值
外围护系统 Q_3（27分）	非承重外围护墙体非砌筑 q_{3a}	50%~80%	10~15	15
	外围护墙体保温一体化 q_{3b}	50%~80%	2~6	
	外围护墙体装饰一体化 q_{3c}	50%~80%	2~6	
内装系统 Q_4（13分）	公区和确定使用功能的区域全装修 q_{4a}	--	3	
	内隔墙非砌筑 q_{4b}	≥50%	5	
	内隔墙与管线、装修一体化 q_{4c}	50%~80%	2~4	
	集成卫生间 q_{4e}	≥70%	1	
管线系统 $Q5$（5分）	管线与主体结构分离 q_{5a}	50%~70%	2~5	

表 1.5　四川省装配式建筑评价指标（工业建筑框架结构）

	评价项	评价要求	评价分值	最低分值
标准化 Q_1（5分）	标准柱网应用比例 q_{1a}	≥70%	5	
	预制柱截面尺寸类型 q_{1b}	≤3		
	预制梁截面尺寸类型 q_{1c}	≤3		
	标准宽度的预制楼面板应用比例 q_{1d}	≥70%		
主体结构系统 Q_2（60分）	竖向承重构件 q_{2a}	40%~80%	15~30	30
	水平承重构件 q_{2b}	40%~80%	5~20	
	预制梁 q_{2c}	40%~80%	5~10	
外围护系统 Q_3（30分）	非承重外围护墙体非砌筑 q_{3a}	50%~80%	10~15	10
	外围护墙体保温一体化 q_{3b}	50%~80%	2~7.5	
	外围护墙体装饰一体化 q_{3c}	50%~80%	2~7.5	
内装系统 Q_4（0分）	—	—	—	
管线系统 Q_5（5分）	管线与主体结构分离 q_{5a}	50%~70%	2~5	

　　相较于《装配式建筑评价标准》GB/T 51129—2017，四川省细则的基本指标体系相同，装配率计算基本规则类似，针对公共建筑和工业建筑单独提出目标，并且工业建筑较国标要求高，居住建筑和高层公共建筑考虑扣除公摊相对合理。计算细则体现了主体结构、围护墙体、内部装修以及设备管线等四个方面装配化的要求，反映了四川省装配式建筑的推进摆脱了依托单一预制构件推进的状态。同时细则对不同类型建筑提出不同的要求，居住建筑以三板为主，要求相对较易推进；公共建筑和工业建筑结构体系的选择空间较大，预制与装配广泛，尤其是工业建筑要求竖向构件应当采用装配式。

第 2 章　装配式混凝土构件制作

2.1　生产线概述

2.1.1　生产线的类型

我国 PC 构件的制作在工厂进行,采用工业化的手段,将 PC 构件制作的设备、工艺组合为生产线,按照设备与工艺的不同,PC 构件生产线可分为各种类型。

模具是 PC 构件预制成型的主要载体,也是 PC 构件生产过程的工艺承载平台。按照模具是否移动,可以将 PC 构件生产线分为两种主要的类型,分别为设备位置相对固定,模具依次流转到各设备位置进行工艺作业的流水生产线,以及工艺作业位置相对固定,不同设备轮流到达该位置作业的固定模位生产线。一般而言,在生产线上进行作业的工人会相对固定的操作某一设备或进行某一工序的作业,也就是人跟着设备走。按此理解,流水生产线和固定模位生产线的区别也可以看成主要作业工人的工作位置是否移动,工位不移动的是流水生产线,工位移动的是固定模位生产线。以混凝土预埋件入模工序为例,流水生产线和固定模位生产线原理差异如图 2.1 所示。

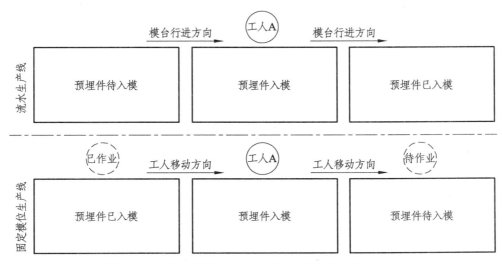

图 2.1　流水生产线与固定模位生产线典型特征示意

　　这两种类型的生产线根据布置形态、规模以及工艺设备的选用的不同又分为多个细分类别，适用各种类型产品的生产。流水生产线将模台的流转线路设置为一个封闭的环形，即成为普遍的环形流水生产线，环形流水生产线以其较高的生产效率和能源利用率在国内大量应用，几乎每一个大型 PC 构件工厂均布置有环形流水生产线。固定模位生产线有使用模台作为底模的，也有不使用模台而使用成套模具在地面进行作业的。使用模台的主要有长线台座生产线与固定台座生产线，其中固定台座生产线应用最为广泛，但目前长线台座生产线也开始逐渐普及。不使用模台的固定模位生产线形式灵活，但模具成本较高且效率较低，一般只用于特殊规格的预制构件的生产，规模极小且需要随时调整，往往不组合成固定的生产线，而是"哪里需要哪里搬"。

　　应当认识到，无论何种生产线，按照正常的生产工艺流程，均可以组织流水生产。当然在特别情况下，所有生产线也可以都不按流水作业组织生产。其中最主要的区别在于生产效率和能源利用率。

　　PC 构件工厂的生产线除了制作 PC 构件的主要生产线以外，还有进行混凝土拌和以及钢筋加工的搅拌站以及钢筋生产线等辅助生产线。这些辅助生产线也是 PC 构件工厂的重要组成部分。结合各个工厂的实际条件与目标产品，将各种生产线进行组合，形成各具特色的 PC 构件工厂。

2.1.2　环形流水生产线

　　环形流水生产线是将模台运转路线设计为封闭的环形，在环形的各个部分布置作业工艺，配置相应的工艺设备。一般情况下，模台承载着在制品，在环形流水生产线上运转一圈，即可完成相应预制构件的生产制作过程。按照普通预制构件的生产工艺，环形流水生产线的生产环节可分为：模具清理、涂刷脱模剂、模具组装、钢筋入模、预埋件入模、混凝土作业、养护、脱模，如图 2.2 所示。

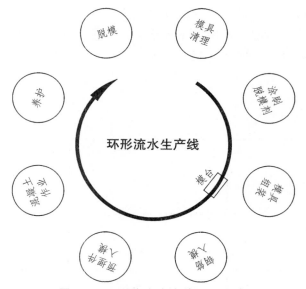

图 2.2　环形流水生产线原理示意

　　PC 构件主体材料是混凝土，在图 2.2 描述的 8 个作业环节当中，有 5 个环节均处于混凝土浇筑之前，是为混凝土浇筑做的准备。同时，这 5 个环节也确定了 PC 构件产品的尺寸、形状以及内部构成。为了提高生产效率、缩短生产周期，PC 构件产品的生产过程中对混凝土采取蒸汽养护的工艺。蒸汽养护的原理是将一定形态的混凝土置入高温高湿的环境中,加快混凝土的水化反应,快速硬化形成足够的强度。环形流水线上的蒸汽养护工序一般使用立体养护窑,模台顺序进出养护窑,在养护窑中停留足够的工艺时间。PC 构件进行混凝土浇筑后,并不能马上进入养护窑,根据不同的构件类型,需要不同的静停时间让混凝土进行初凝,以及进行必要的收面、压光等作业。在环境气温较低时,还使用预养窑加速这段工艺过程。

综上所述,环形流水生产线一般以混凝土浇筑作业环节为中间点,将生产线划分为两个部分。典型的环形流水生产线工艺布置如图 2.3 所示。

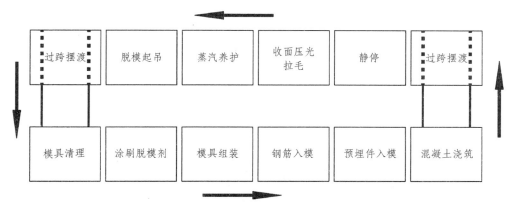

图 2.3　典型的环形流水生产线工艺布置示意

环形流水生产线工艺循环流转,对于某一具体 PC 构件来说,可以将模具清理当作是其工艺起点,将脱模起吊当作其工艺终点。模台承载着在制产品,由布置于地面的驱动装置推动,沿工艺路线运行,在各作业位置停留相应的工作时间,在严格执行流水作业的环形流水线上,模台在每一个模位的停留时间相同。模台从上一个模位启动,到离开下一个模位的时间称为流水节拍,根据实际情况,流水节拍一般从 6 min 到 12 min 不等。对于具体的工艺环节,设置不同的模位数量以匹配所需的作业时间。如在 8 min 流水节拍的生产线上,预埋件入模可布置两个模位,而静停模位可布置 8 ~ 10 个,以匹配工艺时间。

对于单条生产线来说,流水节拍越快(时间越短),其单位时间内的产能越大。但每个工艺环节的作业时间以及工艺时间相对固定,也就是说,流水节拍越快,每个工艺环节所需的模位数量就越多,相应的生产线长度就会越长,需要同时运行的模台数量也越多,生产线的投资会越大。在生产线工艺设计时,就需要对生产线的产能和投资进行平衡考虑。一般而言,环形流水生产线的流水节拍设定为 6 ~ 8 min,生产线长度 160 ~ 180 m 较为合理。

每个工艺环节所需的确切工艺时间与作业工人的数量、工人技能水平以及设备配置等有很大关系。除了图 2.2 和图 2.3 中所表达的基本工艺环节之外,还有一些辅助工艺环节受设备配置影响较大,在充分的设备支持的情况下,工艺环节可以合并甚至省略。下面对基本工艺环节分别进行描述。

1. 模具清理

模具清理环节需要将模具、模台表面附着的混凝土渣、灰尘、锈迹及其他杂质清理干净。可以使用手工工具纯人工进行操作,也可使用模台清扫机、模具清理机等设备进行清理。目前的设备水平在清理模台和模具后,还需要人工进行辅助,并不能实现全面自动化。

在模具清理环节会产生大量的灰尘,模具清理设备带有吸尘和除尘设备,环境影响较小。采用人工清理时，宜采取适当的降尘、除尘措施，以减少对车间环境的影响。如果使用设备进行模台清理，需要将上一轮生产所用的边模等搬离模台，使模具清理机能够清扫整个模台平面，如图2.4。搬运边模可以和上一轮的脱模操作进行配合，单独搬运的模具可以通过输送设备输送到设定位置，并通过输送线上的边模清理机进行自动清理。

图 2.4　模台清理机

2．涂刷脱模剂

绝大多数模具与模台均需要涂刷脱模剂，仅在构件需要通过化学方法制作粗糙面时，相应面的模具不涂刷脱模剂，而是涂刷缓凝剂，也是在该工艺环节进行操作。

与模台清理类似，脱模剂也可以使用机械设备进行喷涂，而且先进的数控设备可以控制喷涂的具体区域，避免脱模剂浪费，如图2.5。无论是机械自动喷涂还是人工喷涂，为了避免脱模剂在模具表面堆积，往往需要人工使用毛巾等工具进行涂抹，使脱模剂均匀无堆积。

在模具清理环节搬下模台单独输送的模具需要在该工序位置送到模台边上，生产线上设置的模具库一般也邻近该位置，方便进行换模操作。

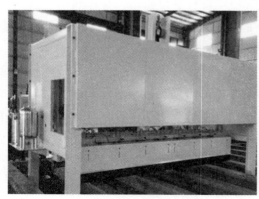

（a）喷油机　　　　　　　　　　　　（b）划线机

图 2.5　PC 构件喷油机和划线机

划线不是必需的工艺环节，如果由人工组模，在组模同时进行尺寸量测，则不需要进行划线。如果使用激光投影等设备进行图纸放样投射，也不需要进行划线。

3．模具组装

环形流水生产线生产大多数 PC 构件产品时，均使用模台面作为底模，而不单独配置底模。在这种情况下需要组装的模具仅为侧模，有时也少量组装上模。

依据划线位置或适时量测进行模具的摆放调整，到位后使用磁盒、螺栓等将侧模紧固在模台上。目前大多数模具的组装依赖于人工操作，也有自动化的设备能够支持部分模具组装工作，但还未全面普及。自动布模设备也可用于某些拆模环节，如图 2.6。

图 2.6　自动布模设备

大多数构件在生产作业的过程中，往往将模具组装与钢筋入模的工序结合起来。先进行部分模具的摆放，将钢筋入模后，一边调整钢筋一边复核模具位置并调整。有时，侧模分为上、下两层，钢筋在这两层模具之间置入模具，更需要将模具与钢筋的作业进行有效融合。为适应不同类型的构件的模具组装和调整，以及考虑到钢筋的入模需要一定的灵活调整空间，往往将模具组装与钢筋、预埋件入模这几个工序结合起来，一起布置多个模位进行生产作业。

4．钢筋入模

钢筋入模有两种形式，分别为网片或骨架入模以及散件入模，对于复杂构件，也有将两种形式进行结合起来应用的。网片或骨架入模的好处在于入模速度快，缺点在于需要单独的空间进行网片及骨架的制作以及周转存放。无论采用何种入模方式，在钢筋入模以及预埋件入模的过程中，均应避免污染脱模剂，严格避免脱模剂黏附到钢筋上。

进行生产线工艺规划时，需要在该工艺位置布置钢筋物料通道以及物料暂存位置，使生产作业安全高效。钢筋入模以人工作业为主，较轻的钢筋网片可以人工搬运，稍重的可以通过起重设备进行辅助。在钢筋入模的同时，进行保护层垫块的布置。钢筋入模后，进行位置检查和调整，并配合进行模具的紧固等。

简单构件使用焊网机加工的焊接网片时，可以采用机器人自动入模。这需要将自动焊网机与

PC 构件环形流水生产线进行有机衔接,确保加工顺序准确,输送顺畅。使用机器人抓取钢筋网片,对钢筋网格尺寸有着模数化要求,如图 2.7。

图 2.7　钢筋网片入模机器人

5. 预埋件入模

预埋件入模需要确定准确位置,可以通过适时量测、划线标识以及激光投影定位。一般通过人工进行操作。

预埋件入模后,需要进行妥善固定。在与钢筋干涉时需要按照设计文件的要求进行调整,大多数情况下是将钢筋进行弯曲调整。

6. 混凝土作业

混凝土浇筑前需要对之前的工序成果进行检查,也就是进行隐蔽检验,并留存记录。混凝土浇筑采用布料机进行,较早的设备需要人工进行操作。目前较先进的设备可以按照生产信息进行自动布料,如图 2.8。

图 2.8　自动布料机

　　布料作业与振捣在同一个模位进行，使用振动平台进行振捣。采用人工操作布料机进行布料的情况下，需要人工辅助进行摊铺和补料等，人工辅助可以和振捣同时进行。

　　振捣完成后，模台运行到静停位置。根据混凝土的状态控制后续的混凝土作业时机，如拉毛、收面以及压光等作业。在这些作业完成后，模台将预制构件送入养护窑进行养护。每一道作业工序都有相应的设备，但抹光机尚不能人工实现提浆压光的效果，且需要构件上表面没有突起的障碍，因此需要较多的人工干预。为了减少工艺的静置等待时间，在环境温度较低时，可以使用预养窑加速混凝土的初凝过程。

7. 养　护

　　环形流水生产线上的养护在养护窑中进行。按照产品特性，养护窑内通过蒸汽保持相适应的较高温度和湿度。大多数情况下，养护窑内的温度为 60～65 ℃，湿度为 90% 以上。预制构件在养护窑中停留数小时的时间进行蒸养，形成足够的强度后出窑脱模。脱模强度一般为产品设计强度的 50%，最低的脱模强度为 15 MPa。

　　养护窑需要设计大量的窑位来容纳足够多的模台，因此采用立体结构，使用码垛机进行模台的提升存取。在生产线流水节拍较短的情况下，码垛机存取模台的速度往往成为整条生产线的瓶颈，因此有多种工艺变形形式，其中以双码垛机串联效率较高，如图 2.9。

图 2.9　养护窑和码垛机

　　养护窑的开口高度决定了其能够容纳产品的高度，也就是该生产线能够生产的产品的最大厚度。较大的开口高度可以适应更多种类的生产，但在层数相同的情况下，养护窑的高度更大，对厂房高度的需求增加，需要平衡生产功能与项目投资之间的关系。基于此，养护窑有同时开两层门的设计，或部分层加高的设计。

8. 脱　模

　　脱模是将制作的 PC 构件产品与模具进行分离，也就是将 PC 构件产品与生产线进行分离，实现产品下线的过程。

　　脱模作业工艺根据产品类别有所不同。平板构件均采用模台水平状态进行脱模，竖向构件除了模台水平状态脱模以外，也有将脱模翻起一定角度进行脱模起吊的做法。翻转后进行脱模可以减少产品的翻身过程以及脱模吊点的预埋数量，但对设备和产品在模台上的布置有更高的要求，如图 2.10。

图 2.10　模台翻转装置

环形流水生产线在以上这些基本功能的基础上，根据产品类型与生产组织需要，进行适当的调整，形成各具特色的生产线，如图 2.11 和图 2.12。

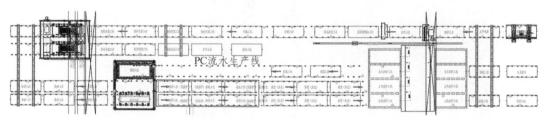

图 2.11　一条 PC 环形流水生产线

图 2.12　环形流水生产线实景

2.1.3　长线台座生产线

长线台座生产线是一种固定模位生产线，直观形象上表现为几排长长的模台。这些模台不移动，生产线所配置的工艺设备能够沿模台进行移动，是典型的固定模位生产线特征。长线台座是由单张模台首尾相接，中间不留缝隙拼装起来的，模台下方设有空腔安装升温装置。台座长度一般为 90 ~ 120 m，并列 3 ~ 4 条长线台座组成长线台座生产线具有较高的效率和经济性。

在设备配置方面，并列的 3 ~ 4 条长线台座共用一套工艺设备，多数设备都需要通过布置在生产线端头的摆渡车进行跨线转移，也有如布料机等设备做成能够跨越整条生产线宽度的，方便设备能够在各线之间自由穿梭。主要工艺设备有：摆渡车、运板车、布料机、振捣机、覆膜机、拉毛机、柱筋机、送丝机、张拉机等，以及升温管网系统、轨道系统和混凝土输送系统等。各厂家将设备功能进行组合，形成各具特色的生产线，但工艺原理基本相同。含有预应力张拉功能的长线台座生产线一般又被称为预应力长线台座生产线，能够生产预应力 PC 构件。

长线台座生产线的生产组织方式灵活，有从生产线一端向另一端按照工艺顺序进行流水作业的，有按照台座线进行交替流水作业的。但在生产预应力构件时，因为需要对台座上的产品进行整体张拉与放张，则只能按照台座线进行交替流水作业，如图 2.13。

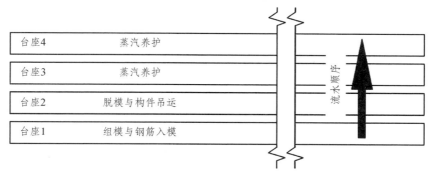

图 2.13　长线台座流水作业示意

长线台座生产线的设备需要沿台座方向进行移动，设备的重量与功能受到一定的限制，因此在作业时，与环形流水生产线相比需要更多的人工辅助，这是长线台座生产线的缺点。但配置预应力张拉设备后，长线台座生产线能够生产预应力 PC 构件产品，且其模台连贯，有利于提高模台利用率，又是其优势所在。如果能够针对某种标准化的板类产品专门设计长线台座生产线，匹配相适应的自动化设备，也可实现很高的生产效率，且生产线的投资也低于环形流水生产线。

和所有固定模位生产线一样，钢筋、混凝土材料的入模位置覆盖整条生产线，产品的脱模位置也覆盖整条生产线，在生产组织时需要充分考虑物料流线，避免堵塞。长线台座生产线因为有几条台座并列，并且相互之间没有足够的通道宽度，因此更需要对物料流线加以科学规划，对工艺设备进行充分利用，严禁不按作业顺序随意操作。特别是对于钢筋和产品进行输送时，运板车或其他名称在台座上运输物资的车辆调度非常关键。如果运板车的数量不足或调度不合理，就会存在不得不依赖于行车从空中运送钢筋和产品的情况，额外增加起重设备的投入和安全隐患。

长线台座的工艺环节与环形流水生产线基本一致，主要的区别有两处。其一为振捣，长线台座一般不使用振动台进行振捣，而是使用小车挂载多根振捣棒进行振捣。振捣小车按照设定的速度前进，只能对叠合板等薄板构件进行充分的振捣，对于剪力墙等厚度较大构件难以振捣充分，需要进行人工辅助。其二为养护，长线台座模台不移动，产品没有办法被送入立体养护窑进行养护，而是在原位置进行就地养护。为了提高生产效率，模台下方会使用蒸汽等进行加热，模台上方使用膜布对产品进行覆盖以保持温度和湿度。但该加热方法是通过模台的热辐射进行作用，并不能增加产品养护时的湿度，不能达到立体养护窑中高温高湿的环境，因此长线台座生产线只能进行较低温度的养护，养护时间比环形流水生产线更长，如图 2.14。

图 2.14　长线台座生产线

2.1.4　固定台座生产线

固定台座生产线使用固定模台进行 PC 构件产品生产，一般仅配置混凝土输送布料系统和蒸汽养护的管网，使 PC 构件产品的生产不受驱动设备功率，设备平台承载力，养护窑空间等方面的限制，并且一般还配置有辅助作业空间，因此生产极其灵活，搭配适当模具几乎能够适应任何 PC 构件产品的生产。这一特性使固定台座生产线成为了大多数 PC 构件工厂的标准配置，但因为在同样的场地面积条件下，其生产效率不及环形流水生产线和长线台座生产线，固定台座生产线一般不会成为大型 PC 构件工厂的主力生产线。

严格说来，固定台座生产线存在过多的人工操作环节，其自动化程度极低，不符合现代工业化的特点，应当淘汰；但其因为适应能力强，设备投入少的特点，目前仍然在 PC 构件工厂占据着一席之地。相信随着未来 PC 构件标准化程度的提升，以及各类型自动化设备、专用生产线的推广，固定台座生产线将逐渐失去其存在意义。

2.1.5　辅助生产线

除了前述介绍的直接进行 PC 构件生产制作的"主线"生产线以外，PC 构件工厂还有一些辅助生产线，其中最主要的两种就是混凝土拌和生产线和钢筋加工生产线。

混凝土拌和生产线又称搅拌站，PC 构件工厂的搅拌站可以独立为单体建筑，也可融入 PC 构件生产厂房当中。与对外销售预拌混凝土的商品混凝土搅拌站不同，PC 构件工厂的搅拌站大多采用架空的轨道小车进行混凝土输送，不需要大面积的混凝土搅拌车周转空间。当然，有的 PC 构件工厂搅拌站也同时对外销售预拌混凝土，就需要把搅拌站建得大一些，周边空旷一些。但严格说来，PC 构件工厂的搅拌站宜专用，不宜对外销售商品混凝土。因为按照 PC 构件生产的特性，搅拌站拌和的混凝土在很短的时间内就可以浇筑到模具内，其间的工艺可控度高，为提升产品品质和降低成本就需要混凝土具备一些低坍落度、高黏稠的特性，与需要进行长距离运输和泵送浇筑的特性需求刚好相反。PC 构件工厂的搅拌站一般采用立轴行星搅拌机作为主机生产高品质的预制混凝土，如图 2.15，而商品混凝土搅拌站一般采用双卧轴强制搅拌机作为主机高效率生产预拌混凝土，这也是它们之间的主要差别。

（a）内容构造　　　　　　　　　（b）工作状态

图 2.15　立轴行星搅拌机

　　钢筋加工生产线的基本设备包括钢筋的调直切断设备和数控弯箍设备，根据需要再配置桁架钢筋焊接设备、网片焊接设备以及加工棒材的锯切机、平面弯曲机等设备。按照钢筋入模的状态不同，有的钢筋车间需要布置大面积的空地进行网片、骨架的绑扎和存放，以便于进行钢筋网片、骨架整体入模。当采用高自动化的焊网机与自动化环形流水生产线进行组合时，焊网机等设备成为了流水生产线的配套设备，宜与环形流水生产线合并为整体进行管理。

　　钢筋加工生产线的设备丰简由人，没有强制要求，PC 构件工厂即使没有钢筋加工生产线，从市场上采购成品钢筋也能够进行 PC 构件生产，但大多数 PC 构件工厂仍配置有该生产线，只是设备配置情况不尽相同。如图 2.16，钢筋加工生产线的工艺操作完全与设备紧密相关，但工艺布置需要充分考虑物料流线，在实际生产组织中应特别注意钢筋成品、半成品向 PC 构件生产线进行输送的通道，确保安全高效。

（a）生产线　　　　　　　　　（b）焊网机

图 2.16　钢筋加工生产线与焊网机

2.2 常用材料、模具、设施与工具

2.2.1 材 料

装配式建筑预制混凝土构件按照其产品组成与生产消耗，可以将相关的材料分为主要材料与辅助材料两个大的类别，其中：主要材料是混凝土与钢筋，种类少；辅助材料则包含预埋件等组成产品的材料和脱模剂等在生产过程中消耗掉的材料，种类多种多样。

1. 主要材料

1）混凝土

在 PC 构件工厂中生产 PC 构件的混凝土一般由 PC 构件工厂自建的搅拌站进行拌制，并通过架空的轨道运输车进行提供。这样的运输车通常被称为天车或鱼雷罐，沿架空轨道运行于搅拌站与 PC 构件生产线之间。

为了提高产品生产效率并降低成本，生产 PC 构件的混凝土要求具备较低的坍落度。这样的混凝土凝固速度较快，必须在规定时间之内用完。因此对混凝土材料的领用计划性要求较强，可根据待浇筑的构件信息来确定混凝土的领用量，适当考虑运输和浇筑过程中设备黏附的损耗。当出现意外情况，混凝土没有在规定时间内浇筑完成时，需要返回搅拌站进行处理，不得在生产现场自行加水搅拌继续使用。

在生产过程中，还需要掌握适时的混凝土强度增长曲线，以准确把握拉毛、收面、压光、入窑以及脱模等工艺时机。

2）钢 筋

PC 构件工厂一般采购钢筋卷材，在钢筋车间内进行调直切断后加工使用。后续的加工包括弯曲、弯箍、套丝、焊接以及绑扎等。加工后的钢筋可以呈网片、骨架供给 PC 构件生产线使用，也可以散件供应 PC 构件生产线，在 PC 构件生产线的模具内进行组合绑扎。以网片、骨架输送到 PC 构件生产线的钢筋，虽然在入模之前已经成形，但在运输以及入模的过程中，不可避免地对钢筋网片、骨架的形状、尺寸等造成影响，需要在入模后再次进行调整。

钢筋应当避免被脱模剂污染，特别是在模具内绑扎钢筋时，需要特别注意，可以采取支垫、吊挂等措施进行避免。钢筋入模应进行检查，检查内容包括钢筋的牌号、规格、数量、位置等，这些内容在浇筑混凝土之前，还需要进行隐蔽检验。预制构件内部的钢筋不宜有接头。

2. 辅助材料

1）脱模剂与缓凝剂

脱模剂有水性和油性之分，在预制构件有表面观感质量要求时，一般采用水性脱模剂。同类型的脱模剂也有很多的规格，存在性能方面的差距，在使用时，应严格按照说明书进行操作。对于需要加水稀释的脱模剂，加水后应进行搅拌均匀后再行使用。

装脱模剂的容器应干净无杂质，模台、模具涂刷脱模剂前也应清理干净，确保脱模剂涂刷后的整洁效果。特别是对于清水混凝土构件的生产，脱模剂的涂刷不仅要求干净，而且还要求脱模剂薄涂均匀，不留水痕。脱模剂涂刷后，应避免污染，当工人确实需要进入已涂刷脱模剂的模台上或模具内进行作业时，应采取穿戴干净鞋套等保护措施，必要时重新涂刷脱模剂。

有的大型预制构件在室外环境生产时，应避免雨水冲刷脱模剂。若已出现雨水冲刷脱模剂的情况，则应对雨水进行清除，并重新涂刷脱模剂。

缓凝剂的操作方法与脱模剂类似，但两者必须严格分开使用，不得互相混合和污染。

2）密封胶条

密封胶条是一种发泡自粘材料，粘贴于模具的拼装缝隙处，起到防止漏浆的作用。在模具组装时，应当首先对模具进行检查，能够紧密拼合的模具不需要再粘贴密封胶条，当模具缝隙较大会出现明显漏浆时，才需要粘贴密封胶条。密封胶条的使用不代表可以降低模组的组装质量要求，对于模具组装缝隙超过允许偏差的模具，应当进行维修或更换，而不是采用密封胶条封堵漏浆继续使用。

密封胶条能够对较大的模具缝隙进行封堵防止漏浆，但其本身也可能受到模具的挤压，使其边缘侵入到模腔以内。特别是对于本身缝隙很小的模具，胶条被挤压侵入到模腔以后最终会在产品表面形成明显的凹痕，有外观要求的 PC 构件要避免。胶条在每一轮的生产中，虽然在模具上的粘贴位置都相同，但是仍然应坚持每生产一轮都进行模具的清理，并重新粘贴密封胶条。避免胶条局部位置的损伤或不平整失去防漏浆的作用。

3）预埋吊环、吊钉、吊母

与一般预埋件不同，预埋吊环、吊钉、吊母具备更强的结构安全意义，需要在构件起吊的过程中，保障过程的安全可靠且便于操作，类似的还有用于安装构件临时支撑的预埋螺纹套筒等。这些预埋件应严格按照设计的规格进行产品选用，不得自行随意替换。所使用的产品应具备产品合格证书以及检测报告，在必要时，可以进行性能试验。

在预埋操作过程中，应将这些吊点埋件与构件钢筋进行适当连接，某些部位还要增设加强筋或措施钢筋。并且对螺母的开口做好封闭保护，避免混凝土、砂浆以及其他杂物侵入到螺母内，影响使用。

4）预埋线盒线管

预制构件内的预埋线盒线管需要按照设计要求选定材质与规格，特别应注意线盒线管有 PCV 材质与金属材质之分。线盒线管在构件内的安装位置应准确，安装牢固。线盒安装前，可以使用胶带等缠绕材料封闭线盒的开孔，安装后，对线管的开孔进行封堵，确保浆料不会进入线盒、线管当中。

5）灌浆套筒

灌浆套筒用于钢筋连接，属于和建筑结构安全相关的预埋件。在生产过程中，不仅需要按照设计要求选用正确规格的灌浆套筒产品，还需要核实灌浆套筒的型式检验报告确认结构性能，还需要按照拟定的生产工艺制作灌浆套筒接头试件进行检验。

半灌浆套筒在使用之前，需要先按照相关的作业标准进行钢筋的连接。在灌浆套筒安装时，应进行正确紧固和封堵，确保灌浆套筒、注浆管、出浆管内部不漏浆，不进入杂物。

6）保温板与保温连接件

保温板和保温连接件均应按照设计要求选用，保温板应着重阻燃性能、容重和热工系统指标，保温连接件应着重材质、规格以及承载力指标。保温板和保温连接件均应取得材质和性能检测报告。

在安装时，保温板需要进行拼接，应注意将大板拼在外侧、小板拼在内侧，以防止 PC 构件在存放、运输等过程中，保温板出现掉落。在安装措施方面，保温板的表面可刻划凹槽增加表面与混凝土的吸附力，以及采用保温钉固定等来减少保温板与混凝土剥离的可能性。保温连接件的规格、数量和安装位置都应当准确，当保温连接件出现与 PC 构件钢筋冲突的情况时，按照设计要求进行调整，设计无要求时，按照保温连接件厂家的说明进行调整。

7）绑扎丝

绑扎丝用于绑扎钢筋，在预埋件入模时，也用于绑扎部分预埋件。一般使用镀锌铁丝作为绑扎丝。

使用绑扎丝时，应注意避免接触模板表面或伸出构件之外。

8）装饰材料

反打石材、反打面砖等工艺需要使用相应的石材和面砖，产品按照设计或样品进行选用。石材需要在背面加工粗糙面和拉环，面砖选用带燕尾槽的产品，以增加装饰面在 PC 构件产品表面的吸附力，防止长期使用后脱落。

装饰材料在生产过程中，需要进行表面保护，严防被油料等液体污染。

9）其他辅材

在 PC 构件产品生产过程中，还需要使用到如透明胶带等辅助材料，这些材料以不影响产品品质且方便操作为原则进行选用即可。

2.2.2　模　具

模具有多种分类方法，有按照体积、有无底座以及开合方式进行分类的方法，如组合模具、成套模具等，但一般以按照材质分类为主，可分为钢模具、木模具和塑料模具等。

1．钢模具

钢模具是 PC 构件生产使用最多的模具，其造型丰富，产品成型效果好、尺寸稳定等特点非常适合用于批量化的标准 PC 构件产品生产。

PC 构件工厂的绝大多数产品均在模台上进行生产，以模台为底模，将侧模固定在模台上，可以简化模具，减少材料消耗，降低成本并提高效率。这些模具一般只配置侧模（边模），标准化程度较高的产品还可以使用组合式侧模，如叠合板的生产。如楼梯等造型复杂的产品有时不在模台上进行生产，则可使用自带底座的成套模具。成套模具结构复杂，重量较大，往往配合一些如轨道、液压机构等装置进行模具开合。

新模具、维修完成的模具需要进行组模检验，在正常使用过程中，也需要按照周期进行组模检验。检验不合格的模具不得使用。在使用过程中，每一轮进行生产时，都需要对模具进行清理，将杂质、锈迹清理干净后方可涂刷脱模剂进入后续生产工艺。在模具组装、拆卸的过程中，应当规范操作，避免因人为操作不当造成模具损伤。

2．木模具

少量生产异形构件时，可以使用木模具。相较钢模具，木模具的制作更加容易进行形态塑造，但其在生产过程中的稳定性却不如钢模具。因此，木模具只能用于小批次构件的生产，而且在生产过程中需要严格控制模具的变形量。

3．塑料模具

塑料模具在开模后，批量制作非常便捷，常用于大批量的小型构件模具。若在大型构件上采用塑料模具，则会因为强度需求大而大大增加塑料模具的厚度与复杂程度，导致经济性弱化。

大多数塑料模具为整体模具，不需要组装，直接进行入模和脱模，生产过程便利。但在该过程中，应当采取措施防止塑料模具变形，并增加模具的检验频次。

4．衬　模

衬模是一种附加在其他材料模具内部，用于塑造构件表面纹理，以实现构件装饰功能的一种模具。为了便于脱模，衬模一般不与基层模板固定，且使用柔性材质。硅胶衬膜就是一种较为理想的衬膜，但其价格较高。衬模需要搭配其他材质模具使用，以在充分实现其装饰功能的基础上兼顾经济性。

2.2.3　设　备

1．生产线

PC 构件生产线由众多设备构成，如模台驱动轮、振动平台、布料机、养护窑等设备各具功能，属于专用设备，在前一节中已做功能性介绍，不再赘述。同理，钢筋加工生产线、混凝土搅拌站的设备大多也是专用设备，这些专用设备按照设备操作手册或说明书进行使用即可。

生产人员到岗培训时，除了学习如何操作各岗位的专用设备以外，还应当学习岗位周边的安全风险知识。对于运动的设备，要清楚其运行路线和运动特性，在生产作业的过程中，主动避开这些危险区域。应特别注意自动化运行的设备，无论设备是否配备充足的感应、监测装置，在自动化设备运行时，相关区域内都禁止人员进入。

2．起重设备

PC 构件工厂的起重设备主要分为三个类别，分别为桥式起重机、门式起重机（半门式起重机）和悬臂式起重机，其俗称分别为行车、龙门吊和悬臂吊。PC 构件工厂的起重设备属于特种设备，操作不当容易造成巨大危害，因此在进行设备操作前，应经培训并考核合格。按照国家的相关规定，这些起重设备在地面上进行遥控操作时，操作人员企业培训合格即可，但若需要在空中的驾驶室进行操作，则需要操作人员具备特种设备作业资格证。无论何种操作形式，都应严格遵守起重设备安全操作规程。

起重设备在起吊 PC 构件的过程中，防止构件摇摆是一个关键环节。防止构件摇摆不仅可以避免 PC 构件在过程中碰撞到障碍物引起破损，同时还降低了周边人员、设备的安全风险。因此，在操作过程中，应当使用缓起缓停的方法，尽量减少构件摇摆的幅度。一些 PC 构件工厂配置的起重设备具备电气防摇摆的功能，这一功能也是通过缓起缓停的原理实现，设备的起动和停止都有一定的缓冲时间和空间，在操作时应当予以注意。

3．厂内车辆

PC 构件产品运输车、叉车等厂内车辆应当按照特种设备的管理规定进行管理，由具备相应厂内特种车辆驾驶资格的人员按照安全作业规程进行操作。在这些车辆运行的过程中，除了驾驶员之外，车上不得载人、坐人，应当着重加强管理。

厂内车辆按照其工作内容，沿指定路线平稳行驶，路线上的人员应当主动避让。

2.2.4　设　施

PC 构件工厂的设施按照 PC 构件工厂的工艺规划进行配置，各 PC 构件工厂的主要产品种类不同，用地条件不同以及周边环境的不同均会导致厂区设施的差异。下面就大多数 PC 构件工厂均具备的一些主要设施作简要介绍。

1. 堆　场

PC 构件工厂的堆场用于存在 PC 构件产品，就是由产品的技术特性与供销管理特性决定的。PC 构件产品的最低脱模强度为产品设计强度的 50%，出厂最低强度为产品设计强度的 75%，这就需要 PC 构件产品在堆场上进行存放，通过自然养护的形式让混凝土强度得到增长以满足出厂条件。从管理特性方面来讲，PC 构件产品的生产相较安装使用在时间上往往都有一定的提前量，这些提前生产的产品需要存放空间，同时也形成了供应和需求之间出现突然变化的缓冲库存。因此，虽然理论上 PC 构件产品可以做到在下线后直接运送到项目现场进行安装，但实际上大多数 PC 构件工厂还是建设有产品堆场。

堆场的主要要求是场地平整，不积水。堆场上配置有起重设备，便于产品的存取与装车。PC 构件产品存放于堆场时，应当有序存放，并进行标识管理。因堆场的产品有倾覆的风险以及起重设备运行带来的风险，非堆场作业相关人员禁止随意进入堆场，应当妥善管理。

2. 冲洗池

冲洗池装置用于冲洗涂刷缓凝剂的表面以制作 PC 构件粗糙面。该冲洗作业会产生大量的含砂废水，这些废水经沉淀池沉淀后循环用于冲洗作业。沉淀池及相关的水沟中存积的泥砂需要及时清理，避免堵塞造成废水乱流，破坏整洁的生产环境。

3. 公用设备与管网

锅炉房、配电房、水泵房以及公用管网在所有 PC 构件工厂中均有不同程度的配置，这些设施、设备需要有一定的专业能力进行管理与操作，一般安排专人管理。这些设备管理人员应与 PC 构件生产线管理人员做好日常沟通工作，在停水停电、通水通电等方面，应有计划性，确保安全且减少对正常生产的影响。

4. 废渣池、危废间、油料库

这些设施均有专门的功能，厂区内的相关物资都只能在这些设施内定点存放。这些设施与周边环境应形成封闭管理，且非作业人员不得进入。

5. 其他设施

物料库、食堂、宿舍以及办公楼等设施在大多数 PC 构件工厂均有配备，按照各工厂的具体管理规定进行使用即可。

2.2.5　工　具

1. 生产工具

生产工具包括绑扎扎丝用的扎钩，固定模具用的磁盒、磁盒撬棍，紧固和拆除螺栓用的电动扳手、梅花扳手、套筒扳手以及活动扳手等，用于敲击的橡皮锤和各种重量的铁锤等，用于进行混凝土作业的振捣棒、铁锹、抹子等。

2. 清扫工具

清扫工具主要用于模具、模台清理，还用于地面以及周边环境卫生清扫，应当将模具、模台清理的工具与用于环境卫生清扫的工作分开使用。主要有扫把、拖布、毛巾、吸尘器以及手推车等。

3．检测工具

检测工具主要有用于测量尺寸的钢卷尺，用于测量平整度的靠尺、塞尺，用于检测水平状态的水平尺，用于检测表面温度的测温枪等。

以上列举尚不完整，具体的工具配置应当根据岗位的作业内容与个人操作习惯进行确定。

2.3　常用构件生产识图

2.3.1　桁架钢筋混凝土叠合板识图

1．桁架钢筋混凝土叠合板概念

装配整体式结构的楼盖宜采用叠合楼盖。如图 2.17 为桁架钢筋混凝土叠合板，其下部采用预制底板、上部采用后浇混凝土层形成的叠合板，如图 2.18 所示。

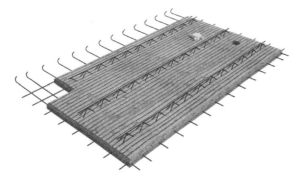

图 2.17　桁架钢筋混凝土叠合板底板

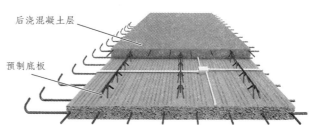

图 2.18　桁架钢筋混凝土叠合板分层示意

桁架钢筋混凝土叠合板是目前我国应用最广泛的预制叠合板，如图 2.19，其中，预制底板既是叠合楼板的一部分，起承担楼面荷载作用，同时也是叠合现浇层的模板。

图 2.19　桁架钢筋混凝土叠合板制作示意

《装配式混凝土结构技术规程》JGJ 1—2014 第 6.6.2 条规定叠合板应按现行国家标准《混凝土结构设计规范》GB 50010 进行设计，并应符合下列规定：

（1）叠合板的预制板厚度不宜小于 60 mm，后浇混凝土叠合层厚度不应小于 60 mm；

（2）当叠合板的预制板采用空心板时，板端空腔应封堵；

（3）跨度大于 3 m 的叠合板，宜采用桁架钢筋混凝土叠合板，如图 2.20；

（4）跨度大于 6 m 的叠合板，宜采用预应力混凝土叠合板，如图 2.21。

（5）板厚大于 180 mm 的叠合板，宜采用混凝土空心板。

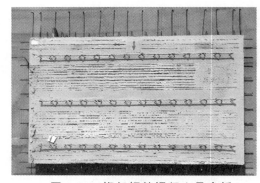

图 2.20　桁架钢筋混凝土叠合板

图 2.21　预应力混凝土叠合板

2. 桁架钢筋混凝土叠合板底板分类介绍

1）按照受力特性分类

按照受力特性分类可分为单向板和双向板，如图 2.22。

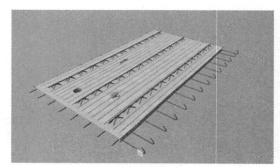

（a）双向板

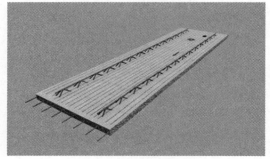

（b）单向板

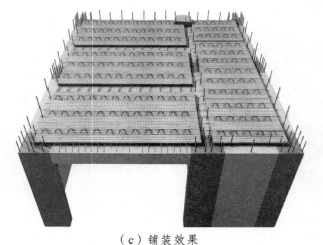

（c）铺装效果

图 2.22　双向板和单向板

双向板（图 2.23）：按照《装配式混凝土结构技术规程》JGJ 1—2014 要求，当围合房间的长宽比不大于 3 且预制叠合板之间采用整体式接缝时，预制叠合板应按双向板设计，此时荷载沿板双向传递，板两个对边方向均出筋。整体式接缝是指预制叠合板之间的连接采用后浇混凝土带，如图 2.24 所示，其构造如图 2.25 所示。

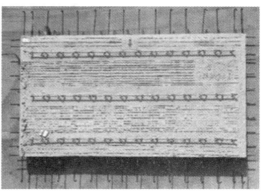

图 2.23 双向板

图 2.24 双向板（整体式接缝）

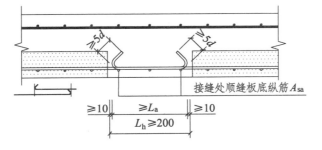

图 2.25 双向板（整体式接缝）构造

单向板（图 2.26）：当围合房间的长宽比大于等于 3 且预制叠合板之间采用分离式接缝时，预制叠合板宜按单向板设计，此时荷载沿板单向传递，板有一个对边方向不出筋。分离式接缝指预制叠合板之间的连接采用密拼，不形成后浇混凝土带，如图 2.27 所示，其构造如图 2.28 所示。

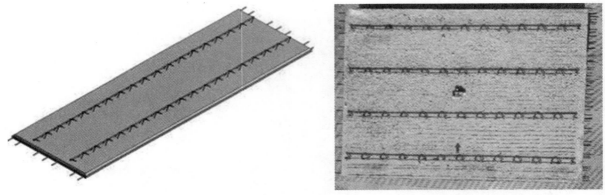

图 2.26 单向板

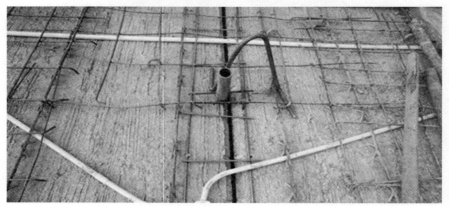

图 2.27 单向板（分离式接缝）

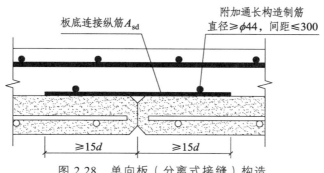

图 2.28　单向板（分离式接缝）构造

2）按照形状分类

按照形状可分为矩形底板和带缺口底板。

绝大多数预制叠合板都是矩形底板，带缺口底板一般用于楼板与框架柱的连接部位或管线集中位置，如图 2.29。

（a）矩形底板　　　　　　　　　　（b）带缺口底板

图 2.29　矩形底板和带缺口底板

3）按照安装位置分类

按照安装位置不同可分为边板和中板，如图 2.30。

边板放置于房间的端部，三边支撑于墙或梁上，只有一个侧边与相邻板拼接。中板位于房间中部，这种板的两端支撑于墙或梁上，两侧边与相邻板拼接。

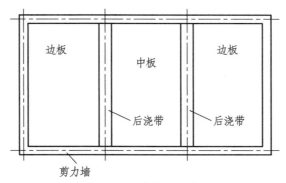

图 2.30　边板和中板

3. 桁架钢筋混凝土叠合板底板构造组成剖析

桁架钢筋混凝土叠合板底板构造通常由外形轮廓、钢筋、预留预埋、构件标识等组成，如图2.31。

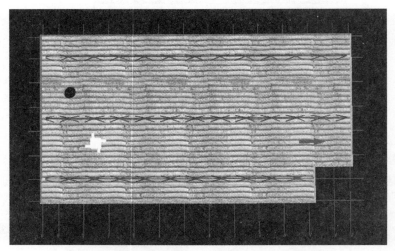

图2.31　桁架钢筋混凝土叠合板叠合底板构造

1）外形轮廓

（1）形状。

桁架钢筋混凝土叠合板底板的形状有矩形底板和带缺口底板。绝大多数预制叠合板都是矩形底板，带缺口底板一般位于楼板与框架柱的连接部位或管线集中位置。

（2）倒角。

为了便于与后浇混凝土的结合，增加后浇混凝土的流动，预制双向板上表面各侧宜设宽度和高度尺寸均为20 mm的倒角。预制单向板上表面各侧宜设尺寸宽度和高度尺寸均为20 mm的倒角，下表面为便于后期接缝处理，各侧宜设宽度和高度尺寸均为10 mm的倒角。有时为了构件生产方便，也有取消倒角的情况，如图2.32。

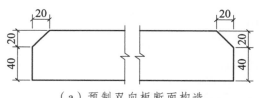

（a）预制双向板断面构造

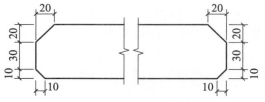

（b）预制单向板断面构造

（c）预制双向板断面图

（d）预制单向板断面图

图2.32　断面图

（3）粗糙面。

为确保预制底板与后浇混凝土层的紧密结合，需在底板上表面及侧面设置粗糙面。粗糙面的凹凸深度不小于 4 mm，粗糙面的面积不小于结合面的 80%。

底板上表面粗糙面的形成可以采用机械拉毛和人工拉毛两种方式，如图 2.33。

① 机械拉毛，自动化程度高，质量有保证。

② 人工拉毛，效率低，适用于机械拉毛时无法到达的地方。

（a）机械拉毛　　　　　　　　　　　（b）人工拉毛

图 2.33　拉毛工艺

底板侧面粗糙面的形成：

① 侧模板用花纹钢板模具，形成压花粗糙面，如图 2.34。

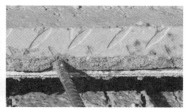

（a）侧模印花面　　　　　（b）侧模组装　　　　　（c）压花粗糙面

图 2.34　粗糙面形成（一）

② 在模板表面涂刷适量的缓凝剂，混凝土初凝后，用高压水枪冲刷形成露骨料粗糙面，如图 2.35。

（a）高压水枪冲刷侧面　　　　　　　　（b）露骨料粗糙面

图 2.35　粗糙面形成二

2）钢　筋

（1）板端外伸。

为保证板与支座连接可靠，板端两侧的钢筋应外伸并锚入支座内。外伸钢筋预留形式为直线形，根据规范要求，外伸长度不应小于 $5d$（d 为外伸钢筋直径），且宜伸过支座中心线，如图 2.36。

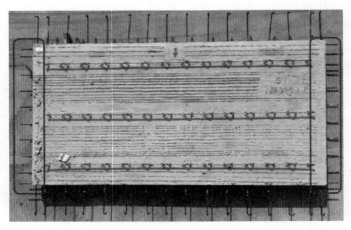

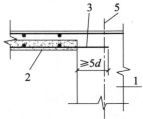

图 2.36　板端外伸

（2）板侧外伸。

预制双向板拼接时板侧常采用整体式接缝，为受力接缝，中板两侧外伸钢筋预留形式有带弯钩形、直线形、弯折型，外伸长度需满足受力搭接要求。预制单向板拼接时板侧采用分离式接缝，所以单向板板侧钢筋一般不需要外伸，如图 2.37。

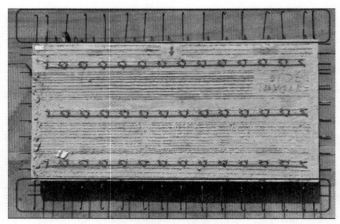

图 2.37　板侧外伸

（3）外露桁架。

钢筋桁架由上弦钢筋、下弦钢筋和腹杆钢筋组成。上弦、下弦钢筋均采用 HRB400 钢筋，腹杆钢筋采用 HPB300 钢筋制作。桁架钢筋应由专用焊接机械加工而成,腹杆与上、下弦钢筋的焊接采用电阻电焊。构件制作时,钢筋桁架的一部分埋入底板内,另一部分外露于底板上,如图 2.38。

图 2.38　外露桁架

桁架钢筋作用包括:增加预制板在制作、运输、吊装等作用下的刚度;兼做施工时的马凳筋,支撑现浇板中的上部面筋;增加预制板与后浇叠合层的抗剪能力。

3)预留预埋

(1)线盒。

为保证楼板上照明灯具、消防烟感探测器等设备的安装,需要在预制叠合板底板上预埋线盒。线盒按其材质不同,可分为 PVC 线盒和金属线盒,如图 2.39。

（a）PVC 线盒　　　　　　　　　　（b）金属线盒

图 2.39　线盒类别

叠合楼板中,设备水平管线敷设于叠合楼板的现浇层,为方便与现浇层内的管线相连接,预留线盒多采用深型线盒,如图 2.40。

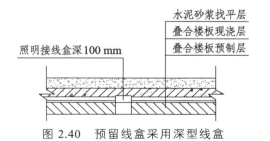

图 2.40　预留线盒采用深型线盒

(2)孔洞。

当楼板上有竖向管道穿过时,需在预制叠合板上预留孔洞。预留孔洞尺寸一般比管道尺寸适当放大,如图 2.41。

图 2.41　预留孔洞

4）构件标识

（1）信息牌。

为实现装配式建筑信息化管理，预制构件生产企业所生产的每一个构件都应在显著位置进行构件信息标识，标识的信息应涵盖工程名称、构件编号、混凝土标号、生产企业、生产日期等内容，如图 2.42 所示。构件信息标识卡常采用二维码或预埋芯片，确保预制构件在施工全过程中质量可追溯。

图 2.42　信息牌

（2）吊点。

预制底板在吊装时，为保证吊钩位置放置正确，需在构件上作吊点位置标识。标识位于桁架上弦与腹杆节点处，采用油漆喷涂，其数量、位置与构件加工图一致。对于尺寸规格较大的桁架钢筋混凝土叠合板底板，也可单独在预制底板内预埋吊环，如图 2.43。

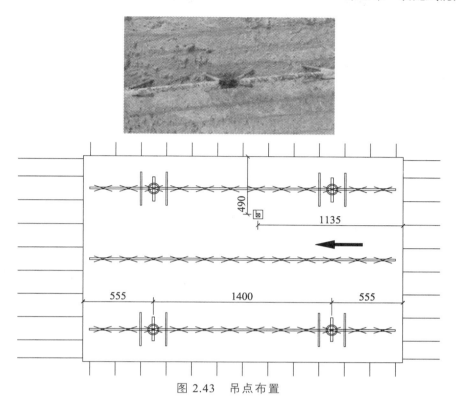

图 2.43 吊点布置

（3）安装方向。

为避免预制板在安装时方向错位，构件加工图和预制构件上均需标明安装方向。预制构件上以箭头标示，用油漆喷涂，如图 2.44。

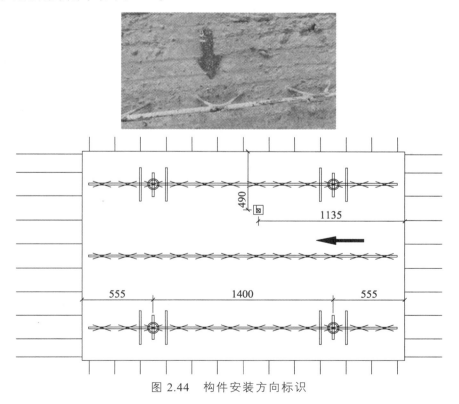

图 2.44 构件安装方向标识

4. 桁架钢筋混凝土叠合板底板模板图识读

1）制图规则

对桁架钢筋混凝土叠合板底板进行编号，可以帮助我们正确区分不同预制板，也便于板构件详图与板结构平面布置图一一对应，方便识图与构件的现场安装。

桁架钢筋混凝土叠合板底板的编号，常包含底板类型、底板位置、厚度尺寸、跨度尺寸、宽度尺寸、底板钢筋代号等信息。

（1）厚度尺寸。

叠合楼板是由预制底板和后浇混凝土层叠合而成的。预制层的厚度不宜小于 60 mm，后浇混凝土层的厚度不应小于 60 mm。常见预制底板的厚度有 60 mm、70 mm；常见后浇混凝土层的厚度有 70 mm、80 mm、90 mm。

（2）跨度、宽度尺寸。

板有跨度和宽度方向之分。一般来说，沿板的长边方向就是板的跨度方向，沿板的短边方向就是板的宽度方向。

《桁架钢筋混凝土叠合板（60 mm 厚底板）》15G366-1 中给出的桁架钢筋混凝土叠合板的标志宽度有 1200 mm、1500 mm、1800 mm、2000 mm、2400 mm，共 5 种；标志跨度为 3 m 的倍数，预制双向板的最小标志跨度为 3000 mm，预制单向板的最小标志跨度为 2700 mm。

板的标志跨度和标志宽度取值见表 2.1。

表 2.1　板的标志跨度和标志宽度

板 型	标志宽度/mm	标志跨度/mm
双向板	1200，1500，1800，2000，2400	3000，3300，3900，4200，4500，4800，5100，5400，5700，6000
单向板	1200，1500，1800，2000，2400	2700，3000，3300，3900，4200

（3）双向叠合板底板编号，如图 2.45。

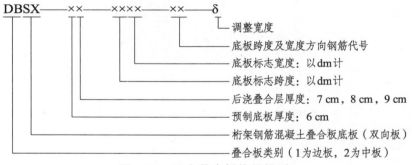

图 2.45　双向叠合板编号规则

例如，底板编号 DBS1-67-3620-31，表示双向受力叠合板用底板，拼装位置为边板，预制底板厚度为 60 mm，后浇叠合层厚度为 70 mm，预制底板的标志跨度为 3600 mm，预制底板的标志宽度为 2000 mm，底板跨度方向配筋为 10@200，底板宽度方向配筋为 8@200。

再如，底板编号 DBS2-67-3620-31，表示双向受力叠合板用底板，拼装位置为中板，预制底板厚度为 60 mm，后浇叠合层厚度为 70 mm，预制底板的标志跨度为 3600 mm，预制底板的标志宽度为 2000 mm，底板跨度方向配筋为 C10@200，底板宽度方向配筋为 8@200。

双向叠合板用底板钢筋代号见表 2.2。

表 2.2 双向叠合板用底板钢筋代号

宽度方向	跨度方向			
	⊈8@200	⊈8@150	⊈10@200	⊈10@150
⊈8@200	11	21	31	41
⊈8@150	—	22	32	42
⊈8@100	—	—	—	43

（4）单向叠合板底板编号，如图 2.46。

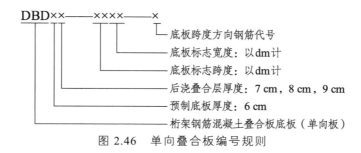

图 2.46 单向叠合板编号规则

例如，底板编号 DBD67-3620-2，表示为单向受力叠合板用底板，预制底板厚度为 60 mm，后浇叠合层厚度为 70 mm，预制底板的标志跨度为 3600 mm，预制底板的标志宽度为 2000 mm，底板跨度方向配筋为 ⊈8@150。

单向叠合板用底板钢筋代号见表 2.3。

表 2.3 单向叠合板用底板钢筋代号

代号	1	2	3	4
跨度方向钢筋	⊈8@200	⊈8@150	⊈10@200	⊈10@150
宽度方向钢筋	⊈6@200	⊈6@200	⊈6@200	⊈6@200

（5）钢筋混凝土叠合板底板大样图的组成。

桁架钢筋混凝土叠合板底板大样图由板模板图、板钢筋图、断面图、材料统计表、文字说明和节点详图组成。图 2.47 所示为预制底板 DHB-1 大样图。

① 板模板图的主要内容：预制板轮廓形状、钢筋外伸及钢筋桁架布置情况、预埋件及预留洞口布置情况等，模板图是模具制作和模具组装的依据。

② 板钢筋图的主要内容：跨度方向钢筋的编号、规格、定位、尺寸；宽度方向钢筋的编号、规格、定位、尺寸；桁架钢筋的编号、规格、定位、尺寸等，钢筋图是钢筋下料、绑扎、安装的依据。

③ 断面图一般包括沿跨度方向的断面图和沿宽度方向的断面图。主要内容：预制板的断面轮廓尺寸、钢筋外伸及桁架钢筋布置、钢筋竖向空间位置关系等。断面图一般与模板图和钢筋图结合起来配合识读。

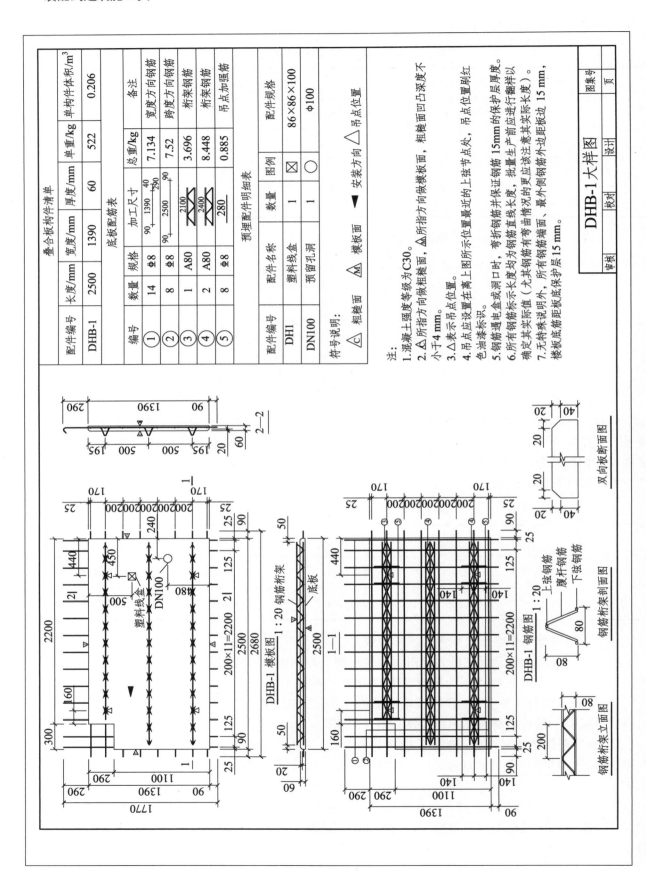

图 2.47 预制底板 DHB-1 大样图

2）模板图识读

模板图是按照正投影的方法，将预制底板从上向下投影得到的图样，也是构件脱模后的俯视图，识读模板图时，要结合断面图和预埋件统计表识读。

下面以 DHB-1 为例，通过将二维图纸（图 2.47 和图 2.48）和三维模型（图 2.49）对照，介绍模板图的图示内容和识读方法。

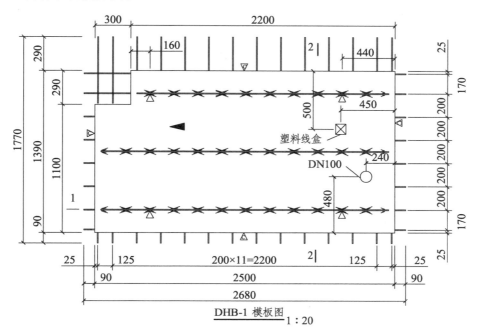

$$\frac{\text{DHB-1 模板图}}{1 : 20}$$

图 2.48　预制底板 DHB-1 模板图

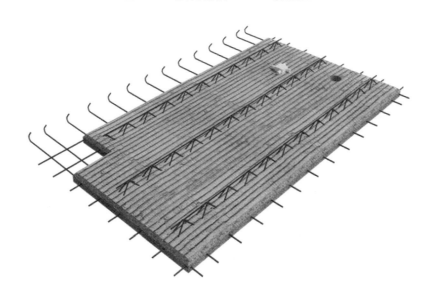

图 2.49　三维模型

（1）图名和绘图比例。

图名一般以"××模板图"或"××模板平面图"命名，绘图比例一般为 1 : 20 或 1 : 30。

该预制底板的图名为"DHB-1 模板图"，即编号为 1 的叠合板底板模板图；绘图比例为 1 : 20。

（2）外形。

一般包含轮廓、尺寸、洞口、倒角等信息，根据底筋出筋情况可初步判断为双向板边板，形状为矩形板带缺口，缺口位置位于板的左上角。

底板总长度为 2500 mm，总宽度为 1390 mm，结合 1—1 断面图的标注板厚度为 60 mm。缺口位于板的左上角，缺角部分为矩形，长为 300 mm，宽为 290 mm。由 1—1 断面图可知，板侧做倒角，宽度和高度尺寸均为 20 mm。

（3）钢筋。

外伸钢筋及钢筋桁架布置包括跨度、宽度方向钢筋的外伸情况（如有无外伸、外伸形式），钢筋桁架的布置情况（如桁架数量、位置）。

结合 1—1 断面图可知，板端两面均有外伸钢筋，板端外伸钢筋为直线型，外伸长度 90 mm。结合 2—2 断面图可知，板侧两面均有外伸钢筋，板上侧外伸钢筋为带 135°弯钩型，板下侧外伸钢筋为直线型。上侧外伸钢筋平直段长度 290 mm，下侧外伸钢筋长度 90 mm。平行于跨度方向设置了 3 道桁架筋。由 2—2 断面图可知桁架筋距板上下边缘 195 mm，桁架筋间的间距为 500 mm，由 1—1 断面图可知桁架筋端部距板左右边缘各 50 mm。

（4）预留预埋。

预留预埋件布置包括预埋件的布置（如埋件类型、数量、位置）、预留洞口的布置（如洞口大小、数量、位置）。读图时需结合预埋配件明细表，如图 2.50。

预埋配件明细表				
配件编号	配件名称	数量	图例	配件规格
DH1	塑料线盒	1	⊠	86×86×100
DN100	预留孔洞	1	○	Φ100

图 2.50 预埋件标识

该底板上预埋了 1 个塑料线盒，规格为 PVC 86×86×100 mm，线盒中心距离板右侧边缘 450 mm，距离板上侧边缘 500 mm。底板布置了 1 个直径为 100 mm 的管道预留孔，管道孔中心距离板下侧边缘 480 mm，距离板右侧边缘 240 mm。

（5）符号标注。

符号标注包括粗糙面标注、模板面标注、安装方向标注、吊点位置标注等。桁架钢筋混凝土叠合板底板大样图中：以"△C"示意粗糙面；以"△M"示意模板面；以"→"示意安装方向；以"△"示意吊点位置。

由模板面、1—1 断面图、2—2 断面图相应位置分别标注的图例符号可知底板上表面和侧面为粗糙面，下表面为模板面；为确保底板现场安装方向正确，在模板面中以箭头标注了安装方向，箭头方向水平向左；该板有 4 个起吊点，吊点位置以"△"示意。

5. 桁架钢筋混凝土叠合板底板钢筋图识读

1）底板钢筋组成

桁架钢筋混凝土叠合板底板钢筋由底板钢筋、桁架钢筋和加强钢筋组成，如图 2.51。

底板钢筋包含沿跨度方向布置的钢筋和沿宽度方向布置的钢筋；桁架钢筋由上弦钢筋、下弦钢筋和腹杆钢筋焊接而成；加强钢筋设置在吊点位置附近。

（1）底板钢筋。

采用 HRB400 级，沿宽度和跨度两个方向垂直正交布置，共同构成底板的钢筋网片。

图 2.51 叠合板底板组成

（2）桁架钢筋。

《桁架钢筋混凝土叠合板（60 mm 厚底板）》15G366-1 中给出了 6 种钢筋桁架规格及代号，见表 2.4。其中 A80 和 B80 两种型号的钢筋桁架常为优先选用的规格。

表 2.4 钢筋桁架规格及代号

桁架规格代号	上弦钢筋公称直径/mm	下弦钢筋公称直径/mm	腹杆钢筋公称直径/mm	桁架设计高度/mm
A80	8	8	6	80
A90	8	8	6	90
A100	8	8	6	100
B80	10	8	6	80
B90	10	8	6	90
B100	10	8	6	100

注：桁架规格代号中，A 表示上弦钢筋直径为 8，B 表示上弦钢筋直径为 10，80，90，100 代表桁架设计高度。

（3）加强钢筋。

预制叠合板底板的吊点一般设置在板面负弯矩与吊点之间正弯矩大致相等的位置，对称布置。为增强吊点处承载力，需在吊点位置两侧各设置一道加强钢筋，如图 2.52 所示，加强钢筋常采用直径为 8 mm、长度为 280 mm 的 HRB400 级钢筋，与桁架下弦钢筋和腹杆钢筋绑扎牢固。

图 2.52 加强钢筋布置

2）钢筋图识读

钢筋图主要表达底板钢筋的编号、规格、定位、尺寸；桁架钢筋的型号、布置等。识读钢筋图时，一般要结合断面图和配筋表识读。

下面以"DHB-1"为例，通过将二维图纸（图 2.47 和图 2.53）和三维模型（图 2.54）对照，介绍钢筋图的图示内容和识读方法。

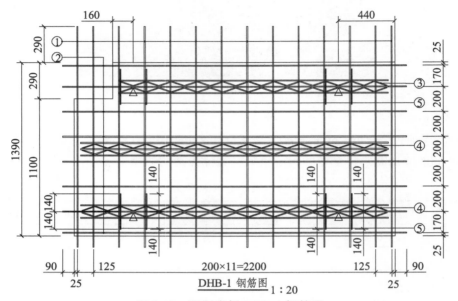

图 2.53 预制底板 DHB-1 钢筋图

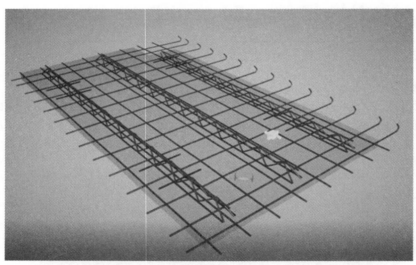

图 2.54 三维模型

（1）图名和绘图比例，图名一般以"××钢筋图"命名，绘图比例一般为 1：20 或 1：30。该钢筋图的图名为"DHB-1 钢筋图"，即编号为 1 的叠合板底板钢筋图；绘图比例一般为 1：20。

（2）跨度方向钢筋，主要介绍钢筋的编号、规格、定位、外伸长度及尺寸等。

该板沿跨度方向钢筋编号为"②"；结合大样图中钢筋材料统计表（图 2.55）可知钢筋规格为直径 8 mm 的三级钢，共 8 根；最上边的两根钢筋间距为 170 mm，最下边的两根钢筋间距为 170 mm，中间钢筋间距均为 200 mm，最上边和最下边钢筋距离相应构件外边的距离均为 25 mm（板的钢筋保护层厚度不小于 15 mm）；跨度方向钢筋的外伸形式为直线形，外伸长度均为 90 mm，单根钢筋总长度为 2500+90+90=2680 mm；该板缺角位置，跨度方向钢筋不截短，如图 2.55。

底板配筋表					
编号	数量	规格	加工尺寸	总重/kg	备注
①	14	⊉8	90 ⌐ 1390 ⌐ 40 / 290	7.134	宽度方向钢筋
②	8	⊉8	90 ⌐ 2500 ⌐ 90	7.52	跨度方向钢筋
③	1	A80	2100	3.696	桁架钢筋
④	2	A80	2400	8.448	桁架钢筋
⑤	8	⊉8	280	0.885	吊点加强筋

图 2.55　大样图中钢筋材料统计表示意

（3）宽度方向钢筋，主要介绍钢筋的编号、规格、定位、外伸长度及尺寸等。

该板沿宽度方向钢筋的编号为"①"；结合大样图中钢筋材料统计表（图 2.55）可知钢筋规格为直径 8 mm 的三级钢，共 14 根；最左边的两根钢筋间距为 125 mm，最右边的两根钢筋间距为 125 mm，中间钢筋间距均为 200 mm，最左边和最右边钢筋距离相应构件外边的距离均为 25 mm（板的钢筋保护层厚度不小于 15 mm）；宽度方向下边钢筋的外伸形式为直线形，外伸长度 90 mm，上边钢筋的外伸形式为带 135 度弯钩，外伸长度 290 mm，单根钢筋水平段总长度为 1390+90+290=1770 mm。该板缺角位置，宽度方向钢筋不截短。

（4）桁架钢筋，主要介绍桁架钢筋的型号、定位等。

钢筋桁架编号为"③"和"④"，型号为 A80，沿跨度方向共设置了 3 道；由 2—2 断面图可知桁架筋距板上下边缘各 195 mm，桁架筋间的间距为 500 mm，由 1—1 断面图可知桁架筋端部距板左右边缘各 50 mm。由断面图可知，钢筋竖向空间位置关系为：沿宽度方向的钢筋（①）位于最下层，钢筋外侧距离板底 15 mm（参见设计说明，钢筋保护层厚度 15 mm），其上面一层为跨度方向钢筋（②），桁架钢筋（③、④）与跨度方向钢筋（②）位于同一层，如图 2.56。

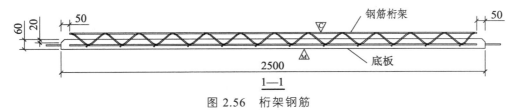

图 2.56　桁架钢筋

（5）加强钢筋，主要介绍钢筋的编号、规格、定位、尺寸等。

吊点加强钢筋编号为⑤，结合大样图中钢筋材料统计表（图 2.55）可知钢筋规格为直径 8 mm 的三级钢；长度 280 mm，每个吊点附近设两根，共有 8 根。

2.3.2　预制混凝土剪力墙内墙板生产识图

1. 预制混凝土剪力墙内墙板构造组成剖析

预制混凝土剪力墙内墙板，即预制混凝土剪力墙内墙板，是指在工厂预制完成的混凝土剪力墙构件。预制混凝土剪力墙内墙板侧面在施工现场通过预留钢筋与现浇剪力墙边缘构件连接，底部通过钢筋灌浆套筒与下层预制剪力墙预留钢筋相连，如图 2.57。

预制混凝土剪力墙内墙板构造通常由轮廓、表面处理、钢筋、预留预埋、构件标识等组成。

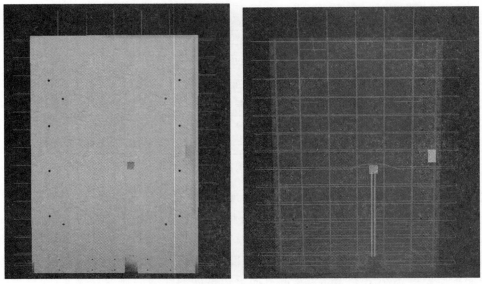

图 2.57　预制混凝土剪力墙内墙板

1）轮　廓

（1）形状。

预制混凝土剪力墙内墙仅有内叶墙板（结构层）一层，按照有无槽口可分为无槽口墙和带槽口墙。带槽口墙一般用于墙与梁连接的部位，如图 2.58。

图 2.58　预制混凝土剪力墙

（2）凹槽。

为实现预制构件与后浇混凝土接缝处外观的平整，防止后浇混凝土漏浆，常在剪力墙内墙左右两端的内外面预留凹槽，如图 2.59。

图 2.59　内外面预留凹槽

2）表面处理

（1）粗糙面。

预制混凝土剪力墙的顶面和底面与后浇混凝土的结合面应设置粗糙面；结合面设置粗糙面时，粗糙面凹凸深度不应小于 6 mm，粗糙面的面积不宜小于结合面的 80%。粗糙面可通过花纹钢板模具形成压花粗糙面，也可通过在模板表面涂刷适量缓凝剂脱模后高压水枪冲刷形成露骨料粗糙面，如图 2.60 和图 2.61。

图 2.60　冲刷粗糙面

图 2.61　压型粗糙面

（2）键槽。

侧面与后浇混凝土的结合面应设置粗糙面，也可设置键槽，如图 2.62。设置键槽时，键槽深度不宜小于 20 mm，宽度不宜小于深度的 3 倍且不宜大于深度的 10 倍，键槽间距宜等于键槽宽度，键槽端部斜面倾角不宜大于 30°。

图 2.62　键槽

3）钢　筋

（1）水平外伸。

同楼层相邻预制剪力墙之间应采用整体式接缝，为保证节点区域的连接可靠性，预制墙体的水平钢筋应伸到连接节点中，外伸长度满足在后浇段内的相应搭接锚固要求。水平外伸钢筋形式有封闭形（如 U 形、半圆形）和开口形（如直线形、弯钩形），其中以 U 形和弯钩形、直线形较常见，如图 2.63。

图 2.63　钢筋水平外伸

（2）竖向外伸。

竖向外伸钢筋为上下层墙板的连接钢筋，连接钢筋的下端与灌浆套筒相连，仅上端外伸，与上层剪力墙进行套筒或浆锚连接，外伸形式为直线形。竖向连接钢筋一般呈梅花形布置，从外观上看，竖向外伸钢筋交错排布，如图 2.64。

图 2.64 钢筋竖向外伸

4）预留预埋

（1）吊点。

方便墙板起吊，在墙板顶面预埋吊点。吊点按照在构件重心两侧（宽度和厚度两个方向）对称布置的原则设计。常见吊点预埋件有吊钉、螺纹套筒、吊环三类，如图 2.65。

图 2.65 吊 点

（2）临时支撑。

预制混凝土剪力墙安装时，应采用临时支撑固定；斜支撑应通过支撑预埋件与构件可靠连接，如图 2.66。

（a）工装架固定   （b）磁钉固定

图 2.66　临时支撑

（3）模板固定。

为方便后浇接缝或连梁叠合层的模板固定，在墙板上相应位置预留孔洞，施工时，将对拉螺杆穿入预留孔，拧紧螺栓，即可固定模板。模板固定预留件可采用预埋塑料管或圆锥形金属件，如图 2.67 和图 2.68。

（4）套筒组件。

预制剪力墙的竖向钢筋采用套筒灌浆连接时，在预制混凝土剪力墙底部预留灌浆套筒及灌浆孔、出浆孔，灌浆套筒需与连接钢筋匹配。灌浆孔是用于加注灌浆料的入料口。出浆孔用于加注灌浆料时通气并将注满后的多余灌浆料溢出的排料口。根据套筒的压力灌浆原理，套筒出浆孔在上，套筒灌浆孔在下。套筒灌浆孔与出浆孔预埋件，可采用柔性波纹管或硬质 PVC 管，如图 2.69。

图 2.67　工装架固定

图 2.68　磁钉固定

图 2.69　波纹管磁钉固定

（5）预埋线盒。

预制剪力墙生产时，需将线盒、线管暗埋于墙体内，线盒按其材质不同，分为 PVC 线盒和金属线盒，如图 2.70。

（a）工装架固定　　　　　　　　　　　　（b）磁盒固定

图 2.70　预埋线盒

（6）线管。

在接线盒与接线槽之间需要预埋线管，如图2.71。

图2.71　预埋线管

（7）接线槽。

为方便接线穿管，常在线盒位置对应的墙板下部预留接线槽，线盒及槽口应避开边缘构件范围设置，如图2.72。

图2.72　接线槽

2. 预制混凝土剪力墙内墙板模板图识读

1）制图规则

（1）预制混凝土剪力墙内墙板编号规则如图2.73。

例如，NQ-2128表示无洞口内墙，标志宽度为2100 mm，楼板所在层高为2800 mm。

实际项目中，各设计院常有各自命名的习惯，但要遵循表达简洁、同一构件在墙体结构平面布置图与构件加工图中的编号完全对应原则。

```
NQ——××——××
          │    └ 层高
          └ 标志宽度
     └ 无洞口内墙
```

图2.73　编号规则

（2）常见图例及符号，见表2.5。

表2.5　常见图例及符号

预制墙板	后浇段	防腐木砖	预埋线盒	粗糙面	装配方向
■	□	⊠	⊠	△C	▲

（3）预制混凝土剪力墙内墙板大样图的组成。

预制混凝土剪力墙内墙板大样图由模板图、钢筋图、材料统计表、文字说明和节点详图组成。图2.74所示为本教材配套项目案例图纸中预制混凝土剪力墙内墙板NQ-1828模板及钢筋图。

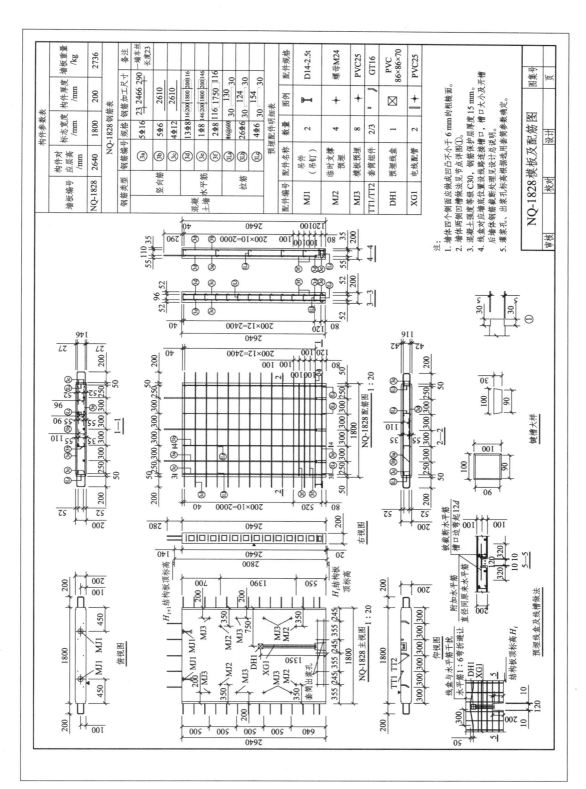

图 2.74　NQ-1828 模板及钢筋图

① 模板图包括主视图、俯视图、仰视图和右视图（如果左、右视图不一致，还要包括左视图）。模板图主要表达墙板的轮廓形状、表面处理、钢筋外伸、预留预埋布置、装配方向等信息。模板图是模具制作和模具组装的依据。

② 钢筋图包括配筋图和断面图，主要表达墙板钢筋的编号、规格、定位、尺寸等，钢筋图是钢筋下料、绑扎、安装的依据。

③ 材料统计表一般包括构件参数表、预埋配件明细表和钢筋表，主要表达预埋配件的类型、数量，钢筋的编号、规格、加工示意及尺寸等信息。

④ 文字说明是指在图样中没有表达完整，用文字进行补充说明的内容，主要包括构件在生产、施工过程中的要求和注意事项（如混凝土强度等级、钢筋保护层厚度、粗糙面设置要求等）。

⑤ 模板图、配筋图中未表示清楚的细节做法用节点详图补充。

2）模板图识读

为全面准确反映构件外形轮廓，采用正投影法，将墙板从前向后、从上向下、从下向上、从右向左投影，分别得到构件的主视图、俯视图、仰视图和右视图，共同构成了墙板的模板图。

下面以 NQ-1828 为例，介绍模板图的图示内容和识读方法，如图 2.75。

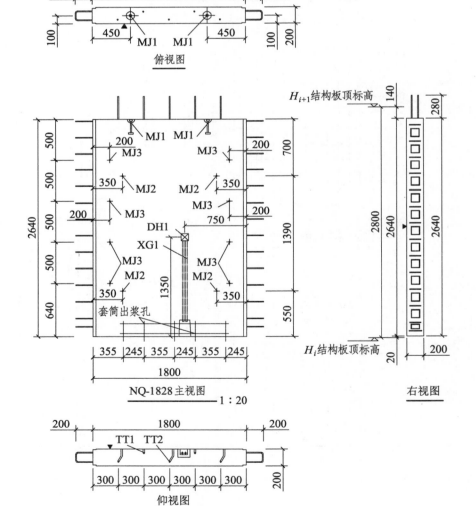

图 2.75　NQ-1828 模板图

（1）墙板编号及图名比例。

绘图比例一般为 1：20 或 1：30。

该墙板编号为"NQ-1828"，预制混凝土剪力墙内墙板，模板图包含主视图、俯视图、仰视图、右视图，绘图比例 1：20。

（2）轮廓。

墙板的外形轮廓（如板是矩形还是带缺口，板侧是否做凹槽），墙板的宽度、高度、厚度、与上下层楼板的空间位置关系及细部尺寸（如层高与墙板实际高度的关系、凹槽细部做法等）。

该墙板为矩形，厚度 200 mm，宽度 1800 mm，高度为 2640 mm，墙板底面相对本层结构板面标高高出 20 mm（20 mm 为套筒灌浆的墙底接缝高度），墙板顶面相对上层结构板面标高低了 140 mm（考虑到叠合板厚度 130 mm+预留的 10 mm 误差调节），墙板的实际高度为 2640 mm=2800 mm – 20 mm – 140 mm。该墙板左右两侧的内外面均设置凹槽。结合节点详图（图 2.76）可知，凹槽的尺寸为 30 mm×5 mm。

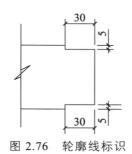

图 2.76　轮廓线标识

（3）钢筋。

钢筋水平外伸、竖向外伸的情况（有无外伸、外伸形式、外伸尺寸等）。

由 NQ-1828 模板图可知，该墙板左右两侧均外伸水平筋，外伸形状为 U 形，外伸长度 200 mm。墙板顶面外伸竖向连接钢筋，外伸形状为一字形，呈梅花形布置。

（4）预留预埋。

预埋件的布置（如类型、数量、位置），预留孔洞管线的布置（如孔洞管线的规格、数量、位置）等。

结合大样图中预埋配件明细表（图 2.77）可知，模板图上共表达了吊件（MJ1）、临时支撑预埋螺母（MJ2）、套筒灌浆孔与出浆孔预埋件（TT1/TT2）、预留线盒（DH1）等的布置情况。

预埋配件明细表				
配件编号	配件名称	数量	图例	配件规格
MJ1	吊件（吊钉）	2		D14-2.5t
MJ2	临时支撑预埋	4		螺母M24
MJ3	模板预埋	8		PVC25
TT1/TT2	套筒件组	2/3		GT16
DH1	预埋线盒	1		PVC86×86×70
XG1	电线配管	2		PVC25

图 2.77　大样图中的预埋配件明细表

① 吊点：吊件位于墙板顶面，共有 2 个，用符号 MJ1 示意。结合预埋配件明细表，采用直径 14 mm 的圆头吊钉，单个承重 2.5 t。其定位尺寸见俯视图，厚度方向居中设置，宽度方向各距构件边缘 450 mm，如图 2.78。

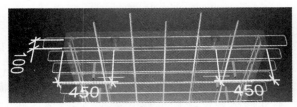

图 2.78　吊点布置图

② 临时支撑：临时支撑预埋螺母位于墙板正面（墙板装配方向一侧），共有 4 个，用符号 MJ2 示意。结合预埋配件明细表，采用直径 M24 螺母。其定位尺寸见主视图，高度方向，下排距构件底面 550 mm，上排距构件顶面 700 mm；宽度方向各距构件边缘 350 mm，如图 2.79。

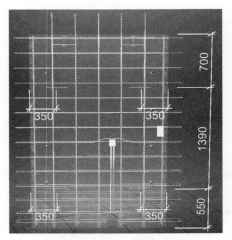

图 2.79　临时支撑布置图

③ 模板固定：模板支撑预埋件位于墙板正面（墙板装配方向一侧），共有 8 个，用符号 MJ3 示意。结合预埋配件明细表，采用直径 25 mm 的 PVC 管。其定位尺寸见主视图，高度方向，下排距构件底面 640 mm，其余竖向间距 500 mm；宽度方向各距构件边缘 200 mm，如图 2.80。

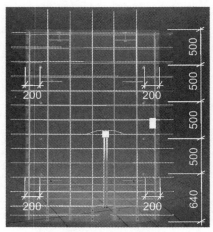

图 2.80　模板固定图

④ 套筒组件：套筒灌浆孔与出浆孔预埋管组件位于墙板正面的下部，共 5 组，3 短、2 长，分别用 TT1/TT2 表示，对应套筒规格为 GT16。位置见主视图和仰视图，从左往右水平定位尺寸依次相距为 300 mm、355 mm、245 mm、355 mm、245 mm、300 mm；结合预埋配件明细表，套筒灌浆孔与出浆孔预埋管件有 TT1/TT2 两种规格，一长一短（因连接钢筋呈梅花形布置），如图 2.81。

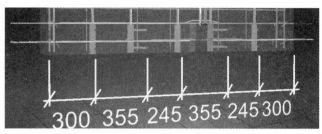

图 2.81　套筒组件图

⑤ 预埋线盒：墙板正面中区预埋接线盒一个，用符号 DH1 示意。结合预埋配件明细表，采用 86 mm×86 mm×70 mm 的 PVC 线盒。接线盒的定位尺寸为距构件下端 1350 mm，距构件右端 750 mm，如图 2.82。

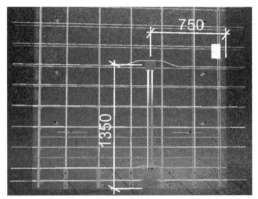

图 2.82　预埋线盒图

⑥ 线管：接线盒与接线槽之间预埋线管 2 根，用符号 XG1 示意。结合预埋配件明细表，采用直径 25 mm 的 PVC 管，如图 2.83。

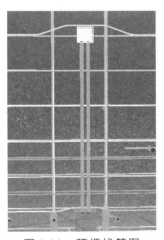

图 2.83　预埋线管图

⑦ 接线槽：墙板正面底部，正对线盒下方预留接线槽一个，具体做法如图2.84。

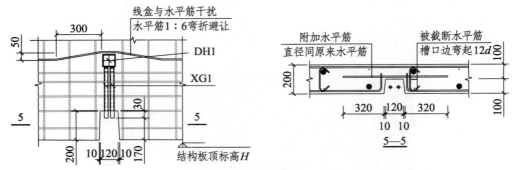

图 2.84 接线槽做法

（5）符号标注。

装配方向标注、各类预埋配件图例、粗糙面标注等。

为确保内墙板现场安装方向的准确，模板图中以"▲"标注墙板装配方向。根据大样图中文字说明，墙体顶面与底面应做成凹凸不小于6 mm的粗糙面，且左、右两面设置键槽，如图2.85。

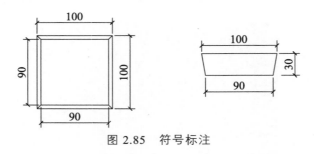

图 2.85 符号标注

3. 预制混凝土剪力墙内墙板钢筋图识读

预制混凝土剪力墙内墙板的钢筋包括竖向钢筋、水平钢筋和拉筋三大类。竖向钢筋为上下层墙板的连接钢筋、墙身分布筋、两侧封边筋；水平钢筋为墙身水平筋、套筒水平筋、加密水平筋；拉筋又分为墙身区、封边区、套筒区，如图2.86。竖向钢筋和水平钢筋共同构成剪力墙体钢筋网片；拉筋将墙板内外两层钢筋网片拉结起来形成整体钢筋笼，内墙板钢筋布置如图2.87。

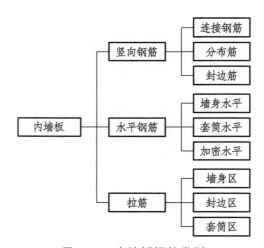

图 2.86 内墙板钢筋类别

图 2.87 内墙板钢筋布置

钢筋图包括配筋图和断面图。配筋图是采用正投影法，将墙板从前向后投影得到的图样。绘图时，假设混凝土为透明体，主要表达构件内钢筋的布置、定位、编号等信息。断面图是用假想平面，沿着宽度方向或高度方向在指定位置将墙板剖开，采用正投影法投影得到的图样，用 "X—X" 表示，预制混凝土剪力墙内墙板常有 4 个断面图。水平方向 2 个断面图：套筒位置（1—1）和中间墙身位置（2—2）；竖直方向两个断面图：竖向封边钢筋所在位置（3—3）和中间墙身位置（4—4）。识读钢筋图时，要结合断面图和钢筋表一起识读。

下面以 NQ-1828 为例，介绍钢筋图的图示内容和识读方法，如图 2.88 ~ 图 2.90 所示。

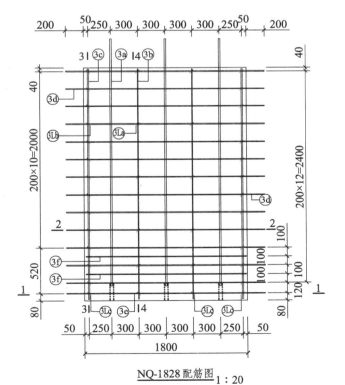

NQ-1828 配筋图 1∶20

图 2.88 NQ-1828 配筋图

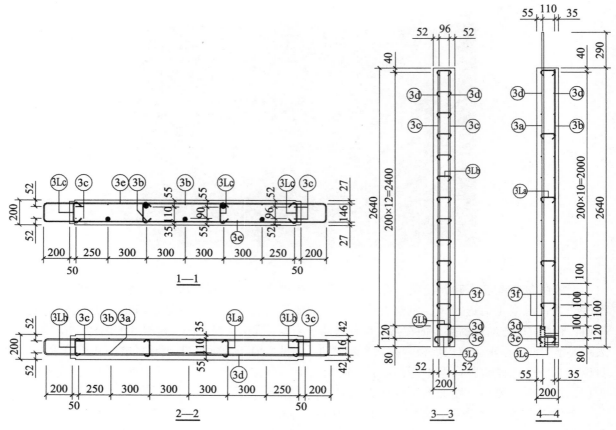

图 2.89　NQ-1828 断面图

NQ-1828 钢筋表				
钢筋类型	钢筋编号	规格	钢筋加工尺寸	备注
混凝土墙	竖向筋 ③a	5Φ16	23 2466 290	一端车丝长度23
	竖向筋 ③b	5Φ6	2610	
	竖向筋 ③c	4Φ12	2610	
	水平筋 ③d	13Φ8	116 200 1800 200 116	
	水平筋 ③e	1Φ8	146 200 1800 200 146	
	水平筋 ③f	2Φ8	116 1750 116	
	拉筋 ③La	Φ6@600	30 130 30	
	拉筋 ③Lb	26Φ6	30 124 30	
	拉筋 ③Lc	4Φ6	30 154 30	

图 2.90　NQ-1828 大样图中的钢筋表

（1）图名与绘图比例。

图名一般为"××配筋图"，绘图比例与模板图保持一致。

该钢筋图包含配筋图和四个断面图，水平方向断面为套筒位置（1—1）和中间墙身位置（2—2），竖直方向断面为竖向封边钢筋所在位置（3—3）和中间墙身位置（4—4）。绘图比例为1:20。

（2）竖向钢筋。

钢筋的编号、定位、规格、尺寸及外伸长度等信息，如图2.91。

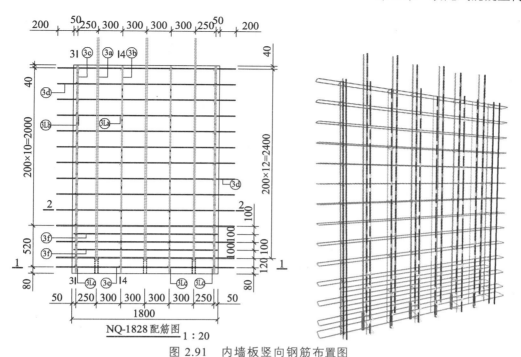

图 2.91　内墙板竖向钢筋布置图

以编号 3a、3b、3c 表示竖向钢筋，其中：3a 为连接钢筋，3b 为分布筋，3c 为封边筋，如图 2.92 ~ 图 2.94 所示。

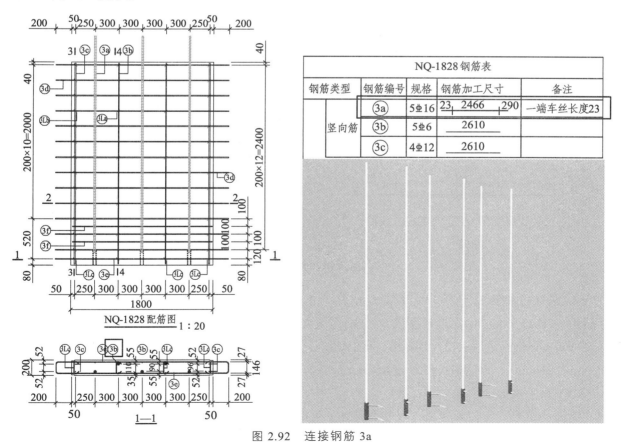

NQ-1828 钢筋表				
钢筋类型	钢筋编号	规格	钢筋加工尺寸	备注
竖向筋	3a	5Φ16	23 　2466　 290	一端车丝长度23
	3b	5Φ6	2610	
	3c	4Φ12	2610	

图 2.92　连接钢筋 3a

① 上下层竖向连接钢筋 3a（图 2.92）：通过配筋图可知，该钢筋下端与套筒连接，上端外伸；通过 1—1 断面图可知，该钢筋呈梅花形排布，每隔 300 mm 交错布置一根，钢筋和套筒中心到墙表面的距离为 55 mm；通过钢筋表可知，该钢筋采用 Φ16，共 5 根，每根上端外伸长度为 290 mm，与套筒连接的一端车丝长度为 23 mm，中间部分长度为 2466 mm。

② 竖向分布筋 3b（图 2.93）：通过钢筋图和 1—1 断面图可知，该钢筋呈梅花形排布，每隔 300 mm 交错布置一根；通过 2—2 断面图可知，钢筋中心到墙表面的距离为 35 mm；通过钢筋表可知，该钢筋采用 Φ6，共 5 根，每根长度为 2610 mm；单根钢筋 3a 总长=2640 mm – 15 mm – 15 mm=2610 mm（钢筋保护层厚度 15 mm）。

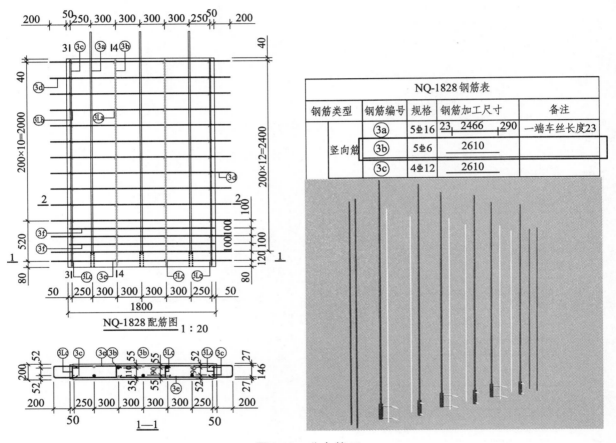

图 2.93　分布筋 3b

③ 竖向封边筋 3c（图 2.94）：通过钢筋图可知，该钢筋设在墙板左右两侧，分别距墙板左右两侧边 50 mm；通过 1—1 断面图或 2—2 断面图可知，钢筋中心到墙表面的距离为 52 mm；通过钢筋表可知，该钢筋采用 Φ12，共 4 根，每根长度为 2610 mm；单根钢筋 3a 总长=2640 mm – 15 mm – 15 mm=2610 mm（钢筋保护层厚度 15 mm）。

（3）水平钢筋。

钢筋的编号、定位、规格、尺寸及外伸长度等信息，如图 2.95。

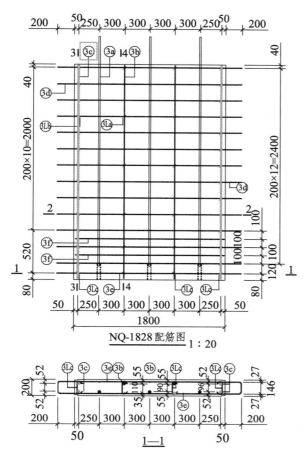

NQ-1828 配筋图　1 : 20

1—1

NQ-1828 钢筋表				
钢筋类型	钢筋编号	规格	钢筋加工尺寸	备注
竖向筋	③a	5Φ16	23 | 2466 | 290	一端车丝长度23
	③b	5Φ6	2610	
	③c	4Φ12	2610	

图 2.94　封边筋 3c

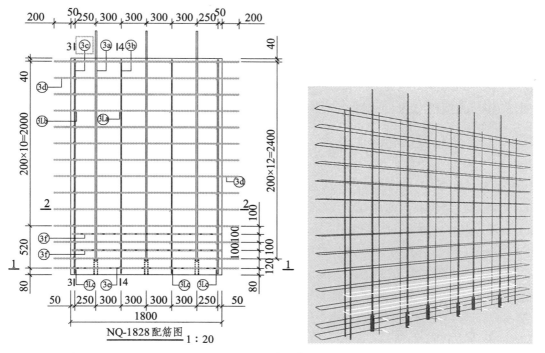

NQ-1828 配筋图　1 : 20

图 2.95　水平钢筋

以编号 3d、3e、3f 表示水平钢筋，其中：3d 为墙身水平钢筋，两端外伸；3e 为套筒处水平筋，两端外伸；3f 为加密处水平附加钢筋，两端不外伸，如图 2.96～图 2.98 所示。

① 墙身水平钢筋 3d（图 2.96）：通过配筋图可知，墙身水平钢筋 3d 中最下面的一根到构件底面的距离为 200 mm，最上面的一根到构件顶面的距离为 40 mm，中间钢筋的间距为 200 mm；通过 2—2 断面图可知，钢筋中心到墙表面的距离为 42 mm；通过钢筋表可知，该水平筋为封闭 U 形，采用 ⊕8，共 13 根，钢筋在墙板内的长度为 1800 mm，两端各向外伸出水平长度为 200 mm，宽度方向钢筋中心线尺寸为 116 mm。

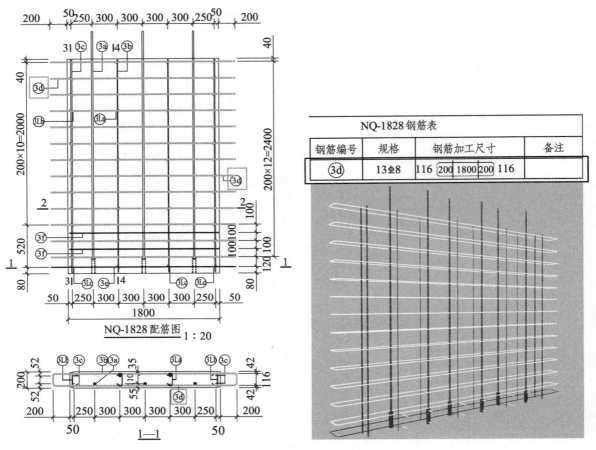

NQ-1828 钢筋表			
钢筋编号	规格	钢筋加工尺寸	备注
3d	13⊕8	116 200 1800 200 116	

图 2.96　墙身水平钢筋 3d

② 套筒处水平筋 3e（图 2.97）：通过配筋图可知，钢筋距墙板底面 80 mm；通过 1—1 断面图可知，钢筋中心到墙表面的距离为 27 mm；通过钢筋表可知，该水平筋为封闭 U 形，采用 ⊕8，共 1 根。钢筋在墙板内的长度为 1800 mm，两端各向外伸出长度为 200 mm，宽度方向钢筋中心线尺寸为 146 mm（因套筒直径大于钢筋直径）。

③ 加密区水平附加钢筋 3f（图 2.98）：通过配筋图可知，2 根加密区水平钢筋 3f 和 3 根墙身水平钢筋（1 根 3e+2 根 3d）共同构成了加密范围钢筋，加密区钢筋间距为 100 mm，通过钢筋表可知，该水平筋为封闭型，采用 ⊕8，共 2 根，两端不向外伸出。钢筋在墙板内的长度为 1750 mm，宽度方向钢筋中心线尺寸为 116 mm。

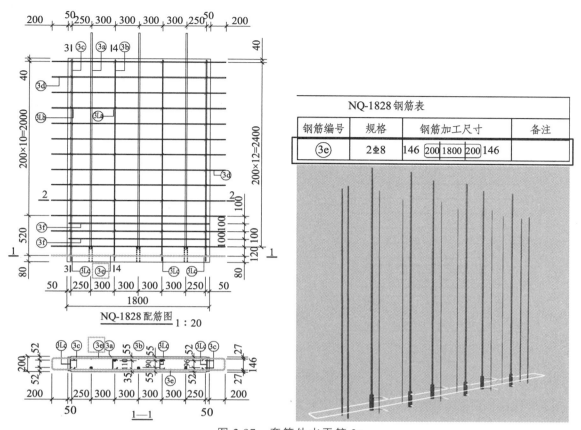

NQ-1828钢筋表			
钢筋编号	规格	钢筋加工尺寸	备注
3e	2Φ8	146 200 1800 200 146	

图 2.97　套筒处水平筋 3e

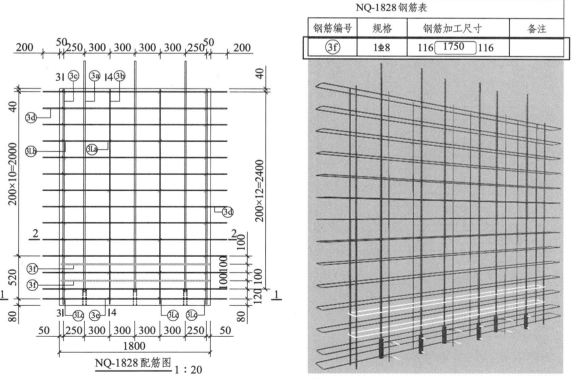

NQ-1828钢筋表			
钢筋编号	规格	钢筋加工尺寸	备注
3f	1Φ8	116 1750 116	

图 2.98　加密区水平附加钢筋 3f

（4）拉筋。

钢筋的编号、定位、规格、尺寸及外伸长度等，如图 2.99。

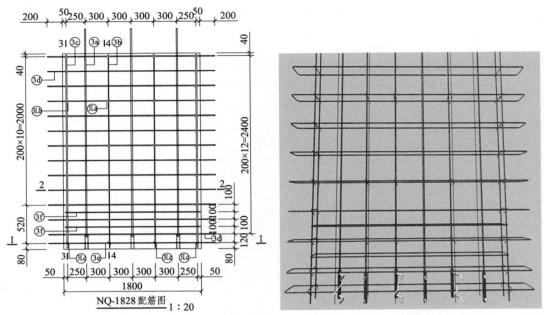

图 2.99　拉　筋

以编号 3La、3Lb、3Lc 表示拉筋，其中：3La 为墙身区域的拉筋；3Lb 为竖向封边钢筋之间的拉筋；3Lc 为套筒区域的拉筋，如图 2.100 ~ 图 2.102。

① 墙身区拉筋 3La（图 2.100）：通过钢筋图、2—2 断面图和 4—4 断面图可知，该拉筋间距按 600mm × 600 mm 布置；通过钢筋表可知，该拉筋采用 ⊉6，直线段长度为 130 mm，弯钩平直段长度为 30 mm（取 5d）。

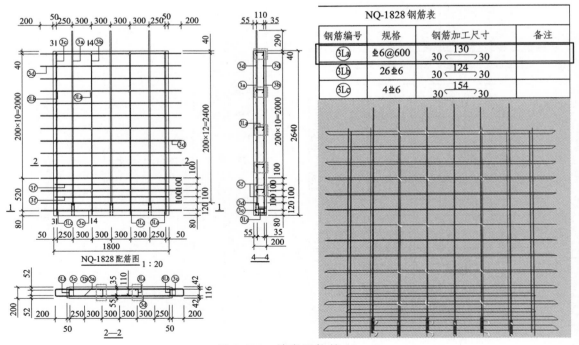

NQ-1828 钢筋表			
钢筋编号	规格	钢筋加工尺寸	备注
3La	⊉6@600	30 ⌒ 130 ⌒ 30	
3Lb	26⊉6	30 ⌒ 124 ⌒ 30	
3Lc	4⊉6	30 ⌒ 154 ⌒ 30	

图 2.100　墙身区拉筋 3La

② 封边区拉筋 3Lb（图 2.101）：通过钢筋图、2—2 断面图和 3—3 断面图可知，该拉筋竖向间距同水平外伸钢筋间距布置；通过钢筋表可知，该拉筋采用 ⏚6，共 26 根，直线段长度为 124 mm，弯钩平直段长度为 30 mm （取 5d）。

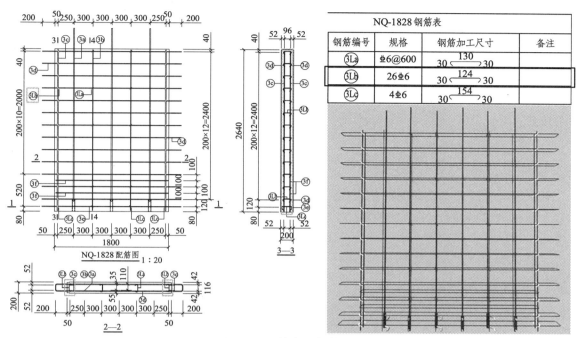

图 2.101　封边区拉筋 3Lb

③ 套筒区拉筋 3Lc（图 2.102）：通过钢筋图、1—1 断面图可知，该拉筋水平方向隔一拉一布置；通过钢筋表可知，该拉筋采用 ⏚6，共 4 根，直线段长度为 154 mm，弯钩平直段长度为 30 mm（取 5d）。

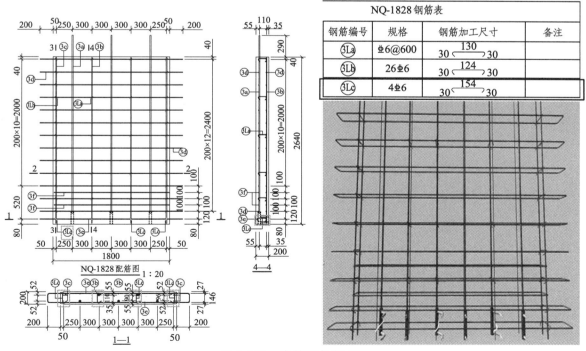

图 2.102　套筒区拉筋 3Lc

2.3.3 预制楼梯生产识图

1. 预制楼梯的概念

预制楼梯是装配式建筑中常用的构件之一，在构件厂进行生产，并将楼梯分成休息板、楼梯梁、楼梯段3个部分。最后运至施工现场进行装配、焊接的安装，安装完成后即可立即作为现场施工通道使用，方便、快捷。

预制楼梯生产中，扶手预埋件可提前埋好，与防滑条、滴水线等构造通过定模生产，一次浇筑成型，减少现场楼梯二次处理工艺；而且预制楼梯较现浇楼梯质量高、观感好，具有清水混凝土的美观效果。

2. 预制楼梯分类介绍

1）按结构形式和受力特性分类

预制钢筋混凝土楼梯按照结构形式和受力特性的不同，可分为预制梁式楼梯和预制板式楼梯。

（1）预制梁式楼梯。

梁式是梯段板支撑在斜梁上，斜梁支撑在平台梁上的楼梯形式，如图2.103。梁式楼梯的传力路线为：梯段板—斜梁—平台梁—墙或柱。梁式楼梯一般用于荷载较大，梯段水平投影长度大于3 m的建筑中，如办公楼、教学楼等建筑中。

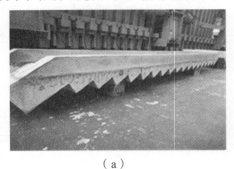
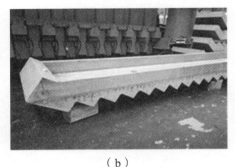

（a） （b）

图 2.103 预制梁式楼梯样式

（2）预制板式楼梯。

板式是梯段板承担该梯段的全部荷载，并将荷载传递至两端的平台梁上的楼梯形式，如图2.104。

板式楼梯的传力路线为：梯段板—平台梁—墙或柱。板式楼梯一般用于结构荷载较小，梯段水平投影长度不大于3 m的建筑中。装配式住宅建筑里，以预制板式楼梯为主。

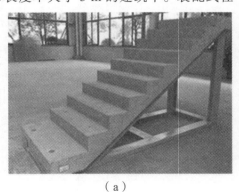
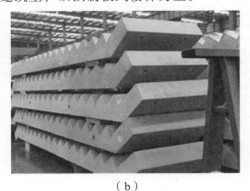

（a） （b）

图 2.104 预制板式楼梯样式

2）按构造形式分类

预制板式楼梯按照其构造形式不同，又可分为双跑楼梯和剪刀楼梯两种形式。

（1）双跑楼梯。

双跑楼梯是最常见的楼梯形式，每楼层之间由两个梯段组成，水平投影上两梯段互相平行，中间有一休息平台，如图 2.105。

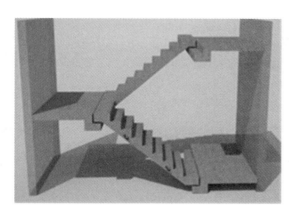

（a）双跑楼梯三维模型

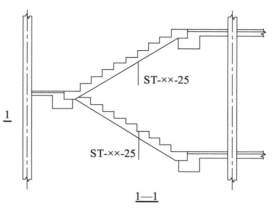

（b）双跑楼梯构造图

图 2.105　双跑楼梯

（2）剪刀楼梯。

剪刀楼梯指每楼层之间设置一对相互重叠，又互不相通的两个楼梯。本质上是两个单跑楼梯对向叠加在一起，由两个梯段交错而成，被称为"剪刀梯"。如果其中一个方向的楼梯被堵，不影响另一梯段的通行，因此，剪刀楼梯被广泛应用于高层建筑的疏散设计中，如图 2.106 所示。

（a）剪刀楼梯三维模型

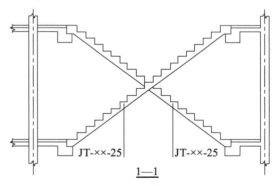

（b）剪刀楼梯构造图

图 2.106　剪刀楼梯

3）按是否分段分类

（1）分段楼梯。

当预制钢筋混凝土楼梯的重量较大时，对起重机械的吊装能力要求较高，为降低机械吊装成本，减轻构件重量，可将一个完整梯段平分成两部分，形成分段楼梯，如图 2.107。分段楼梯在安装时，又重新组合为整体，常见于公共建筑和市政建筑中。

图 2.107　分段楼梯

（2）整段楼梯。

当预制钢筋混凝土楼梯的重量不大时，可按照完整的楼梯进行生产、吊装、安装，称为整段楼梯，如图 2.108。

图 2.108　整段楼梯

3．预制楼梯构造组成剖析

预制楼梯构造通常由轮廓、预留预埋、构件标识等组成。

1）轮　廓

（1）上端平台。

上端为长度较小平台板，与平台梁连接，上端平台板向梯井位置凸出，避免在平台位置产生较大缝隙，凸出尺寸与梯井宽度相关，如图 2.109。

图 2.109　上端平台示意

（2）下端平台。

下端为长度较小平台板，与平台梁连接，如图 2.110。

图 2.110　下端平台示意

（3）斜向梯板。

斜向梯段是由若干踏步组成的斜板，如图 2.111。

图 2.111　斜向梯板示意

（4）防滑凹槽。

构件生产阶段，应考虑梯段防滑措施，常见做法为设置防滑凹槽，每踏面前缘设置一对凹槽，下凹深度 6 mm，第一道凹槽中心距外边缘 30 mm，两凹槽中心距 30 mm，如图 2.112。

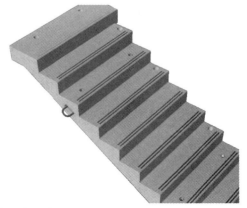

图 2.112　上端平台示意

2）预留预埋

（1）销键预留孔。

当梯段板两端支座与平台梁的连接为销键连接时，应在梯段上下端平台板对应位置各预留圆形销键孔 2 个，如图 2.113。

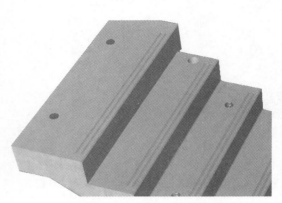

图 2.113　销键预留孔

（2）脱模吊点。

预制钢筋混凝土楼梯生产完成后，为方便脱模、起吊，应在楼梯上预埋吊件。常见脱模吊点的预埋件有预埋螺母、吊钉、钢筋吊环等，如图 2.114 和图 2.115。

图 2.114　脱模吊点

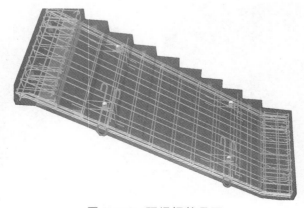

图 2.115　预埋钢筋吊环

（3）安装吊点。

　　预制钢筋混凝土楼梯安装时，一般采用水平吊装，使踏步平面呈水平状态，便于就位。安装吊点预埋件不能与脱模吊点预埋件共用，需单独设置，常采用预埋螺母或吊钉，在梯段正面不少于四个，构件重心对称原则布置，如图 2.116。

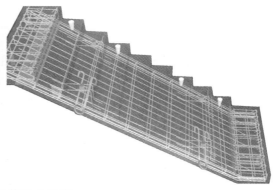

图 2.116　安装吊点示意

（4）栏杆预埋件。

　　栏杆扶手是在楼梯吊装完成后安装，为确保栏杆与楼梯的可靠连接，楼梯生产时，需预埋与固定栏杆配套的预埋件。当梯段宽度较小时，为增加通行宽度，栏杆常安装在梯段侧面，栏杆预埋件常为预埋钢板；当梯段宽度足够时，栏杆可安装在梯段正面，栏杆预埋件常为预埋钢板或预留孔洞，如图 2.117。

（a）栏杆预埋孔

（b）栏杆预埋件

图 2.117　栏杆预埋示意

3）构件标识

产品合格证等信息标识常采用二维码标识，通过扫描二维码，可查阅构件编号、构件类型、生产企业、生产日期、所属工程、生产各阶段质量验收等信息，实现管理有痕迹，信息可追溯。

4．预制楼梯模板图识读

1）制图规则

（1）预制楼梯编号规则。

在《预制钢筋混凝土板式楼梯》15G367-1 图集中，介绍了预制板式楼梯的编号规则，编号与楼梯类型、层高、楼梯间净宽有关：双跑楼梯代号为 ST，剪刀楼梯代号为 JT；层高有 2.8 m，2.9 m，3.0 m 三种；楼梯间净宽，双跑楼梯有 2.4 m、2.5 m 两种，剪刀楼梯有 2.5 m，2.6 m 两种。编号规则如图 2.118 所示。

图 2.118　编号规则

例如，ST-28-25 表示双跑楼梯，建筑层高 2.8 m、楼梯间净宽 2.5 m 所对应的预制混凝土板式双跑楼梯梯段板。

再如，JT-30-26 表示剪刀楼梯，建筑层高 3.0 m、楼梯间净宽 2.6 m 所对应的预制混凝土板式剪刀楼梯梯段板。

工程实践中，各设计院也可按本院的命名习惯对楼梯进行编号，但要遵循表达简洁、表达一致的原则。

（2）预制楼梯大样图的组成。

预制楼梯大样图由模板图、钢筋图、节点大样图、材料统计表和文字说明组成。

2）模板图识读

楼梯模板图由平面图、底面图和断面图组成，主要内容包括：预制钢筋混凝土楼梯的轮廓尺寸、预留预埋件布置情况、细部构造等。模板图是模具制作和模具组装的依据。平面图是将预制钢筋混凝土楼梯从上往下投影得到的图样，也是构件脱模后楼梯的正面投影图。底面图是将预制钢筋混凝土楼梯从下往上投影得到的图样，也是构件脱模后楼梯的底面投影图。断面图分别为：沿宽度方向在梯板上端平台板剖切得到的图样、沿宽度方向在梯板下端平台板剖切得到的图样、沿跨度方向直接从梯板侧面投影得到的图样。

下面以"YLT-1"为例，介绍模板图的图示内容和识读方法，如图 2.119。

（1）图名比例，绘图比例一般为 1:20 或 1:30。

模板图包括平面图、底面图和三个断面图，断面图分别为：沿上端平台板剖切（1—1）、沿下端平台板剖切（2—2）、沿梯段板侧面直接投影（3—3）。绘图比例 1:20。

（2）轮廓，包含上端平台的轮廓尺寸信息，下端平台的轮廓尺寸信息，斜向梯板的轮廓尺寸信息以及防滑凹槽的布置情况。

由 YLT-1 模板图可知，该预制钢筋混凝土楼梯上端平台板长度 400 mm，宽度 1250 mm，厚度 180 mm，向梯井凸出 55 mm。下端平台板长度 400 mm，宽度 1195 mm，厚度 180 mm。斜向梯板水平投影长度为 2080 mm（260×8=2080 mm），梯板宽度 1195 mm，梯板厚度 130 mm。

该预制钢筋混凝土楼梯的每个踏面前缘设置一对防滑凹槽，由图 2.120 可知：下凹深度 6 mm，第一道凹槽中心距外边缘 30 mm，两凹槽中心间距 30 mm。

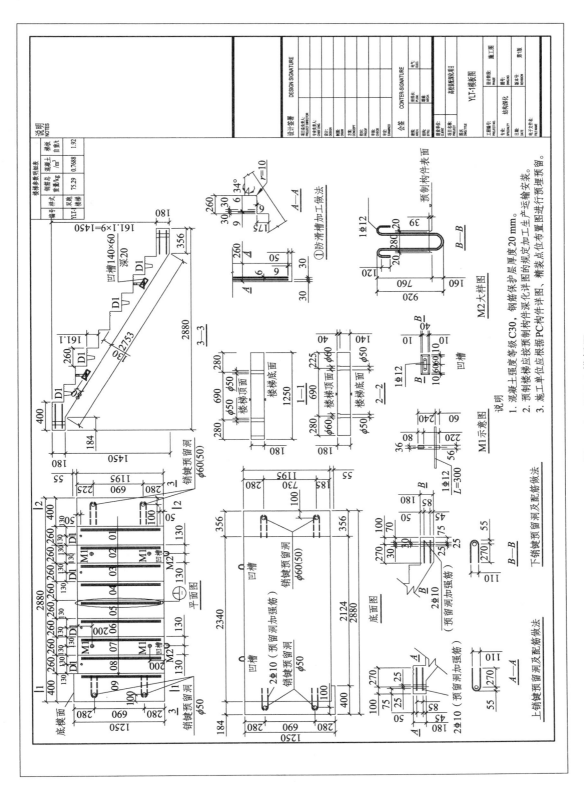

图 2.119　YLT-1 模板图

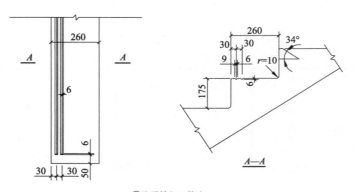

①防滑槽加工做法

图 2.120　防滑槽加工图

（3）预留预埋，包含上端销键孔、下端销键孔、脱模吊点、安装吊点、栏杆预埋件的类型、数量、位置或规格信息。

上端销键孔：销键预留洞为贯通圆孔，深度与平台板厚度相同。通常，高端为固定铰支座，预留洞等直径。由大样图可知：上端洞孔直径为 50 mm，如图 2.121。

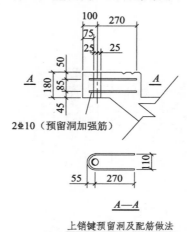

2Φ10（预留洞加强筋）

A—A

上销键预留洞及配筋做法

图 2.121　上端销键预留洞大样图

下端销键孔：销键预留洞为贯通圆孔，深度与平台板厚度相同。通常，低端为滑动铰支座，预留洞变直径。由图 2.122 可知：下端洞孔变直径，距离上表面 40 mm 的高度范围，洞孔直径为 60 mm，余下 140 mm 的高度范围，洞孔直径为 50 mm。

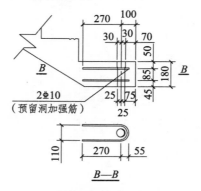

2Φ10
（预留洞加强筋）

B—B

下销键预留洞及配筋做法

图 2.122　下端销键预留洞大样图

- 80 -

脱模吊点：位于该预制钢筋混凝土楼梯第 2、7 阶踏步侧面，共有两个，具体定位详 3—3 断面图。本项目预埋件为弯钩形吊筋，具体做法见图 2.123 大样图。由 M2 大样图可知：吊筋为直径 12 mm 的一级钢，吊筋埋入梯板内的深度为 36omm，外伸长度为 80 mm。在梯段板侧对应位置预留凹槽，凹槽尺寸 140 mm×60 mm，深 20 mm，凹槽中心距板底 80 mm。脱模起吊后，切掉吊钩，抹灰补平。

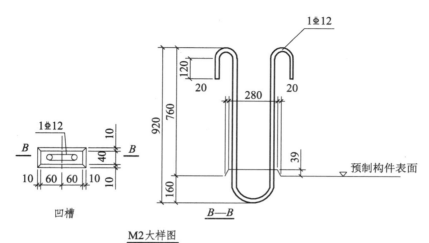

图 2.123　脱模吊点预埋吊筋——M2 大样图

安装吊点：位于该预制钢筋混凝土楼梯正面第 2、7 阶踏步上，共 4 个，具体定位尺寸见平面图。安装吊点预埋件为螺母，具体做法见图 2.124 大样图。由 M1 大样图可知：该预埋件采用内埋螺母，长度 150 mm，螺母下部穿插一根直径为 12 mm、长度为 300 mm 的三级钢筋，与螺母配套的螺栓型号为 M18。

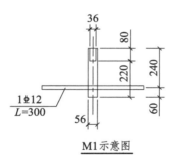

图 2.124　安装吊点预埋螺母——M1 大样图

栏杆预埋件：位于该预制钢筋混凝土楼梯正面第 1、3、6、8 阶踏步上，共有 4 个，孔洞中心距楼梯边缘 50 mm，具体定位见平面图。

（4）符号标注包含踏步编号标注、上行箭头标注、断面标注、详图索引符号标注等信息。

该预制钢筋混凝土楼梯模板图上标注了踏步编号（从下往上分别标注了 01、02、…、09）、上行箭头、断面符号（1—1、2—2、3—3）、详图索引符号等。

5. 预制楼梯钢筋图识读

1）预制楼梯钢筋组成

预制楼梯的钢筋（图 2.125）由斜向梯板钢筋、上端平台钢筋、下端平台钢筋及加强钢筋 4 部分组成，如图 2.126 所示。

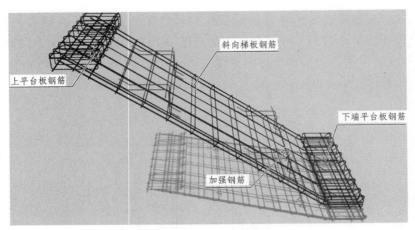

图 2.125　预制楼梯钢筋

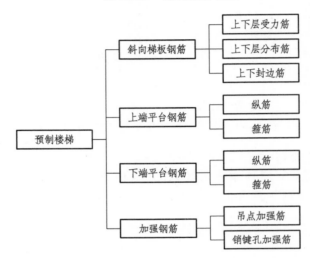

图 2.126　预制楼梯钢筋组成

（1）斜向梯板钢筋分为上下层受力筋、上下层分布筋及上下封边筋三类。斜向梯板钢筋为双层双向布置，平行于跨度方向布置的钢筋是受力筋，垂直于跨度方向布置的钢筋是分布筋。考虑到梯板侧面预埋件较多，宜设置直径较大的封边筋。斜向梯板钢筋如图 2.127 所示。

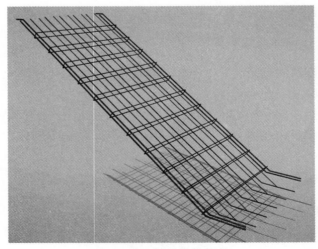

图 2.127　斜向梯板钢筋

（2）上、下端平台钢筋分为平台纵筋和平台箍筋，钢筋布置类似于暗梁。平台板钢筋如图 2.128 所示。

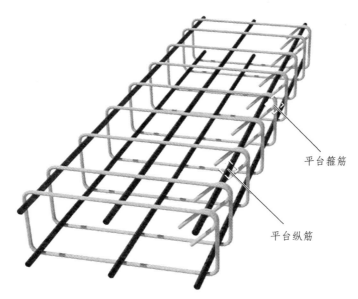

平台箍筋

平台纵筋

图 2.128　上、下端平台钢筋

（3）加强钢筋分为吊点加强筋和销键孔加强筋，如图 2.129。

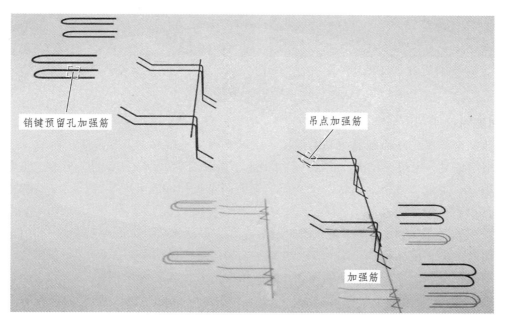

销键预留孔加强筋

吊点加强筋

加强筋

图 2.129　加强钢筋

吊点加强筋为"⌇"形，放置在构件的安装吊点预埋处，每个吊点附近设 2 根，共有 8 根。为防止吊点加强筋变形，还应在吊点加强筋的弯折位置穿入 1 根水平钢筋，与"⌇"形吊点加强筋绑扎牢固。吊点加强筋如图 2.130 所示。

（a）吊点加强筋及预埋件　　　　　　　　（b）安装吊点加强筋的绑扎

图 2.130　吊点钢筋加强

销键预留洞加强筋为 U 形钢筋，绑扎在销键预留洞口处，每个洞口位置设 2 根，共有 8 根，如图 2.131 所示。

（a）销键预留洞 U 形加强筋　　　　　　　（b）销键预留洞加强筋绑扎

图 2.131　销键加强筋

2）钢筋图识读

预制楼梯钢筋图由立面配筋图和断面图（上端平台、下端平台、梯段板）组成，主要内容包括：梯板钢筋编号、定位、规格、形状、尺寸；上下端平台钢筋编号、定位、规格、形状、尺寸；加强钢筋编号、定位、规格、形状、尺寸等。钢筋图是楼梯钢筋下料、绑扎、安装的依据。识读时需结合钢筋表。

下面以"YLT-1"为例，介绍钢筋图的图示内容和识读方法，如图 2.132。

（1）图名比例。绘图比例一般为 1∶20 或 1∶30，与模板图保持一致。

钢筋图包括立面配筋图和三个断面图，断面图为沿着上端平台板剖切（1—1）、沿着斜向梯段板剖切（2—2）、沿着下端平台板剖切（3—3），分别展示上端平台板、中间斜向梯板、下端平台板的钢筋布置情况。绘图比例为 1∶20。

（2）斜向梯板钢筋。识读钢筋的编号、定位、规格、形状、尺寸等。

该预制钢筋混凝土楼梯中，斜向梯板钢筋编号有 1，2，3，11，12 五种。1 号钢筋为梯板下部纵筋；2 号钢筋为梯板上部纵筋；3 号钢筋为梯板上下层分布筋；11 号钢筋为梯板边缘上部封边筋；12 号钢筋为梯板边缘下部封边筋。

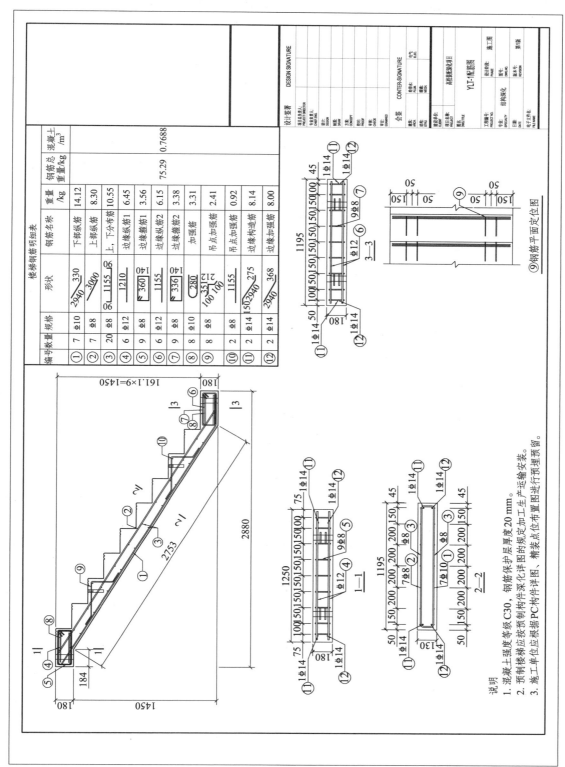

楼梯钢筋明细表

编号	数量	规格	形状	钢筋名称	重量/kg	钢筋总重量/kg	混凝土/m³
①	7	Φ10	2940　330	下部纵筋	14.12		
②	7	Φ8	3000	上部纵筋	8.30		
③	20	Φ8	06　1155　06	上、下分布筋	10.55		
④	6	Φ12	1210	边缘纵筋1	6.45		
⑤	9	Φ8	360　140	边缘箍筋1	3.56		
⑥	6	Φ12	1155	边缘纵筋2	6.15	75.29	0.7688
⑦	8	Φ8	336　140	边缘箍筋2	3.38		
⑧	8	Φ10	280	加强筋	3.31		
⑨	8	Φ8	100　100　351	吊点加强筋	2.41		
⑩	8	Φ8	1155	吊点加强筋	0.92		
⑪	2	Φ14	150　2940　275	边缘构造筋	8.14		
⑫	2	Φ14	2940　368	边缘加强筋	8.00		

说明
1. 混凝土强度等级 C30，钢筋保护层厚度 20 mm。
2. 预制楼梯应按预制构件深化详图的规定加工生产运输安装。
3. 施工单位应根据 PC 构件详图、精装点位布置图进行预埋预留。

图 2.132　YLT-1 钢筋图

梯板下部纵筋（1号钢筋）：由钢筋图可知钢筋形状为" "。通过2—2断面图可知，梯板下部纵筋共设置了7根，边缘2根纵筋距楼梯边缘分别为50 mm、45 mm，中间纵筋的间距依次为150 mm、200 mm、200 mm、200 mm、200 mm、150 mm。通过钢筋表可知，该钢筋的规格为 $\underline{\Phi}$10，倾斜段长度为2940 mm，伸入下端平台的平直段长度为330 mm。

梯板上部纵筋（2号钢筋）：由钢筋图可知钢筋的形状为" "。通过2—2断面图可知，梯板上部纵筋共设置了7根，边缘2根纵筋距楼梯边缘分别为50 mm、45 mm，中间纵筋的间距依次为150 mm、200 mm、200 mm、200 mm、200 mm、150 mm。通过钢筋表可知，该钢筋的规格为 $\underline{\Phi}$8，倾斜段长度为3000 mm。

梯板上下层分布筋（3号钢筋）：由钢筋图可知钢筋为两端带90°弯钩。通过钢筋表可知，该钢筋的规格为 $\underline{\Phi}$8，共设置了20根，均匀布置。平直段长度为1155 mm，弯钩平直段长度为80 mm。

梯板边缘上部封边筋（11号钢筋）：通过2—2断面图可知，该钢筋位于梯板两侧上部边缘，共有2根。由钢筋表可知，该钢筋形状为" "，规格为 $\underline{\Phi}$14。倾斜段长度为2940 mm，伸入上端平台的平直段长度为150 mm，伸入下端平台的平直段长度为275 mm。

梯板边缘下部封边筋（12号钢筋）：通过2—2断面图可知，该钢筋位于梯板两侧下部边缘，共有2根。由钢筋表可知，该钢筋形状为" "，规格为 $\underline{\Phi}$14。倾斜段长度为2940 mm，伸入下端平台的平直段长度为368 mm。

（3）上端平台钢筋。识读钢筋的编号、定位、规格、形状、尺寸等。

该预制钢筋混凝土楼梯中，上端平台钢筋编号有4，5两种。4号钢筋为平台纵筋，5号钢筋为平台箍筋。

平台纵筋（4号钢筋）：通过钢筋图和1—1断面图可知，钢筋为直线形，共有6根。通过钢筋表可知，该钢筋规格为 $\underline{\Phi}$12，直线段长度为1210 mm。

平台箍筋（5号钢筋）：通过钢筋图和1—1断面图、钢筋表可知，箍筋规格为 $\underline{\Phi}$8，设置了9道，边缘2道箍筋距楼梯边缘为75 mm，中间箍筋的间距依次为100 mm、150 mm、150 mm、150 mm、150 mm、150 mm、150 mm、100 mm。

（4）下端平台钢筋。识读钢筋的编号、定位、规格、形状、尺寸等。

该预制钢筋混凝土楼梯中，下端平台钢筋编号有6，7两种。6号钢筋为平台纵筋，7号钢筋为平台箍筋。

平台纵筋（6号钢筋）：通过钢筋图和3—3断面图可知，钢筋为直线形，共有6根。通过钢筋表可知，该钢筋规格为 $\underline{\Phi}$12，直线段长度为1155 mm。

平台箍筋（7号钢筋）：通过钢筋图和3—3断面图、钢筋表可知，箍筋规格为 $\underline{\Phi}$8，设置了9道，边缘2道箍筋距楼梯边缘为75 mm，中间箍筋的间距依次为100 mm、150 mm、150 mm、150 mm、150 mm、150 mm、150 mm、100 mm。

（5）加强钢筋。识读加强钢筋的编号、定位、规格、形状、尺寸等。

该预制钢筋混凝土楼梯中，加强钢筋编号有8、9、10三种。8号钢筋为销键预留洞孔边加强筋，9号、10号钢筋为吊点加强筋。

销键预留洞孔边加强筋（8号钢筋）：通过钢筋图和钢筋表可知，该钢筋形状为U形，位于销键预留洞口处。加强筋规格为 $\underline{\Phi}$10，共设置了8道。根据销键加强筋大样图（图2.133）可知：每个洞口位置设置上下2道；钢筋采用直径10 mm的三级钢筋；U形平直段长度为270 mm，半圆段直径为55 mm；上排钢筋距离平台上表面50 mm，下排钢筋距平台下表面45 mm，两排钢筋的中心距为85 mm。

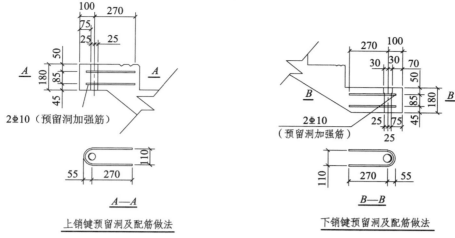

图 2.133　销键预留洞大样图

吊点加强筋（9 号钢筋）：通过钢筋图可知，该钢筋形状为"～"。该钢筋位于安装吊点处，一个吊点位置设两道加强筋，间距为 100 mm。加强筋规格为 Φ8，共设置了 8 道。

吊点加强筋（10 号钢筋）：通过钢筋图和钢筋表可知，该钢筋形状为直线形，加强筋规格为 Φ8，共设置了 2 道。

2.3.4　预制混凝土剪力墙外墙生产识图

1. 制图规则

1）墙体编号

在《预制混凝土剪力墙外墙板》15G365-1 图集中，介绍了外墙板的编号规则，如图 2.134 所示。编号一般包含墙板代号、墙板标志宽度、层高等信息。

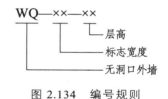

图 2.134　编号规则

例如，"WQ-2728"表示预制混凝土剪力墙外墙，标志宽度为 2700 mm，墙板所在的楼层层高为 2800 mm。

在实际项目中，各设计院可按本院的习惯对墙板进行编号，但应遵循表达简洁、同一构件在墙体结构平面布置图与构件大样图中的编号一一对应的原则。

2）预制混凝土剪力墙外墙构造图的组成

预制混凝土剪力墙外墙构造图由模板图、钢筋图、材料统计表、文字说明、节点详图和外叶板配筋图组成，样式如图 2.135。

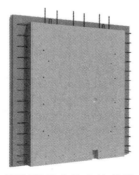

图 2.135　预制混凝土剪力墙外墙三维模型

2. 预制混凝土剪力墙外墙模板图识读

1）内叶板

内叶板是预制钢筋混凝土板，起承重作用。

如图 2.136 所示：内叶板为矩形板，厚度 200 mm，宽度 2100 mm，高度为 2640 mm。

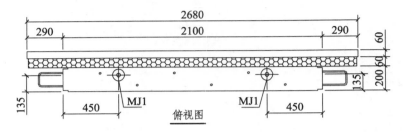

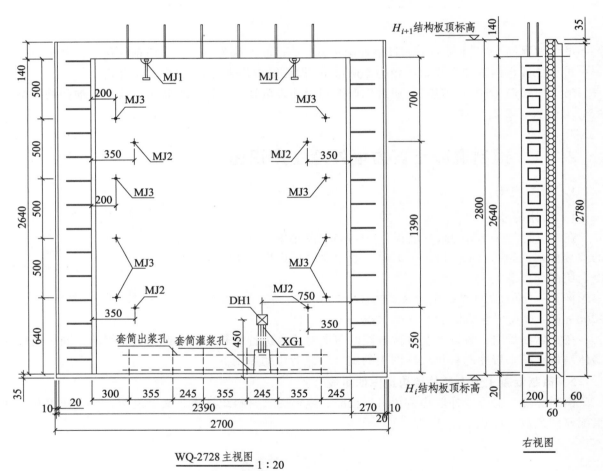

WQ-2728 主视图 1：20

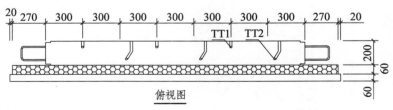

图 2.136 WQ-2728 模板图

2）保温板

保温板为挤塑聚苯板等保温板材，起保温作用，厚度根据设计计算一般为 30～100 mm。

该保温层为矩形板，厚度 60 mm，宽度为 2100 mm+270 mm+270 mm=2640 mm，高度为 2640 mm+140 mm=2780 mm。

3）外叶板

外叶墙板是预制钢筋混凝土板，厚度一般为 60 mm，起外墙保护作用，外墙可通过反打技术在外表面形成石材、瓷砖饰面，实现外墙保温装饰一体化。

该外叶板为矩形，厚度为 60 mm，标志宽度为 2700 mm，实际宽度为 2680 mm（两块外叶板之间每侧各留 10 mm 缝隙），总高为 2800－20=2780 mm。

4）保温连接件

外叶板通过保温连接件与内叶板进行可靠连接。一般采用不锈钢或纤维增强塑料。

从图纸附注中可知保温拉结件布置图由厂商设计，本教材不做涉及。

5）企　口

预制外墙外叶板的上下两端做成企口，形成水平企口缝，作为外墙水平接缝处的构造防水。

如图 2.137 所示：外叶板上下端各做高度 35 mm 的企口缝，企口的构造大样见节点图②③。

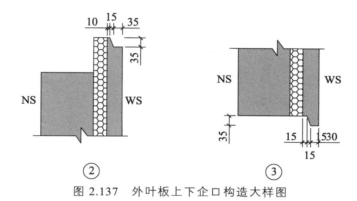

图 2.137　外叶板上下企口构造大样图

6）凹　槽

为实现预制构件与后浇混凝土接缝处外观的平整，防止后浇混凝土漏浆，通常在剪力墙外墙内叶板左右两端靠室内的一侧设置凹槽。

如图 2.138 所示：该墙板左右两端的内侧面设置凹槽，凹槽的尺寸为 30 mm×5 mm。

7）表面处理

预制混凝土剪力墙内叶板四个面与后浇混凝土的结合面应设置粗糙面；结合面设置粗糙面时，粗糙面凹凸深度不应小于 6 mm，粗糙面的面积不宜小于结合面的 80%。粗糙面可通过花纹钢板模具形成压花粗糙面，也可通过在模板表面涂刷适量缓凝剂脱模后高压水枪冲刷形成露骨料粗糙面。

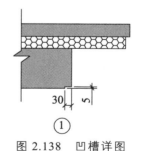

图 2.138　凹槽详图

8）水平外伸钢筋

同楼层相邻预制剪力墙之间应采用整体式接缝，为保证节点区域的连接可靠性，预制墙体的水平钢筋应伸到连接节点中，外伸长度满足在后浇段内的相应搭接锚固要求。

该墙板左右两侧均外伸水平筋，外伸形状为 U 形。

9）竖向外伸钢筋

竖向外伸钢筋为上下层墙板的连接钢筋，连接钢筋的下端与灌浆套筒相连，仅上端外伸，与上层剪力墙进行套筒或浆锚连接，外伸形式为直线形。竖向连接钢筋一般呈梅花形布置，从外观上看，竖向外伸钢筋交错排布。

10）预留预埋件

如表 2.6 所示，结合预埋件配件明细表，模板图上有吊件（MJ1）、临时支撑预埋件（MJ2）、模板固定预埋件（MJ3）、套筒组件（TT1/TT2）、预埋线盒（DH1）、电线配管（XG1）以及预留接线槽。

表 2.6　预埋件配件明细

配件编号	配件名称	数量	图例	配件规格
MJ1	吊件（吊环）	2		∅12
MJ2	临时支撑预埋件	4		M24 螺母
MJ3	模板固定预埋件	8		PVC25
TT1/TT2	套筒组件	3/3		GT16
DH1	预埋线盒	1		PVC86×86×70
XG1	电线配管	2		PVC25

（1）吊件（MJ1）：吊件位于墙板顶面，共有 2 个，用符号 MJ1 示意。结合预埋配件明细表，采用直径 12 mm 的一级钢筋做成吊环。其定位尺寸见俯视图，厚度方向距离内叶板内表面 135 mm；宽度方向两侧各距内叶板边缘 450 mm。

（2）临时支撑预埋件（MJ2）：临时支撑预埋螺母位于墙板正面（墙板装配方向一侧），共有 4 个，用符号 MJ2 示意。结合预埋配件明细表，采用直径 M24 螺母。其定位尺寸见主视图，高度方向，下排距构件底面 550 mm，上排距构件顶面 700 mm；宽度方向各距内叶板边缘 350 mm。

（3）模板固定预埋件（MJ3）：模板支撑预埋件位于墙板正面（墙板装配方向一侧），共有 8 个，用符号 MJ3 示意。结合预埋配件明细表，采用直径 25 mm 的 PVC 管。其定位尺寸见主视图，高度方向，下排距构件底面 640 mm，其余竖向间距 500 mm；宽度方向各距构件边缘 250 mm。

（4）套筒组件（TT1/TT2）：套筒灌浆孔与出浆孔预埋管组件位于墙板正面的下部，共 6 组，3 短、3 长，分别用 TT1/TT2 表示，对应套筒规格为 GT16。位置见主视图和仰视图从左往右水平定位尺寸依次相距为 355 mm、245 mm、355 mm、245 mm、355 mm、245 mm、300 mm；结合预埋配件明细表，套筒灌浆孔与出浆孔预埋管件有 TT1/TT2 两种规格，1 长、1 短（因连接钢筋呈梅花形布置）。

（5）预埋线盒（DH1）：在墙板正面低区预埋接线盒一个，用符号 DH1 示意。结合预埋配件明细表，采用 86×86×70 的 PVC 线盒。接线盒的定位尺寸为距内叶板下端 1350 mm，距内叶板右端 750 mm。

（6）电线配管（XG1）：在墙板正面低区预埋接线盒一个，用符号 DH1 示意。结合预埋配件明细表，采用 86×86×70 的 PVC 线盒。接线盒的定位尺寸为距内叶板下端 1350 mm，距内叶板右端 750 mm。

（7）预留接线槽：在墙板正面底部，正对线盒下方预留接线槽一个，具体做法见节点④。如图 2.139 所示。

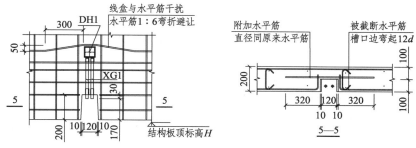

④预埋线盒及线槽做法

图 2.139　预埋线盒及线槽做法

3．预制混凝土剪力墙外墙内叶板钢筋图识读

1）竖向钢筋

竖向钢筋包括钢筋编号、定位、规格、尺寸及外伸长度等信息。如图 2.140 和图 2.141 所示，竖向钢筋的标号为 3a、3b、3c。3a 为竖向连接钢筋，3b 为竖向分布筋，3c 竖向封边钢筋。

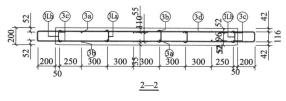

2—2

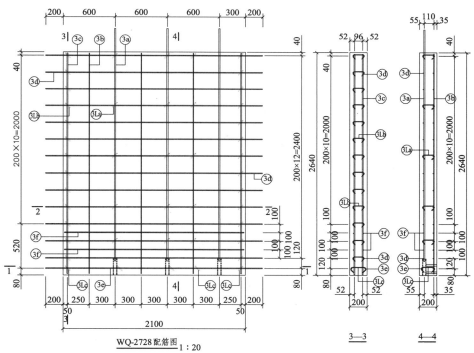

WQ-2728 配筋图　1：20

3—3　　4—4

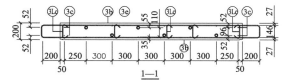

1—1

图 2.140　WQ-2529 配筋图

- 91 -

（1）竖向连接钢筋 3a：通过配筋图可知，该钢筋下端与套筒连接，上端外伸；通过 1—1 断面图可知，该钢筋呈梅花形排布，每隔 300 mm 交错布置一根，钢筋和套筒中心到墙表面的距离为 55 mm；通过钢筋表（图 2.142）可知，该钢筋采用 ⏀16，共 6 根，每根上端外伸长度为 290 mm，与套筒连接的一端车丝长度为 23 mm，中间部分长度为 2466 mm。

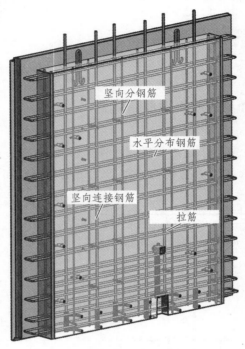

图 2.141　钢筋三维模型

WQ-2728钢筋表				
钢筋类型	钢筋编号	规格	钢筋加工尺寸	备注
混凝土墙 竖向筋	③a	6⏀16	23|2466|290	一端车丝长度23
	③b	6⏀6	2610	
	③c	4⏀12	2610	
水平筋	③d	13⏀8	116 200 2100 200 116	
	③e	1⏀8	146 200 2100 200 146	
	③f	2⏀8	116 2050 116	
拉筋	③La	⏀6@600	30 130 30	
	③Lb	26⏀6	30 124 30	
	③Lc	5⏀6	30 154 30	

图 2.142　WQ-2728 配筋图中的钢筋表

（2）竖向分布筋 3b：通过配筋图和 1—1 断面图可知，该钢筋呈梅花形排布每隔 300 mm 交错布置一根；通过 2—2 断面图可知，钢筋中心到墙表面的距离为 35 mm；通过钢筋表（图 2.142）可知，该钢筋采用 ⏀6，共 6 根，每根长度为 2610 mm；单根钢筋 3b 总长=2640 mm – 15 mm – 15 mm=2610 mm（钢筋保护层厚度 15 mm）。

（3）竖向封边钢筋 3c：通过配筋图可知，该钢筋设在墙板左右两侧，分别距墙板左右两侧边50 mm；通过 1—1 断面图或 2—2 断面图可知，钢筋中心到墙表面的距离为 52 mm；通过钢筋表（图 2.142）可知，该钢筋采用 Φ12，共 4 根，每根长度为 2610 mm；单根钢筋 3c 总长=2640 mm –15 mm – 15 mm=2610 mm（钢筋保护层厚度 15 mm）。

2）水平钢筋

水平钢筋包括钢筋编号、定位、规格、尺寸及外伸长度等信息。如图所示，水平钢筋的标号为 3d、3e、3f。3d 为墙身水平钢筋，3e 为套筒处水平筋，3f 为加密区附加水平钢筋。

（1）墙身水平钢筋 3d：通过配筋图可知，墙身水平钢筋 3d 中最下面的一根到构件底面的距离为 200 mm，最上面一根到构件顶面的距离为 40 mm 中间钢筋的间距为 200 mm；通过 2—2 断面图可知，钢筋中心到墙表面的距离为 42 mm；通过钢筋表（图 2.142）可知，该水平筋为封闭 U形，采用 Φ8，共 13 根，钢筋在墙板内的长度为 2100 mm，两端各向外伸出的水平长度为 200 mm，宽度方向钢筋中心线尺寸为 116 mm。

（2）套筒处水平筋 3e：通过配筋图可知，该钢筋距墙板底面 80 mm；通过 1—1 断面图可知，钢筋中心到墙表面的距离为 27 mm；通过钢筋表（图 2.142）可知，该水平筋为封闭 U 形，采用Φ8，共 1 根。钢筋在墙板内的长度为 2100 mm，两端各向外伸出的水平长度为 200 mm，宽度方向钢筋中心线尺寸为 146 mm（因套筒直径大于钢筋直径）。

（3）加密区附加水平钢筋 3f：通过配筋图可知，2 根加密区附加水平钢筋 3f 和 3 根墙身水平钢筋（1 根 3e+2 根 3d）共同构成了加密范围钢筋，加密区钢筋间距为 100 mm，通过钢筋表（图2.142）可知，该水平筋为封闭型，采用 Φ8，共 2 根，两端不外伸。钢筋在墙板内的长度为 2050 mm，宽度方向钢筋中心线尺寸为 116 mm。

3）拉　筋

拉筋包括钢筋编号、定位、规格、尺寸及外伸长度等信息。如图 2.143 所示，拉筋的标号为 3La、3Lb、3Lc。3La 为墙身区域的拉筋，3Lb 为竖向封边钢筋之间的拉筋，3Lc 为套筒区域的拉筋。

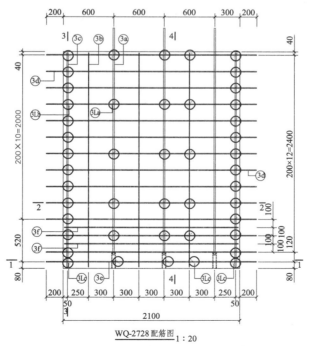

图 2.143　WQ-2728 拉筋布置示意

（1）拉筋 3La：通过钢筋图、2—2 断面图和 4—4 断面图可知，间距按 600×600 mm 布置；通过钢筋表可知，采用 $\Phi6$，直线段长度为 130 mm，弯钩平直段长度为 30 mm（取 5d）。

（2）拉筋 3Lb：通过钢筋图、2—2 断面图和 3—3 断面图可知，竖向间距同水平外伸钢筋间距布置；通过钢筋表可知，采用 $\Phi6$，共 26 根，直线段长度为 124 mm 弯钩平直段长度为 30 mm（取 5d）。

（3）拉筋 3Lc：通过钢筋图、1—1 断面图可知，水平方向隔一拉一布置；通过钢筋表可知，采用 $\Phi6$，共 5 根，直线段长度为 154 mm，弯钩平直段长度为 30 mm（取 5d）。

4. 预制混凝土剪力墙外墙外叶板钢筋图识读

预制混凝土剪力墙外墙外叶板钢筋通常为构造配筋，是由水平钢筋和竖向钢筋组成的钢筋网片。外叶板钢筋通常使用一个通用图在设计总说明中表示，如图 2.144 所示。

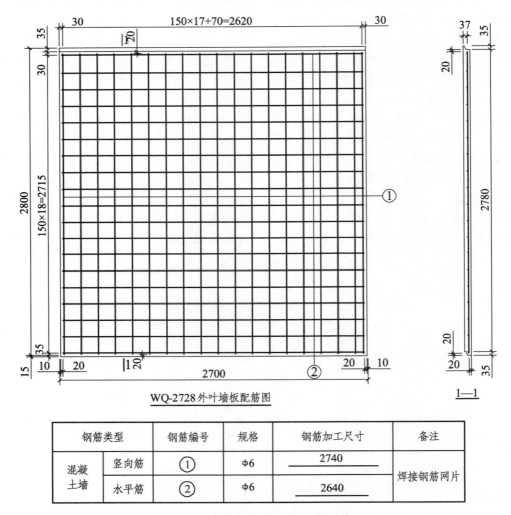

WQ-2728外叶墙板配筋图

钢筋类型		钢筋编号	规格	钢筋加工尺寸	备注
混凝土墙	竖向筋	①	Φ6	2740	焊接钢筋网片
	水平筋	②	Φ6	2640	

图 2.144　外叶板配筋图及钢筋表

1）竖向钢筋

如图 2.144 所示，竖向筋采用 R6，左右边第一根竖向筋的中心距墙板左右侧面各 30 mm，上下两端保护层厚度 20 mm，中间竖向筋间距≤150 mm。

2）水平钢筋

如图 2.144 所示，水平筋采用 R6，底部第一根水平筋中心距墙板底面 35 mm，顶部第一根水平筋中心距墙板顶面 30 mm，左右两端保护层厚度为 20 mm，中间钢筋间距≤150 mm；

5. 材料统计表识读和文字说明

材料统计表中含有墙板的各种材料信息，一般包括构件参数表、预埋配件明细表和钢筋表。

（1）构件参数表，主要包含墙板编号、构件尺寸、混凝土体积、墙板自重等信息。

从表 2.7 可以看出，该墙板的编号为 WQ-2728，对应层高为 2800 mm，构件宽度为 2700 mm，构件厚度为 320 mm，构件自重 3904 kg。

表 2.7　构件参数

墙板编号	对应层高/mm	构件宽度/mm	构件厚度/mm	质量/kg
WQ-2728	2800	2700	320	3904

（2）预埋配件明细表，主要包含预埋件的类型、型号、数量等信息，此表需要与模板图识读配套使用。

（3）钢筋表，主要包含钢筋编号、加工尺寸、钢筋重量等信息，此表需要与钢筋图识读配套使用。

（4）文字说明。

该图纸中包含以下文字说明：

① 墙体内叶板四个侧面应做成凹凸不小于 6 mm 的粗糙面。

② 墙体内叶板两侧凹槽做法见节点详图①。

③ 外叶板顶部底部防水做法详节点②③。

④ 保温拉结件布置图由厂商设计。

⑤ 线盒对应墙顶位置设线路连接槽口，槽口大小及开槽后墙体钢筋截断处理见节点详图④。

⑥ 灌浆孔、出浆孔标高根据选用套筒参数确定。

⑦ 混凝土强度等级 C30，钢筋保护层厚度 15 mm。

2.3.5　预制柱生产识图

1. 认识预制柱制图规则

1）预制柱的定义

预制混凝土柱是指在预制工厂预先按设计规定尺寸制作好模板，然后浇筑成型，通过现场装配的混凝土柱，如图 2.145。

2）预制柱图纸常见图例符号

预制柱图纸中常见图例及符号形式如图 2.146 所示。

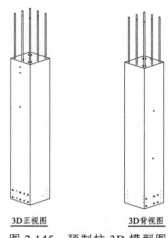

3D正视图　　　　　3D背视图

图 2.145　预制柱 3D 模型图

图例表

名　称	图　例		名　称	图　例
预制构件	▓	钢筋	预制构件内	——— ○
后浇（现浇）混凝土	□		放置在后浇混凝土中的	——— ○
灌浆部位	▒	钢筋连接	搭接	⌐——¬
空心部位	⊠		焊接	——●——
橡胶支垫或坐浆	▨		套筒灌浆	▭——◎
排浆孔、排气孔	⊕		机械连接	——■——
结合面	粗糙面	▽C	钢筋锚固板	正放	▬——◎
	键槽	▽J		反放	▬——◎

图 2.146　常见图例及符号

3）预制柱图纸的组成

预制柱图纸由模板图、钢筋图、材料统计表、文字说明和节点详图组成。

（1）模板图一般包括主视图、俯视图、仰视图和右视图（如果左、右视图不一致，还包括左视图）。模板图主要表达墙板的轮廓形状、钢筋外伸、预埋件和预留洞口布置、装配方向等信息。

（2）钢筋图一般包括配筋图和断面图，主要表达墙板钢筋的编号、规格、定位、尺寸等信息。

（3）材料统计表一般包括构件参数表、预埋配件明细表和钢筋表，主要表达预埋配件的类型、数量，钢筋的编号、规格、加工示意及尺寸、重量等信息。

（4）文字说明是指在图样中没有表达完整，用文字进行补充说明的内容，主要包括构件在生产、施工过程中的要求和注意事项（如混凝土强度等级、钢筋保护层厚度、粗糙面设置要求等）。

（5）模板图、配筋图中未表示清楚的细节做法用节点详图补充。

2. 预制柱模板图识读

1）轮廓尺寸

预制柱截面形状一般为正方形或矩形，矩形柱截面宽度或圆柱直径不宜小于 400 mm，且不宜小于同向梁宽的 1.5 倍；预制柱四角集中配筋时，截面宽度通常取 600 mm 以上。

如图 2.147 所示：预制柱的截面形状为正方形，长宽均为 450 mm，高度为 2480 mm。柱底面相对本层结构板面标高高出 20 mm（20 mm 为套筒灌浆的墙地接缝高度），柱顶面相对上层结构板面标高低了 600 mm。柱的实际高度为 3100 － 600 － 20=2480 mm。

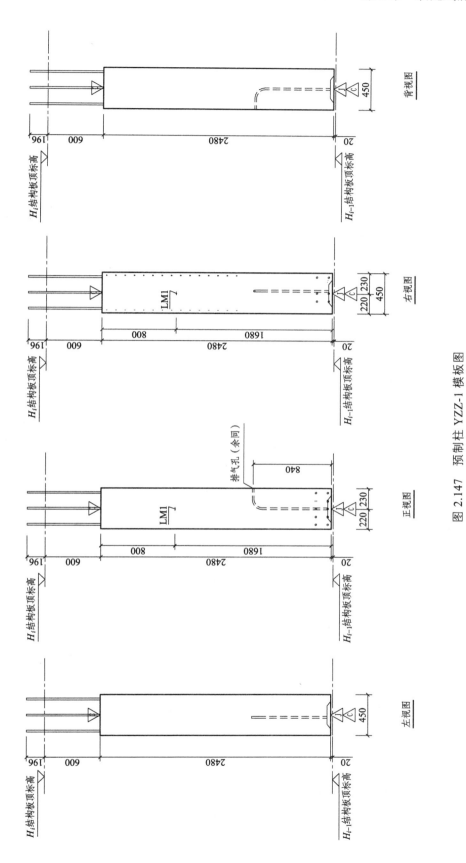

图 2.147　预制柱 YZZ-1 模板图

2）外伸钢筋

柱顶部预留外伸钢筋用于与梁及上一结构层柱进行连接。

如图所示：柱的上部钢筋外伸长度为 600+196=796 mm。

3）键槽及粗糙面

预制柱的底部应设置键槽且宜设置粗糙面，键槽应均匀布置，键槽深度不宜小于 30 mm，键槽端部斜面倾角不宜大于 30°，柱顶应设置粗糙面。

如图所示，预制柱底部和顶部均设置有粗糙面，用符号 C 表示；预制柱底部配有键槽，用符号 △ 表示。

4）预留预埋

模板图上的预埋件明细表共表达了吊钉（DD）、临时支撑预埋（LM1）、套筒灌浆孔与出浆孔预埋组件、排气孔，如图 2.148。

YZZ-1 预埋配件明细表			
编号	名称	数量	备注
DD	吊钉	2	D10-1.3T
LM1	临时支撑预埋	2	螺母 M24

图 2.148　YZZ-1 模板图上的预埋件明细表

（1）吊钉（DD）：吊钉设置在柱顶，一般设置 3 个，呈三角形，也可以设置 2 个。由预制柱俯视图可知，该柱共有 2 个吊钉，呈对角线布置。

（2）临时支撑预埋件（LM1）：临时支撑预埋件设置在正面相邻侧面中间部位。由图纸可知，该柱的临时支撑预埋设置在柱正面和右侧面，采用 M24 螺母，距离柱底 1680 mm。

（3）套筒灌浆孔与出浆孔预埋组件。如图 2.149 可知，该预制柱配有 8 组套筒灌浆孔与出浆孔预埋组件。

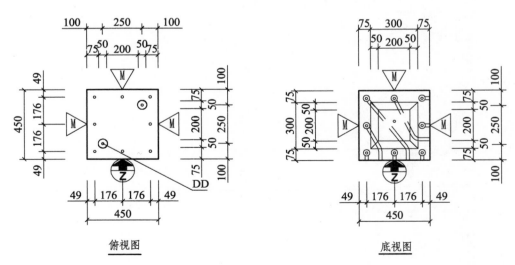

俯视图　　　　　　　　　　　底视图

图 2.149　吊钉及套筒灌浆孔

（4）排气孔：在柱侧面高 840 mm 位置设置有灌浆排气孔，排气孔与柱底部键槽连通。

5）安装方向

预制柱由于临时支撑预埋在不同的侧面上，所以预制柱在安装上具有相应的方向（即预制柱的正面），在图纸中，预制柱的正面用 🏵 符号表示。

3．预制柱钢筋图识读

1）竖向钢筋

竖向钢筋包括钢筋的编号、定位、规格、尺寸等信息。

如图 2.150 和图 2.151 所示，以编号 JZ-1、BZ-1、HZ-1 表示竖向钢筋。JZ-1 为角部纵筋，BZ-1 为 b 边中部纵筋，HZ-1 为 h 边中部纵筋。

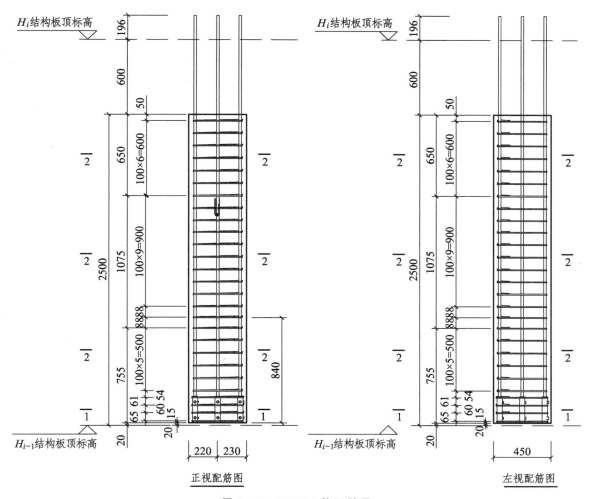

图 2.150 YYZ-1 柱配筋图

（1）角部纵筋（JZ-1）：由配筋图可知，该钢筋于柱四角各布置一根；钢筋和套筒中心到墙表面的距离为 49 mm；通过钢筋表可知，该钢筋采用 ⌀20，共 4 根，每根长度为 3093 mm。

（2）b 边中部纵筋（BZ-1）：由配筋图可知，该钢筋位于柱 b 边每边布置 1 根；钢筋和套筒中心到墙表面的距离为 49 mm。由钢筋表可知，该钢筋采用 ⌀20，共 2 根，每根长度为 3093 mm。

（3）h 边中部纵筋（HZ-1）：由配筋图可知，该钢筋位于柱 h 边每边布置 1 根；钢筋和套筒中心到墙表面的距离为 49 mm。由钢筋表可知，该钢筋采用 ⌀20，共 2 根，每根长度为 3093 mm。

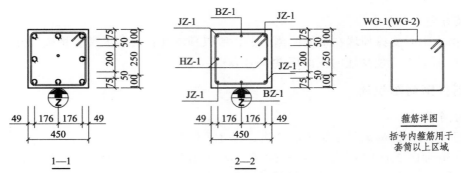

图 2.151　YZZ-1 柱箍筋详图

2）箍　筋

竖向钢筋包括钢筋的编号、定位、规格、尺寸等信息。

如图 2.138 所示，以编号 WG-1、WG-2 表示箍筋。

（1）箍筋（WG-1）：由配筋图可知，该钢筋位于柱底部套筒灌浆孔与出浆孔预埋组件范围内，最下面一根钢筋距离柱底部 15 mm，相邻钢筋的间距依次为 65 mm、60 mm、61 mm。由钢筋表（图 2.152）可知，该钢筋采用 $\Phi8$，共 4 根；钢筋规格为 402 mm*402 mm，弯钩长度为 80 mm。

（2）箍筋（WG-2）：由配筋图可知，该钢筋位于柱底部套筒灌浆孔与出浆孔预埋组件顶部至柱构件顶部范围内，最下面一根钢筋距离柱底部 255 mm，相邻钢筋的间距为 100 mm。由钢筋表（图 2.152）可知，该钢筋采用 $\Phi8$，共 23 根；钢筋规格为 392 mm*392 mm，弯钩长度为 80 mm。

PCZ2柱配筋表					
钢筋编号	钢筋规格	钢筋加工尺寸（设计方交底后方可生产）	单根长/mm	总长/mm	总重/kg
JZ-1	4Φ20	3093	3093	12372	30.53
BZ-1	2Φ20	3093	3093	6186	15.27
HZ-1	2Φ20	3093	3093	6186	15.27
WG-1	4Φ8	80〔402 / 402	1804	7216	2.85
WG-2	23Φ8	80〔392 / 392	1723	39629	15.65
				合计/kg：79.57	

图 2.152　YYZ-1 柱配筋图中的预制柱配筋表

4. 预制柱材料统计表识读

材料统计表中含有柱的各种材料信息，一般包括构件参数表、预埋配件明细表、钢筋表和构件数量统计表。

（1）构件参数表，主要包含柱编号、混凝土体积、墙板自重等信息。

该柱的编号为 YZZ-1，混凝土体积为 0.499 m³，构件自重 1.248 t。

（2）预埋配件明细表，主要包含预埋件的类型、型号、数量等信息，此表需要与模板图识读配套使用。

（3）钢筋表，主要包含钢筋编号、加工尺寸、钢筋重量等信息，此表需要与钢筋图识读配套使用。

（4）构件数量统计，包括构件所在楼层、标高、混凝土强度、构件数量等信息。

该柱位于标高 1-标高 2 的 1 层，混凝土强度为 C40，总计有 4 根柱。

2.3.6　预制梁生产识图

1. 认识预制梁制图规则

1）预制梁的定义

预制梁是一种在混凝土构件厂或施工工地现场支模、搅拌、浇筑而成，待强度达到设计规定后，运输到安装位置进行安装的混凝土梁构件，如图 2.153。

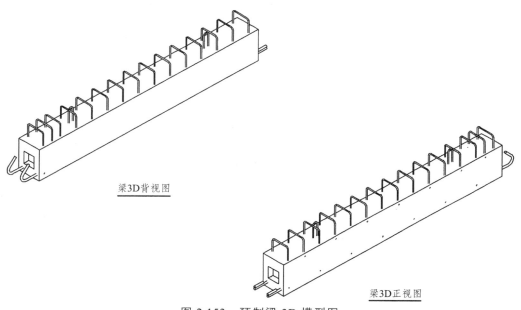

图 2.153　预制梁 3D 模型图

2）预制梁图纸的组成

预制梁图纸由模板图、钢筋图、材料统计表、文字说明和节点详图组成。

（1）模板图一般包括主视图、俯视图、背视图和右视图（如果左右视图不一致，还包括左视图）。模板图主要表达墙板的轮廓形状、钢筋外伸、预埋件和预留洞口布置、装配方向等信息。

（2）钢筋图一般包括配筋图和断面图，主要表达墙板钢筋的编号、规格、定位、尺寸等信息。

（3）材料统计表一般包括构件参数表、预埋配件明细表和钢筋表，主要表达预埋配件的类型、数量，钢筋的编号、规格、加工示意及尺寸、重量等信息。

（4）文字说明是指在图样中没有表达完整，用文字进行补充说明的内容，主要包括构件在生产、施工过程中的要求和注意事项（如混凝土强度等级、钢筋保护层厚度、粗糙面设置要求等）。

（5）模板图、配筋图中未表示清楚的细节做法用节点详图补充。

2. 预制梁模板图识读

1）轮廓尺寸

叠合梁通常采用矩形截面：当板的总厚度较小，小于梁的最小后浇层厚度时，为增加梁的后浇层厚度，可采用矩形四口截面或梯形凹口截面。

用于边梁的叠合梁，预制梁可在临边处浇筑混凝土至叠合层顶面，以避免支模。

预制梁的梁长一般为梁的净跨度加上两端各伸入支座 10~20 mm。当梁长较长或搁置次梁时，也可分段预制，现场拼接。

由图 2.154 可知：该梁的截面为矩形，尺寸为 200mm×270 mm；梁长 2095 mm。

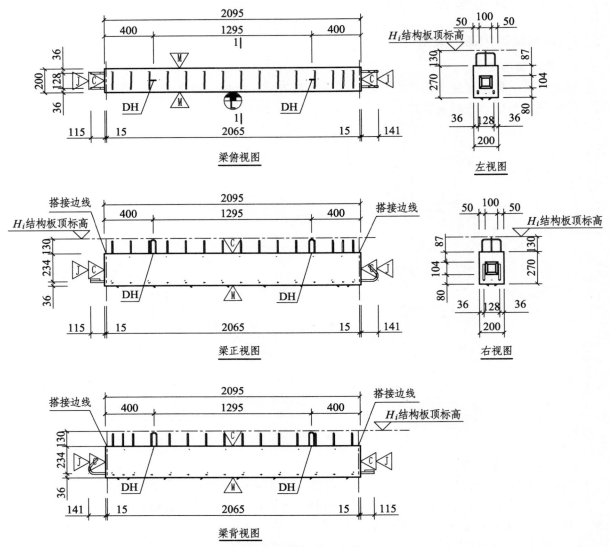

图 2.154　预制梁模板图

2）外伸钢筋

包含梁底筋外伸及梁箍筋外伸情况。

该梁左侧外伸水平钢筋，外伸长度为 115 mm；梁右侧外伸带 135°弯钩的钢筋，外伸长度 141 mm；梁上部箍筋外伸 106 mm。

3）键槽及粗糙面

预制梁与后浇混凝土叠合层之间的结合面应设置粗糙面；预制梁的端面应设置键槽，且宜设置粗糙面：粗糙面凹凸深度不应小于 6 mm。键槽可采用贯通截面和不贯通截面的形式，键槽的设置需满足计算及构造设计要求，键槽深度不宜小于 30 mm，宽度不宜小于深度的 3 倍且不宜大于深度的 10 倍，键槽间距宜等于键槽宽度；键槽端部斜面倾角不宜大于 30°，非贯通键槽槽口距离边缘不宜小于 50 mm。

如图 2.155 所示：梁的顶面及左右两侧面均设置有粗糙面，用符号 ⚠ 表示；梁的左右两侧面设置有键槽，用符号 ⚠ 表示。梁底部设置有模板面，用符号 ⚠ 表示。

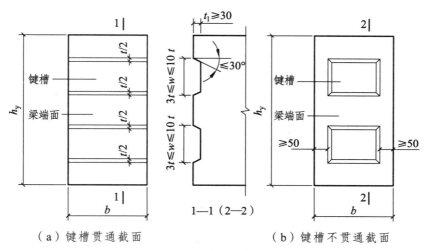

（a）键槽贯通截面　　　　　　（b）键槽不贯通截面

图 2.155　梁端键槽构造示意

4）预留预埋

结合模板图上的预埋件明细表，模板图上表达了吊环埋件（DH），如图 2.156 所示。

2F-PCL4预埋配件明细表			
编号	名称	数量	备注DH吊环埋件
DH	吊环埋件	2	HPB300φ8吊环，吊件的厂家资料需由设计确认后才可生产

图 2.156　预制梁模板图上的配件明细表

吊环埋件（DH）：位于梁顶面，共有 2 个，用符号 DH 表示。结合预埋件配件明细表可知其采用直径 8 mm 的 HPB300 及钢筋做成吊环。其定位尺寸见俯视图，厚度方向上，吊环距离构件边缘 100 mm；长度方向上，两侧吊环距离构件两边 400 mm。

3. 预制梁钢筋图识读

1）纵向钢筋

预制梁的纵向钢筋包括梁下部受力钢筋、上部构造钢筋、梁侧构造钢筋，当为边梁时，往往配置一根上部受力钢筋，叠合梁上部受力钢筋配置在后浇层中。

如图 2.157 所示：编号 ZJ-1、YG-1 表示梁纵向钢筋。ZJ-1 为梁下部受力钢筋，YG-1 为梁侧构造钢筋。

（1）梁下部受力钢筋（ZJ-1）：通过梁正视配筋图、和 1—1 剖面图可知，梁下部受力钢筋距离构件表面 36 mm；由梁配筋表（图 2.158）可知，钢筋采用 Φ16 钢筋，共 2 根；单根长度 2477 mm，其中直筋长度 2351 mm；钢筋带 135°弯钩，弯钩长度 128 mm。

（2）为梁侧构造钢筋（YG-1）：由梁配筋表（图 2.158）可知，该钢筋采用 Φ12 钢筋，共 2 根，钢筋长度为 2025 mm。

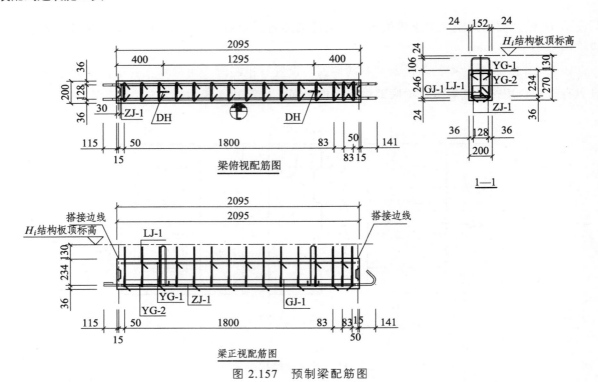

图 2.157　预制梁配筋图

2F-PCL5梁配筋表					
钢筋编号	钢筋规格	钢筋加工尺寸（设计方交底后方可生产）	单根长/mm	总长/mm	总重/kg
ZJ-1	2⏄16	正视　240　340　299　1004　50	1847	3694	5.83
YG-1	2⏄12	正视　1570	1570	3140	2.79
LJ-1	4⏄6	75　172　75	357	1428	0.32
GJ-1	8⏄8	160　80　460	1396	11168	4.41
				合计/kg：13.35	

图 2.158　预制梁配筋图中的预制梁配筋表

2）箍筋和拉筋

预制梁的箍筋一般可分为整体封闭箍筋和组合封闭箍筋两种。整体封闭箍筋采用闭口箍筋；组合封闭箍筋采用开口箍筋。

（1）箍筋（GJ-1）：该梁的箍筋加密区间距为 150 mm，加密区的间距为 83 mm，最两侧箍筋距离构件边缘 65 mm；由钢筋明细表可知，该梁箍筋采用 ⏄8 钢筋，共有 15 根，箍筋规格为 160 mm × 360 mm，弯钩长度 80 mm。

（2）拉筋（LJ-1）：梁拉筋间距布置和箍筋保持一致，呈上下交错布置。由钢筋明细表可知，该梁拉筋采用 ⏄6 钢筋，共计 15 根。拉筋平直段长度 172 mm，两端具有 135°弯钩，弯钩长度 75 mm。

4. 预制梁材料统计表识读

材料统计表中含有梁的各种材料信息，一般包括构件参数表、预埋配件明细表、钢筋表和构件数量统计表。

（1）构件参数表，主要包含梁编号、混凝土体积、墙板自重等信息。从表 2.8 可以看出，该梁的编号为 2F-PCL4，混凝土体积为 0.113 m^3，构件自重 0.283 t。

表 2.8　预制梁参数表

梁编号	混凝土体积/m^3	构件重量/t
2F-PCL4	0.113	0.283

（2）预埋配件明细表，主要包含预埋件的类型、型号、数量等信息，此表需要与模板图识读配套使用。

（3）钢筋表，主要包含钢筋编号、加工尺寸、钢筋重量等信息，此表需要与钢筋图识读配套使用。

（4）构件数量统计表，包括构件所在楼层、标高、混凝土强度、构件数量等信息。从表 2.9 可以看出，该梁位于标高 1，混凝土强度为 C35，总计有 1 根梁。

表 2.9　构件数量统计表

所在楼层	层数/层	标高	混凝土强度	件数/层	备　注
标高 1	—	±0.000	C35	1	该 PC 构件制作数量，另需仔细核对各层结构平面图、建筑平面图以及预制构件布置平面图无误后才可下料生产。
合计				1	

2.4　操作规程与工艺标准

2.4.1　模具工作

1. 技术准备

（1）模具安装前，应对进厂的模具进行扭曲、尺寸、角度以及平整度的检查，确保使用的模具符合国家相关规范要求。

（2）模具安装前应对试验、检测仪器设备进行校验，计量设备应经计量检定，确保各仪器、设备满足要求。

（3）模具安装前应对施工人员进行技术交底。

（4）根据工程进度计划制订构件生产计划。根据构件吊装索引图，确定构件编号、模具编号。

2. 材料要求

主要材料包括：脱模剂、缓凝剂、线管、线耳、垫块、玻璃胶等。

3．施工机具

主要机具包括：大刀铲、小刀铲、小锤、两用扳手、撬棍、灰桶、高压水枪、角磨机（钢丝球、砂轮片）、砂纸、干扫把、干拖把、毛刷、卷尺、弹簧剪刀、螺丝刀、弹簧、玻璃胶枪等。

4．作业条件

（1）预制场地的设计和建设应根据不同的工艺、质量、安全和环保等要求进行，并符合国家和四川省的相关标准或要求。

（2）模具拼装前须清洗，对钢模应去除模具表面铁锈、水泥残渣、污渍等。

（3）模具安装前，确保模具表面光滑干爽，且衬板没有分层的情况。

5．模具安装

预制构件模具安装应满足下列要求：

（1）模具安装前必须进行清理，清理后的模具内表面的任何部位不得有残留杂物。

（2）模具安装应按模具安装方案要求的顺序进行。

（3）固定在模具上的预埋件、预留孔应位置准确、安装牢固，不得遗漏。

（4）模具安装就位后，接缝及连接部位应有接缝密封措施，不得漏浆。

（5）模具安装后相关人员应进行质量验收。

（6）模具验收合格后模具面均匀涂刷脱模剂，模具夹角处不得漏涂，钢筋、预埋件不得沾有脱模剂。

（7）脱模剂应选用质量稳定、适于喷涂、脱模效果好的水性脱模剂，并应具有改善混凝土构件表观质量效果的功能。

6．质量标准

1）工程质量控制标准

（1）预制构件模具尺寸的允许偏差应符合现行行业标准《装配式混凝土结构技术规程》JGJ 1 的规定。当设计有要求时，模具尺寸的允许偏差应按设计要求确定。

（2）固定在模具上的预埋件、预留孔洞中心位置的允许偏差应符合现行行业标准《装配式混凝土结构技术规程》JGJ 1 的规定。

2）质量保证措施

（1）模具安装质量应满足国家及地方相关标准的要求。

（2）模具内表面应干净光滑，无混凝土残渣等任何杂物，钢筋出孔位及所有活动块拼缝处应无累积混凝土，无粘模白灰。模具外表面（窗盖、中墙板等）冲洗面板应无累积混凝土。

（3）模具内表面打油均匀，无积油；窗盖、底座及中墙板等外表面无积油，缓凝剂涂刷均匀无遗漏.

（4）模具拼缝处无漏光，产品无漏浆及拼缝接口处无明显纱线状。

（5）模具的平整度需每周循环检查一次。

2.4.2 钢筋工作

1．技术准备

（1）钢筋施工应依据已确认的施工方案组织实施，焊工及机械连接操作人员应经过技术培训考试合格，并具有岗位资格证书。

（2）钢筋笼绑扎前应对施工人员进行技术交底。

（3）外部加工的钢筋半成品、成品进场时，钢筋加工单位应提供被加工钢筋力学性能试验报告和半成品钢筋出厂合格证，订货单位应对进场的钢筋半成品进行抽样检验。

2. 材料要求

（1）钢筋的型号、数量、间距、尺寸、搭接长度及外露长度符合施工图纸及规范要求。所用钢筋须达到国家及地方相关规范标准的要求。

（2）钢筋应按进场批次的级别、品种、直径和外形分类码放，妥善保管，且挂标识牌注明产地、规格、品种和质量检验状态等。

（3）对有抗震设防要求的构件，其纵向受力钢筋的强度应满足设计要求；当设计无具体要求时，对一、二、三级抗震等级，检验所得的强度实测值应符合以下规定：

① 钢筋的抗拉强度实测值与屈服强度实测值的比值不应小于1.25。

② 钢筋的屈服强度实测值与强度标准值的比值不应大于1.3。

③ 钢筋的最大力下总伸长率不应小于9%。

3. 施工机具

主要机具包括：切割机、弯曲机、卷尺、扎钩等。

4. 作业条件

（1）钢筋加工场地和钢筋笼预扎场地应根据要求规划好，场地均应平整坚实。

（2）钢筋笼存放区域应在龙门吊等吊运机械工作范围内。

5. 钢筋绑扎

1）钢筋绑扎工艺

制作钢筋开料表→钢筋开料、弯钢筋→按照项目图纸分料→绑扎组件→组装钢筋→固定附加钢筋、预埋钢筋→安装支架筋→钢筋检查→标记钢筋牌，标明钢筋预扎的型号、楼层位置、生产日期等基本信息。

2）钢筋骨架制作

钢筋骨架制作应符合下列规定：

（1）钢筋的品种、级别、规格、长度和数量必须符合设计要求；

（2）钢筋骨架制作宜在符合要求的胎模上进行；

（3）钢筋骨架制作应进行试生产，检验合格后方可批量制作；

（4）钢筋连接应符合现行国家标准《混凝土结构工程施工质量验收规范》GB 50204 的规定；

（5）当骨架采用绑扎连接时应选用不锈钢丝并绑扎牢固，并采取可靠措施避免扎丝在混凝土浇筑成型后外露。

3）钢筋骨架安装

钢筋骨架安装应满足下列要求：

（1）钢筋骨架应选用正确，表面无浮锈和污染物；

（2）钢筋锚固长度得到保证；

（3）悬挑部分的钢筋位置正确；

（4）使用适当材质和合适数量的垫块，确保钢筋保护层厚度符合要求。

4）质量标准

（1）质量控制标准。

预制构件钢筋的加工及安装偏差应符合现行行业标准《装配式混凝土结构技术规程》JGJ 1 的有关规定。

（2）质量保证措施。

① 预制构件所用钢筋须检验合格。

② 钢筋骨架整体尺寸准确。

③ 绑扎钢筋位置须有清晰准确的记号。

④ 绑扎钢筋扎丝的扎点应牢固无松动，扎丝头不可伸入保护层。

⑤ 钢筋笼不可直接摆放于地上，应用木枋承托或存放于架上。

⑥ 在钢筋网上装轮式塑料垫块、墩式塑料垫块，需要合理使用数量，不能用错型号，轮式塑料垫块开口一定不能朝向模具方向，垫块在钢筋网上要稳固，特殊位置要用扎丝固定。

⑦ 所有钢筋交接位置及驳口位必须稳固扎妥。

⑧ 预留孔位须加上足够的洞口钢筋。

⑨ 钢筋应没有铁锈剥落及污染物。

⑩ 钢筋笼牌应标明钢筋笼的型号、楼层位置、生产日期。

2.4.3 混凝土浇筑

1. 技术准备

（1）原材料进场前应对各原材料进行检查，确保各原材料质量符合国家现行标准或规范的相关要求。

（2）浇筑前对混凝土质量检查，包括混凝土强度、坍落度、温度等，均应符合国家现行标准或规范的相关要求。

（3）混凝土浇筑前，应根据规范要求对施工人员进行技术交底。

2. 混凝土材料要求

（1）水泥宜采用 P·O 42.5 普通硅酸盐水泥，质量应符合国家现行《通用硅酸盐水泥》GB 175 的规定；

（2）砂宜选用细度模量为 2.3～3.0 的中粗砂，质量应符合国家现行《普通混凝土用砂、石质量及检验方法标准》JGJ 52 的规定；

（3）石子宜用 5～25 mm 碎石，质量应符合国家现行标准的规定；

（4）外加剂品种应通过试验室进行试配后确定，外加剂进厂应有质保书，质量应符合国家现行《混凝土外加剂》GB 8076 的规定；

（5）低钙粉煤灰应符合国家现行《用于水泥和混凝土中粉煤灰》GB 1596 标准中规定的各项技术性能及质量指标，同时应符合 45 μm 筛余≤18%，需水量比≤100%的规定；

（6）拌合用水应符合国家现行《混凝土拌合用水标准》JGJ 63 的规定；

（7）混凝土中氯化物和碱的总含量应符合现行国家标准《混凝土结构设计规范》GB 50010 和设计要求。

3. 施工机具

主要机具包括：大小抹灰刀、振动棒、大铁铲、料斗、高压水枪、小铁铲、刻度尺、毛刷、灰桶、探针式温度测试仪、坍落度筒、坍落度捣棒等。

4. 作业条件

（1）浇筑混凝土前，检查模具内表面干净光滑，无混凝土残渣等任何杂物，钢筋出孔位及所有活动块拼缝处无累积混凝土，无粘模白灰。

（2）浇筑混凝土前，施工机具应全部到位，且放置位置方便施工人员使用。

5. 操作工艺及施工要求

混凝土坍落度、温度、强度测试→混凝土浇筑、振捣→粗略整平、刷缓凝剂、表面压光→清洁料斗、模具、外露铁及地面。

（1）混凝土坍落度、温度、强度测试应符合下列要求：

每车混凝土应按设计坍落度做坍落度试验和试块，混凝土坍落度、温度严格按照相关标准测试合格，混凝土的强度等级必须符合设计要求。用于检查混凝土预制构件混凝土强度的试块应在混凝土的浇筑地点随机抽取，取样与试块留置应符合现行国家标准《混凝土结构工程施工质量验收规范》GB 50204 的规定。

（2）混凝土浇筑、振捣应符合下列要求：

① 按规范要求的程序浇筑混凝土，每层混凝土不可超过 450 mm.

② 振捣时快插慢拔，先大面后小面；振点间距不超过 300 mm，且不得靠近冲洗面模具。

③ 卸混凝土时，不可利用振机把混凝土移到要落的地方。混凝土应用振机振捣密实。

④ 振捣混凝土时限应以混凝土内无气泡冒出为准。

⑤ 不可用力振混凝土，以免混凝土分层离析，如混凝土内已无气泡冒出，应立即停振该位置的混凝土。

⑥ 振捣混凝土时，应避免钢筋、板模等振松。

（3）粗略整平、刷缓凝剂应符合下列要求：

① 混凝土浇筑完后，用木抹子把露出表面的混凝土压平或把高出的混凝土铲平。表面粗平后，将需冲洗处用毛刷蘸取缓凝剂，均匀涂刷在混凝土表面上，涂刷时用钢筋或木条遮挡不需冲洗部位，使缓凝剂不随意流动。

② 混凝土表面细平，表面压光。混凝土表面粗平完成后半小时，且混凝土表面的水渍变成浓浆状后，先用铝合金方通边赶边压平，然后用钢抹刀反复抹压两三次，将部分浓浆压入下表层。用灰刀取一些多余浓浆填入低凹处达到混凝土表面平整，厚度一致，且无泛砂及表面无气孔、无明显刀痕。

③ 混凝土表面压光。在细平一个模表面后半小时且表面的浓浆用手能捏成稀团状时，开始用钢抹刀抹压混凝土表面一两次，并不产生刀痕，表面泛光一致。在混凝土表面收光完后，在需要扫花的地方用钢丝耙进行初次的处理。在浇完混凝土 3 h 后（初凝后），再次用钢丝耙进行混凝土表面的扫花。最后在混凝土初凝后，在产品的底部盖上钢印，标明日期。

（4）清洁料斗、模具、外露钢筋及地面

预制构件表面混凝土整平后，宜将料斗、模具、外露钢筋及地面清理干净。

6. 质量标准

（1）混凝土要按设计坍落度做坍落度试验和试块，混凝土坍落度、温度应测试合格。混凝土应进行抗压强度检验，应符合国家标准《装配式混凝土建筑技术标准》（GB/T 51231—2016）要求。

（2）混凝土都不能私自外加水。

（3）混凝土应在初凝前，将其浇筑完成。

（4）按规范要求的程序浇筑混凝土，每层混凝土不可超过 450 mm。

（5）插棒时快插慢拔，先大面后小面；振点间距不超过 300 mm，且不得靠近冲洗面模具。

（6）振捣混凝土时，不可过分振混凝土，以免混凝土分层离析，应以将混凝土内气泡尽量驱走为准。

（7）振捣混凝土时，尽量避免把钢筋、板模或其他配备振松。

（8）料斗及吊机清洁干净无混凝土残渣。

（9）外露钢筋清洁干净，窗盖、底座等无混凝土残渣。

2.4.4　脱　膜

1．技术准备

（1）脱模前应检查混凝土凝结情况，确保混凝土强度符合脱模要求。

（2）脱模前，应根据规范要求对施工人员进行技术交底，确保模板的拆除顺序应按模板设计施工方案进行。

2．机具要求

主要工具包括：吊梁、吊环、吊链、拉勒驳、两用扳手、套筒扳手、铁锤、撬棍、墨斗、丝拱、钢卷尺、角尺、铅笔、字模等。

3．操作要求

（1）模板拆除时混凝土强度应符合设计要求；当设计无要求时，应符合现行国家标准《混凝土结构工程施工质量验收规范》GB 50204 的要求。

（2）对后张预应力构件，侧模应在预应力张拉前拆除；底模如需拆除，则应在完成张拉或初张拉后拆除。

（3）脱模时，应能保证混凝土预制构件表面及棱角不受损伤。

（4）模板吊离模位时，模板和混凝土结构之间的连接应全部拆除，移动模板时不得碰撞构件。

（5）模板的拆除顺序应按模板设计施工方案进行。

（6）模板拆除后，应及时清理板面，并涂刷脱模剂；对变形部位，应及时修复。

4．质量标准

（1）预制构件脱模起吊时混凝土强度应符合设计要求；当设计无要求时，应符合现行行业标准《装配式混凝土结构技术规程》JGJ 1 的有关规定。

（2）质量保证措施

① 模具螺丝无漏拆，不宜早拆。

② 拆模时严禁敲打模具，铝窗拆模时无损伤，活动块及旁板等模具配件整齐地放在指定位置。

③ 每颗线耳必须攻丝，清洗线耳内杂物，内部上黄油后用海绵堵住线耳入口。

④ 吊运时吊臂上的吊点均匀受力，短链条与吊臂要垂直，吊扣要扣牢固，吊臂上要加帆布带

（保险带）。预制构件脱模起吊时混凝土强度应计算确定，且不宜小于 15 MPa，放置产品时应平稳，稳妥。

⑤　编号在产品上的位置、日期、字体顺序正确。整个编号无倾斜，标志内容包括：公司名称缩写、预制件类型、预制件编号、模具编号、工程编号、预制件的重量。

⑥　墨线清晰、粗细均匀、大小控制在 1 mm 内，尺寸角度控制在 2 mm 内。

2.4.5　冲洗、修补及养护

1．技术准备

（1）冲洗前根据规范要求，宜控制好合适的水压。

（2）检查构件缺陷，对严重缺陷应制定专项修整方案，方案应经论证审批后再实施，不得擅自处理。

（3）选择合理的养护方式，养护方式应考虑现场条件、环境温湿度、构件特点、技术要求、施工操作等因素。

2．施工机具

主要机具包括：高压水枪、灰桶、铁锤、凿子、灰匙、角磨机、金刚石磨片、砂轮片、砂纸、毛刷、水平尺、搅拌机、量杯、钢丝刷等。

3．材料要求

主要材料包括：修补材料、水、胶水、海绵等。

4．操作工艺及施工要求

操作工艺流程主要是冲洗→修补→养护，具体施工要求如下：

1）冲洗

预制构件的冲洗应符合下列规定：

①　冲洗不均匀深浅不一致，小面积露出石子的地方应用凿子凿出石子，石子露出平面 1/3。

②　产品外观整洁干净无色差、棱角分明，无气孔水眼。

③　转角预制件 90°直角误差不大于 3 mm，平整度误差不超过 3 mm。

④　顶梁冲洗面与光面交界处成直线。

⑤　铝窗边的混凝土需平整光滑，大于 3 mm 的气孔严禁抹干灰，角磨机打过磨的位置需砂纸擦掉粗的磨痕；铝窗清洁干净且无损伤。

2）修补

预制构件的修补应符合下列规定：

（1）剪口（凸出或凹入预制件表面超过 2 mm），将预制件上铁模接缝处凸出的混凝土用角磨机磨平，凹陷处用修补料补平。

（2）蜂窝（预制件上不密实混凝土的范围或深度超过 4 mm）应按下列要求处理：

①　将预制件上蜂窝处的不密实混凝土凿去，并形成凹凸相差 5 mm 以上的粗糙面。

②　用钢丝刷将露铁表面的水泥浆磨去。

③　用水将蜂窝冲洗干净，不可存有杂物。

④　用已批准使用的修补料按照厂家指示加水搅拌均匀，形成不收缩的修补水泥浆。

⑤　将修补水泥砂浆填蜂窝，然后将表面扫平至满足要求。

（3）水眼（预制件上不密实混凝土或孔洞的范围不超过 4 mm）应按下列要求处理：

① 将水眼表面的水泥浆凿去，露出整个水眼。

② 用水将水眼冲洗干净。

③ 用修补料将水眼塞满，表面扫平即可。

（4）崩角（预制件的边角混凝土崩裂，脱落）应按下列要求处理：

① 将崩角处已松动的混凝土凿去。

② 用水将崩角冲洗干净。

③ 用修补料将崩角处填补好。

④ 若崩角的厚度超过 40 mm 时，要加种钢筋，分两次修补至混凝土面满足要求。

⑤ 水泥凝结后 4 d 要淋水做养护。

（5）轻微裂缝（裂缝宽度不超过 0.3 mm）用修补料将裂缝遮盖即可。

（6）大裂缝（超过 0.3 mm 则为大裂缝）应按下列要求处理：

① 将裂缝处凿成 V 形凹口。

② 用已批准使用的修补料按照厂家指示加水搅拌均匀，形成不收缩的修补用料。

3）养护

混凝土浇筑后应及时进行保湿养护，保湿养护可采用淋水、覆盖、喷涂养护剂等方式。选择养护方式应考虑现场条件、环境温湿度、构件特点、技术要求、施工操作等因素。

（1）脱模前成品的养护。

① 气温在 35 度以上时，在抹面完成 3 h 后，在混凝土表面每隔半小时淋水湿润一次。

② 当环境温度介于 15～30 ℃ 时，应观察成型后的预制件有没有存在裂纹，如没有一般不需淋水养护操作；如有裂纹就必须在下一件产品生产落完混凝土后，脱模前对产品进行淋水保湿养护。

③ 气温在 15 ℃ 以下时采用蒸气养护。

（2）脱模后成品的养护。

① 产品脱模后堆放期间，白天宜每隔 2 h 淋水养护一次；如天气炎热或冬季干燥时适当增加淋水次数或覆盖麻袋保湿。

② 养护时间由预制件成品后期连续 4 d。

③ 在开始养护的预制件上挂牌标明，养护完成后牌摘下。

④ 淋湿预制件顺序为自上而下。

5. 质量标准

（1）成品脱模起吊时混凝土强度需满足设计要求及相关规范的规定。

（2）预制件的表面混凝土要保持湿润至少 4 d。

（3）检查开始养护的预制件是否全部浇湿。

（4）白天 7：00 至 19：00 每 2 h 检查一次，晚上 19：00 至第二天 7：00 每 4 h 检查一次。

（5）若预制件表面干燥，要立即补做淋水养护。

2.4.6 成品存放及检测

1. 技术准备

（1）根据构件的重量和外形尺寸，设计并制作好成品存放架。

（2）对存放场地占地面积进行计算，编制存放场地平面布置图。

（3）根据已确认的专项方案的相关要求，组织实施预制构件成品的存放。

（4）混凝土预制构件存放区应按构件型号、类型进行分区，集中存放。

2．施工机具

主要机具包括：吊梁、吊环、吊链、C 字架、吊架、帆布带、存放架、翻转架等。

3．作业条件

（1）预制件应考虑按项目、构件类型、施工现场施工进度等因素分开存放。

（2）存放场地应平整，排水设施良好，道路畅通。

（3）预制件分类型集中摆放，成品之间应有足够的空间或木垫防止产品相互碰撞造成损坏。

4．操作工艺及要求

1）成品存放

（1）将修补合格后的成品吊运至翻转架上进行翻转，翻转前检查有无漏拆螺丝，两侧旁折板及顶梁是否固定牢固，工作台附近是否有人作业及其他不安全因素。

（2）成品起吊前应检查钢线及滑轮位置是否正确，吊钩是否全部勾好。

（3）吊运产品时吊臂上应加帆布带（保险带）。

（4）成品起吊和摆放时，须轻起慢放，避免损坏成品。

（5）将翻转后的成品吊运至指定的存放区域。

（6）预制楼板存放数量每堆不超过 10 件。

2）成品检测

成品检测采用非破坏性强度测试。

① 每个预制件均需进行回弹仪测试，测试在生产后 7 d 进行，若测试结果不满足要求，则该预制件还需在生产后 14 d、21 d、28 d 进行跟踪测试。测试结果必须满足要求，才能出货，否则要进行抽芯试验。

② 在要测试的预制件上选定 2 个约 150 mm 高，160 mm 宽范围，并将此范围的混凝土表面用磨石磨平。

③ 在测试位置盖上印章（150 mm × 160 mm 的 12 格，3 行 × 4 列）作为打枪范围。

④ 在 12 个格内各打一枪，共 12 枪，并记录每枪读数。

⑤ 每 12 个有效读数中去除最低和最高读数，算出余下 20 个读数的平均值，查出对应的强度值为该预制件之测试。

⑥ 根据测试结果及对应关系，预估该预制件的混凝土 28 d 强度。

5．质量标准

1）一般规定

（1）预制构件应按设计要求和现行国家标准《混凝土结构施工质量验收规范》GB 50204 的有关规定进行结构性能检验，结构性能检验不合格的不得出厂。

（2）预制构件出厂前混凝土力学性能、长期性能和耐久性能指标必须满足设计要求，不合格的构件不得出厂。

（3）预制构件成品不得出现露筋、蜂窝、孔洞、夹渣、疏松等质量缺陷。

2）主控项目

（1）专业企业生产的预制构件，进场时应检查质量证明文件。

检查数量：全数检查。

检验方法：检查质量证明文件或质量验收记录。

（2）预制构作的外观质量不应有严重缺陷。

检查数量：全数检查。

检验方法：观察。

（3）预制构件上的预埋件、预留插筋、预留孔洞、预埋管线等规格型号、数量应符合设计要求。

检查数量：按批检查。

检验方法：观察。

（4）预制构件中主要受力钢筋数量及保护层厚度应满足国家现行标准及设计文件的要求。

检查数量：按混凝土预制构件进场检验批，不同类裂的构件各抽取 10%且不少于 5 个混凝土预制构件。

检验方法：非破损检测。

（5）预制构件的混凝土强度应符合设计要求。

检查数量：全数检查。

检验方法：检查标养及同条件混凝土强度试验报告。

（6）预制构件粗糙面质量、键槽质量和数量应符合设计要求。

检查数量：全数检查。

检验方法：观察，尺量。

3）一般项目

（1）预制构件成品清水面不宜有一般缺陷。对已经出现的一般缺陷，应由构件生产单位按技术处理方案进行修补或修饰，并重新检查验收，但处理的构件数量不应大于总数量的 5%。

检查数量：全数检查。

检验方法：观察，检查技术处理方案。

（2）预制构件的尺寸允许偏差应符合现行行业标准《装配式混凝土结构技术规程》JGJ 1 的规定。预制构件有粗糙面时，与粗糙面相关的尺寸允许偏差可适当放松。

检查数量：全数检查。

2.4.7　安全防护

（1）预制构件制作前，定期召开安全会议，由安全负责人对所有生产人员进行安全教育，安全交底。

（2）严格执行各项安全技术措施，施工人员进入现场应戴好安全帽，按时发放和正确使用各种有关作业特点的个人劳动防护用品。

（3）施工用电应严格按有关规程、规范实施，现场电源线应采用预埋电缆，装置固定的配电盘，随时对漏电及杂散电源进行监测，所有用电设备配置触漏电保护器正确设置接地；生活用电线路架设规范有序。

（4）大型机械作业，对机械停放地点、行走路线、电源架设等均应制定施工措施，大型设备通过工作地点的场地，使其具有足够的承载力。

（5）各种机械设备的操作人员，应经过相应部门组织的安全技术操作规程培训合格后持有效证件上岗。

（6）机械操作人员工作前，应对所使用的机械设备进行安全检查，严禁设备带病使用，带病工作。

（7）机械设备运行时，应设专人指挥，负责安全工作。

第3章 预制构件的运输存放

3.1 运输概述

3.1.1 运输准备工作

构件运输流程如图 3.1 所示。构件运输的准备工作主要包括：制定运输方案、设计并制作运输架、验算构件运输状态受力、检查构件及勘查运输路线。

图 3.1 构件运输流程

1. 查看运输路线

在运输前再次对路线进行勘查，对于沿途可能经过的桥梁、桥洞、电缆、车道的承载能力，通行高度、宽度、弯度和坡度，沿途上空有无障碍物等实地考察并记载，制定出最佳顺畅的路线。

2. 设计并制作运输架

根据构件的重量和外形尺寸进行设计制作，应考虑运输架的通用性。

3. 验算构件运输状态受力

对钢筋混凝土屋架和钢筋混凝土柱子等构件，根据运输方案所确定的条件，验算构件在最不利截面处的抗裂度，避免在运输中出现裂缝。如有出现裂缝的可能，应进行加固处理。

4. 检查构件

检查构件的型号、质量和数量，有无加盖合格印和出厂合格证书等。

5. 制订运输方案

需要根据运输构件、装卸车现场及运输道路的实际情况，施工用起重机械和运输车辆的供应条件以及经济效益等因素综合考虑，最终选定运输方法、运输车辆和运输路线。运输线路的制定应按照客户指定的地点及货物的规格和重量制定特定的路线，确保运输条件与实际情况相符。

3.1.2 构件出厂检验

（1）出厂检验由生产厂家专职质检人员等组织具体实施。

（2）预制构件出厂前应进行混凝土强度、观感质量、外形尺寸、预埋件、钢筋位置安装偏差等检验，隐蔽工程检查验收记录应该齐全，其检验批的划分应符合方案及相应规范规定。

（3）预制构件出厂检验观感质量不宜有一般缺陷，不应有严重缺陷。存在一般缺陷的构件，应按技术处理方案进行处理；存在严重缺陷的构件，一律不得出厂。

（4）预制构件出厂的预留钢筋、连接件、预埋件和预留孔洞的规格、数量、位置等应符合设计要求，允许偏差应符合相应规范要求。

3.2 运输流程

3.2.1 运输用车辆

装配式部品部件运输车辆选择如表 3.1 所示。

表 3.1 运输车辆选择

限制项目	限制值	部品部件最大尺寸或质量			说明
		普通车	低底盘车	加长车	
高度/m	4	2.8	3	3	高度是指从地面算起总高度
宽度/m	2.55	2.5	2.5	2.5	宽度是指货物总宽度
长度/m	18.1	9.6	13	17.5	长度是指货物总长度
质量/t	40	8	25	30	质量是指货物总质量

3.2.2 吊装常用工器具

装配式部品部件吊装常用工器具种类如下表 3.2 所示

表 3.2 吊装常用工器具种类

序号	工装/治具	工作内容
1	龙门吊	构件起吊、装卸、调板
2	外雇汽车吊	构件起吊、装卸，调板
3	叉车	构件装卸
4	吊具	构件起吊、装卸
5	钢丝绳	构件（除叠合板）起吊、装卸，调板
6	存放架	墙板、楼板专用存储
7	转运车	构件从车间向堆场转运
8	专用运输架	墙板构件运输专用架

3.3　构件运输的技术要求

3.3.1　构件主要运输方式

1. 立式运输方案

在低底盘平板车上安装专用运输架，墙板对称靠放或者插放在运输架上如图 3.2。对于内、外墙板和 PCF 板等竖向构件多采用立式运输方案。

应根据构件特点采用不同的运输方式，托架、靠放架插放架应进行专门设计，进行强度、稳定性和刚度验算：

（1）外墙板宜采用立式运输，外饰面层应朝外。

（2）采用靠放架立式运输时，构件与地面倾斜角度宜大于 80°，构件应对称靠放，每侧不大于 2 层，构件层间上部采用木垫块隔离。

（3）采用插放架直立运输时，应采取防止构件倾倒措施，构件之间应设置隔离垫块。

图 3.2　立式运输

2. 平层叠放运输方式

将预制构件平放在运输车上，逐件往上叠放在一起进行运输。叠合板、阳台板、楼梯、装饰板等水平构件多采用平层叠放运输方式，如图 3.3。

水平运输时，预制梁、柱构件叠放不宜超过 3 层，板类构件叠放不宜超过 6 层。

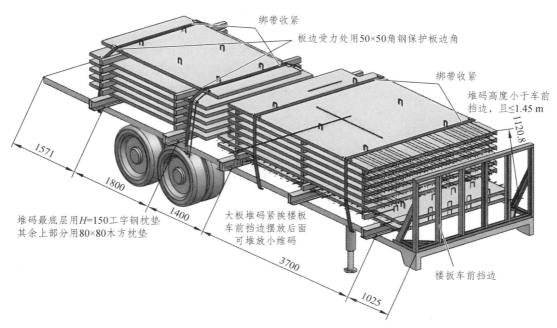

图 3.3　平式运输

3.3.2　构件的装车和卸货

（1）运输车辆可采用大吨位卡车或平板拖车。

（2）在吊装作业时必须明确指挥人员，统一指挥信号，启动和停止时，用最慢速挡升降及行进。

（3）装车时先在车厢底板上做好支撑与减震措施，以防构件在运输途中因震动而受损，如装车时先在车厢底板上铺两根 100 mm×100 mm 的通长木方，木方上垫 15 mm 以上的硬橡胶垫或其他柔性垫。

（4）上下构件之间必须设置防滑垫块，上部构件必须绑扎牢固并采取相应措施避免损坏构件，结构构件须有防滑支垫。

（5）构件运进场地后，应按规定或编号顺序有序地摆放在规定的位置，场内堆放地须坚实。

（6）堆码构件时要码靠稳妥，垫块摆放位置要上下对齐，受力点要在一条线上。

（7）装卸构件时要妥善保护，必要时要采取软质吊具。

（8）随运构件（节点板、零部件）应设标牌，标明构件的名称、编号。

3.3.3　构件运输保障控制

（1）构件重叠平运时，各层之间必须放木方支垫，且垫块位置应保证构件受力合理。

（2）在运输中，每行驶一段（50 km 左右）路程要停车检查钢构件的稳定和紧固情况，如发现移位、捆扎和防滑垫块松动时，要及时处理。

（3）在运输构件时，根据构件规格、重量选用汽车和吊车，大型货运汽车载物高度从地面起不准超过 4 m，宽度不得超出车厢，长度不准超出车身。

（4）封车加固的铁丝，钢丝绳必须保证完好，严禁用已损坏的铁丝、钢丝绳进行捆扎。

（5）构件装车加固时，用铁丝或钢丝绳拉牢固，形式应为八字形，倒八字形，交叉捆绑或下压式捆绑。

（6）在运输过程中要对预制构件进行保护，最大限度地消除和避免构件在运输过程中的污染和损坏。重点做好预制楼梯板的成品面防碰撞保护，可采用钉制废旧多层板进行保护。

（7）车辆启动应慢、车速行驶均匀，严禁超速、猛拐和急刹车。

3.4　构件的存放要求

3.4.1　构件存放原则

1. 存放场地布置原则

构件的存放场地应符合下列要求：

（1）存放场地应平整、坚实，并应有排水措施；

（2）存放库区宜实行分区管理和信息化台账管理；

（3）应按照产品品种、规格型号、检验状态分类存放，产品标识应明确、耐久，预埋吊件应朝上，标识应向外；

（4）存放场地应在门式起重机或相应起吊工器具可以覆盖的范围内；

（5）存放场地布置应当方便构件运输车辆装车与出入；

（6）不合格品与废品应划分出相应堆放区域并标识清晰。

2. 构件存放方案

构件的存储方案主要包括：确定预制构件的存储方式、设定制作存储货架、计算构件的存储场地和相应辅助物料需求。

（1）确定预制构件的存储方式：根据预制构件的外形尺寸（叠合板、墙板、楼梯、梁、柱、飘窗、阳台等）可以把预制构件的存储方式分成叠合板、墙板专用存放架存放、楼梯、梁、柱、飘窗、阳台叠放几种储放。

（2）设定制作存储货架：根据预制构件的重量和外形尺寸进行设计制作，且尽量考虑运输架的通用性。

（3）计算构件的存储场地：根据项目包含构件的大小、方量、存储方式、调板、装车便捷及场地的扩容性情况，划定构件存储场地和计算出存储场地面积需求。

（4）计算相应辅助物料需求：根据构件的大小、方量、存储方式计算出相应辅助物料需求（存放架、木方、槽钢等）数量。

3. 叠合板构件存放技术要求

（1）叠合板需分型号码放、水平放置，堆放层数不宜超过 6 层，不得超过 8 层，高度不得超过 1.5 m。

（2）垫木放置在桁架侧边。板两端（至板端 200 mm）及跨中位置均应设置垫木且间距不大于 1.6 m。

（3）第一层叠合楼板应放置在 H 型钢（型钢长度根据通用性一般为 3000 mm）上，保证桁架筋与型钢垂直，四角的 4 个木方位平行于型钢放置，型钢距构件边 500~800 mm。如图 3.4 所示。

图 3.4　叠合楼板叠放

（4）层间用 4 块 100 mm × 100 mm × 100 mm 的木方隔开，木方选材避开云杉、杨木。

4. 楼梯构件存放技术要求

（1）楼梯存放可采用叠层存放的方式，存放层数不超过 3 层。

（2）垫方宽度不应小于 100 mm，长度不应小于 400 mm。

（3）木方（木条）高度应一致，垫点上下重心应在一条直线上，垫点位置应尽量靠近楼梯两端头，同时垫点中心位置不得大于 2.1 m；

（4）木方侧边距楼梯侧边不应大于 100 mm，如图 3.5 所示。

图 3.5　楼梯存放

5. 剪力墙构件存放技术要求

剪力墙墙板采用立方专用存放架存储，墙板宽度小于 4 m 时墙板下部垫 2 块 100 mm×100 mm×250 mm 木方，两端距墙边 30 mm 处各一块木方。墙板宽度大于 4 m 或带门口洞时墙板下部垫 3 块 100 mm×100 mm×250 mm 木方，两端距墙边 300 mm 处各一块木方，墙体重心位置处一块。如图 3.6 所示。

图 3.6　剪力墙存放

6. 飘窗构件存放技术要求

（1）飘窗墙板可转运至室外堆场进行翻转，然后存放在飘窗专用插放架直立上存储，作为成品入库。

（2）带飘窗墙板存放时应立式对称放置，在墙板底部放置胶方垫平，拧紧存放架上的夹板对构件进行固定。

（3）带飘窗墙板存放区域地面应该平整、坚固，并有可靠排水设施。

（4）墙板应按照品种、规格型号、检验状态等分类存放，产品标识应清晰、明确及耐久，预埋吊件应朝上，标识应向外。如图 3.7 所示。

7. 预制柱构件存放技术要求

（1）应按照产品品种、规格型号、检验状态分类存放，产品标识应明确、耐久，预埋吊件应朝上，标识应向外。

（2）外露钢筋应采取防弯折措施，外露预埋件和连结件等外露金属件应按不同环境类别进行防护或防腐、防锈；宜采取保证吊装前预埋螺栓孔清洁的措施；钢筋连接套筒、预埋孔洞应采取防止堵塞的临时封堵措施。

（3）第一层柱应放置在 H 型钢上，保证长度方向与型钢垂直，型钢构件边缘 500～800 mm，长度过长时应在中间间距 4 m 放置一个 H 型钢，应根据构件长度和重量最高叠放 3 层，层间用 100 mm×100mm×500 mm 的垫块隔开。如图 3.8 所示：

图 3.7 飘窗存放

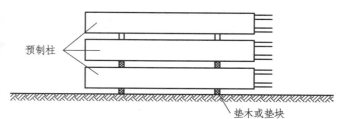

图 3.8 预制柱存放

8. 预制梁构件存放技术要求

第一层梁应放置在 H 型钢（型钢长度根据通用性一般为 3000 mm）上，保证长度方向与型钢垂直，型钢距构件边 500～800 mm，长度过长时应在中间间距 4 m 放置一个 H 型钢，根据构件长度和重量最高叠放 2 层。层间用块 100 mm×100 mm×500 mm 的木方隔开，保证各层间木方水平投影重合于 H 型钢或木条。如图 3.9 所示。

图 3.9 预制梁存放

9．外挂板构件存放技术要求

（1）应合理设置垫块、垫木位置，确保构件存放稳定。

（2）夹心保温层的存放应采取措施避免雨、雪渗入保温材料和保温材料与混凝土板之间的接缝中，同时避免保温材料长时间被阳光照射。

（3）为避免磕碰损坏外挂板外立面边角，构件四个角部使用直角形 PE 棉进行包裹，沿着外挂板外立面各边采用直条形 PE 棉包裹并使用塑料薄膜进行缠绕固定。为使塑料薄膜粘贴紧密，在外挂板内立面喷洒清水。如图 3.10 所示。

图 3.10　外挂板存放

（4）构件堆放垫点位置设置为构件安装埋件下方，垫方使用通长长条形垫木（90 mm×70 mm）。如图 3.11 所示。

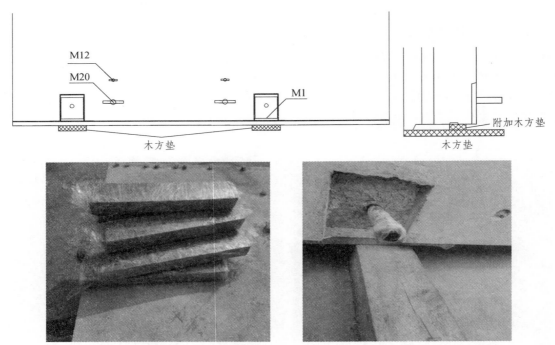

图 3.11　垫木示意

（5）墙板挡管采用直径 32 mm 钢棒，钢棒长度 1 m，钢棒外套耐磨胶皮，为防止胶皮因太阳直晒而老化污染外挂板表面，在胶皮外包裹透明保鲜薄膜。如图 3.12、图 3.13 所示。

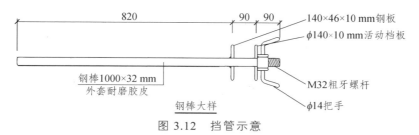

图 3.12　挡管示意

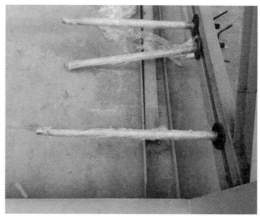

图 3.13　挡管实物示意

（6）外挂板入库时应依次进行固定墙板上端挡管、下端挡管，墙板固定好后再进行取钩作业。

3.5　安全管理

构件堆场作业环节涉及构件吊装、叉车使用、门式起重机操作等。

3.5.1　构件吊装安全要求

（1）在上吊环前，必须认真检查吊环是否完好无破损，吊环安装螺栓是否符合强度等级要求，螺栓丝扣是否完好无损伤，长度达到紧固要求。以上经检验无误后，方可进行吊环安装。

（2）安装吊环时，必须是吊环紧贴构件，构件与吊环间不得加装垫片，螺栓紧固程度必须经该班班组检查确认后，方可确定吊环安装完毕。

（3）吊装前，必须对吊装用具进行检查。吊环必须完好，无变形开焊；卸扣必须完好，无变形，螺纹沟槽完好无磨损；钢丝绳无损伤，无断股断丝，无打折。吊装工具须经吊装班班长确认无误后，方可投入使用。

（4）吊装时，指挥人员应是持有相应证书的特种作业人员，一般情况由吊装组长负责指挥吊车司机进行吊运，若组长不在时，应指派专人指挥，指挥手势明确无误，口令清晰，做好安全提醒，清理现场非吊装人员。非吊装人员不得进入作业点 10 m 以内的吊装作业区。

（5）构件吊起时，要求构件底部距地面 20 cm，稳定 10 s，人员远离构件，待发现无异常状况时方可进行吊运工作。

（6）构件吊运落位过程中，构件两端用绳索（5 m 长）系扶安全防护作业，避免发生刮碰，除两侧配合吊运人员外，在构件正反两面禁止站人，构件在运行过程中，构件前进方向禁止站人，以免构件意外脱落伤人。

（7）构件吊装到指定存放库位后，垫好木方，然后用专用的固定钢棒和木楔将构件固定牢固。固定时必须确保构件重心垂直于水平面，否则必须立即重新固定。

（8）构件吊运到运输车上时，必须将构件准确放置在指定位置。并在构件安放固定后，方可指挥吊车司机松钩，摘掉吊运吊车吊钩，拆下的工具要进行妥善保管，禁止他人随意乱用。

3.5.2　叉车使用安全要求

1. 叉车司机基本要求

（1）必须经过相关部门考试合格，取得政府机构颁发的特殊工种操作证，方可驾驶叉车，并严格遵守以下各项安全操作规程。

（2）必须认真学习并严格遵守操作规程，熟悉车辆性能和操作区域道路情况。掌握维护叉车保养基本知识和技能，认真按规定做好车辆的维护保养工作。

2. 安全规定

（1）上岗前合理佩戴劳动防护用品。

（2）严禁带人行驶，严禁酒后驾驶，行驶途中不准闲谈、打电话等干和驾驶工作无关的事情。

（3）车辆使用前，应严格检查，严禁带故障出车，不可强行通过有危险或潜在危险的路段。

3.5.3　门式起重机操作安全要求

（1）司机须经专门技术训练，了解本机的构造性能，熟悉操作方法、保养规程和起重工作的信号规则，具有相当熟练的操作技能，并经考试合格后，方可单独操作。

（2）轨道基础必须坚实可靠，走行线尽头处应设有车挡。轨道要有良好的接地，接地电阻不得大于 10 Ω，轨道终端限位装置要经常保持完好。

（3）起重机禁止吊运人员。吊运易爆等危险物品和重要物件时，必须有专门的安全措施，并由司机操作。

（4）起吊物件的重量不得超过本机的额定起重量，禁止斜吊，禁止起吊埋在地下的物体，禁止起吊冻结在地面的物体，禁止起吊被其他重物卡压的物件。

（5）遇恶劣天气（如雷雨、冰冻、大雪和六级以上大风）时禁止作业。大风时，吊钩应升至最高位置。

（6）机上严禁用明火取暖，用油料清洗零件时禁止吸烟。油及擦拭材料不得乱泼乱扔。

（7）机上必须配置合格的灭火装置。电气设备失火时，应立即切断有关电源，用绝缘灭火器进行灭火。

（8）各电气安全保护装置应经常处于完好状态。高压开关前应铺设橡胶绝缘板。电气部分发生故障，应由专职电工进行检修，维修使用的工作灯电压必须在 36 V 以下。

第4章 预制构件安装技术

4.1 预制构件安装概述

装配式建筑采用的是工厂生产，现场装配的建造模式。当预制构件运输到现场后，需要将预制构件吊装就位，而后通过套筒灌浆、后浇混凝土等可靠连接形式将各构件连接成为整体，以达到共同承受荷载的目的。目前我国常用的装配式混凝土建筑的结构体系主要有装配整体式框架结构和装配整体式剪力墙结构，本章主要介绍上述两种结构体系中预制构件的吊装作业。

4.1.1 装配整体式框架结构

装配整体式框架结构是以预制柱、叠合板、叠合梁为主要预制构件，并通过叠合板的现浇层以及梁柱节点部位的后浇混凝土而形成的混凝土结构。装配式整体式框架结构，内部空间自由度好，可以形成大空间，满足室内多功能变化的需求，适用于办公楼、酒店、商务公寓、学校、医院等建筑。装配整体式框架结构的施工工艺流程如图 4.1 所示，装配整体式框架结构示意如图 4.2 所示。

图 4.1 装配整体式框架结构施工流程

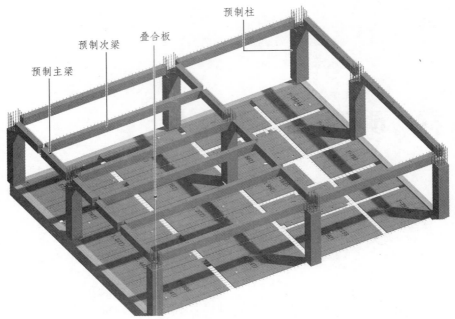

图 4.2　装配整体式框架结构示意

4.1.2　装配整体式剪力墙结构

　　装配整体式剪力墙结构由水平构件和竖向构件组成，其中竖向预制构件主要有预制剪力墙，预制凸窗，预制非承重墙等，水平预制构件主要有叠合板、叠合梁、预制楼梯、预制阳台板等。装配整体式剪力墙结构示意如图 4.3 所示。同层相邻预制墙体，通过预留现浇段，现场后浇混凝土进行连接，预留现浇段通常为剪力墙的边缘构件。水平构件间的连接则主要通过现浇叠合层的方式进行连接。该结构形式中水平向钢筋通常采用机械连接、焊接等形式连接，竖向钢筋通过套筒灌浆连接或其他形式进行连接。装配整体式剪力墙结构的主要施工工序以及施工流程如图 4.4 所示。该结构形式主要适用于住宅、旅馆等小开间建筑。

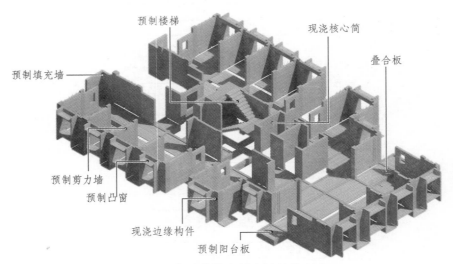

图 4.3　装配整体式剪力墙结构示意

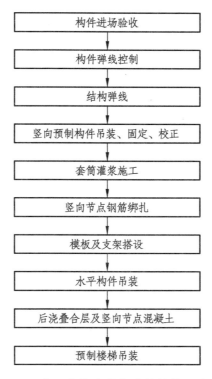

图 4.4　装配整体式剪力墙结构施工流程

4.2　常用材料与设备工具

4.2.1　预制构件安装常用材料

1．调整标高用螺栓或垫片

1）调整标高用螺栓

柱、墙板等竖向预制构件安装时需要调整标高，调整标高有螺栓调节和放置垫片两种方式。调整标高如果用螺栓调节，应当在设计阶段向设计单位提出包括螺栓调节的设计内容，并在预制构件制作时将螺母（图 4.5）预埋到预制构件内。

调整标高用螺栓由两部分构成，分别为预埋螺母和螺栓（图 4.6）。使用时预埋螺栓调节标高时，应根据预制构件的规格确定螺母的大小。预制构件生产时，应采取措施防止预埋螺母内灌入混凝土，预制构件进场时应检查套筒内是否有杂物，若有杂物应提前清理干净。安装时，须按照设计单位要求的型号及强度选用螺栓，如未明确要求，应使用全扣大六角螺栓与之匹配，螺栓长度与预埋螺母内丝长度相等。使用时，通过旋出或旋入螺栓，从而达到调整标高的目的。采用螺栓调节标高可以实现标高的连续调节。

图 4.5　预埋螺母

图 4.6　全扣六角螺栓

2）垫　片

垫片也是竖向构件安装时用于调节标高的材料之一，根据材料的不同有钢制垫片和塑料垫片。使用垫片调节标高时，施工现场应将垫片的规格准备全，以适应不同标高的调节。

钢垫片常选用 Q235 钢板材料选用，规格（长×宽）常为 50 mm×50 mm，厚度为 1 mm、2 mm、5 mm、10 mm 等，如图 4.7 所示。安装时，根据需要采用不同厚度的垫片组合实现不同标高的调节。

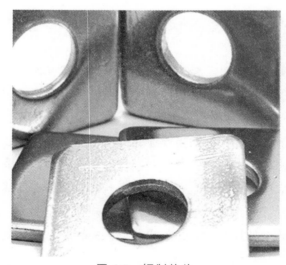

图 4.7　钢制垫片

塑料垫片应选用强度高、弹性小的材料制作，避免预制构件安装时垫片在预制构件压力作用下发生变形甚至破坏，常采用聚丙烯工程塑料加工，规格（长×宽）常为 50 mm×50 mm，厚度为 2 mm、5 mm、10 mm 等，见图 4.8。安装时，根据所需调整标高，采用不同厚度的垫片组合使用。

图 4.8　塑料垫片

2. 支撑系统

1）独立支撑

预制叠合板、预制梁以及预制阳台等预制构件的支撑可以采用传统脚手架，也可采用独立支撑。独立支撑全称为独立可调钢支撑，由可调式立杆，顶托、配套三脚架以及主龙骨。使用时，通过调节立杆的高度，从而达到调节标高的目的。三脚架的作用主要是提高立杆的稳定性，避免其发生倾覆。顶托用于支撑主龙骨，预制构件的直接与主龙骨接触。搭设时，应严格按照专项施工方案中的相关要求进行搭设，保证支撑的间距，标高等技术参数。

独立支撑（图 4.9）主要具有以下特点：

图 4.9　独立支撑

（1）通用性强，能够适用不同层高预制构件；

（2）可重复使用，损耗率低；

（3）支撑搭设和拆除简单方便，作业效率高，施工周期短，成本较低。

使用独立支撑时应注意：

（1）使用高度超过 3.5 m 时，需要扣件与钢管配合加固，并应加密布置；

（2）钢支撑应垂直安装，不得偏心受压；

（3）使用中发现立杆变形、紧固件松动脱落、锈蚀严重等现象时，应及时更换。

2）斜　撑

预制柱、预制剪力墙等竖向构件安装或加固梁等水平预制构件时，需要使用斜撑（图 4.10）。安装竖向构件时，斜撑的主要作用有两个，一是预制构件在连接完成具有承载力前的临时支撑，避免预制构件倾覆，二是通过调节斜撑的长度，调节预制构件的垂直度。施工前，应当根据预制构件的规格合理选择斜撑，预制墙板和楼板相应部位应提前预埋相应埋件。

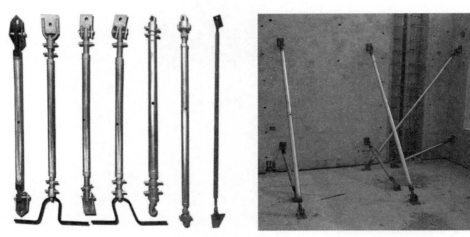

图 4.10　斜　撑

目前常用的斜撑为螺旋调节式斜支撑，该内斜支撑由内螺纹套筒，外螺纹丝杆和支撑头组成，如图 4.11 所示。如采用钩式连接，需要配合锁紧螺母及固定拉环使用。

图 4.11　固定拉环

螺旋调节式斜支撑采用 Q235 级碳素钢制作，根据与预制构件的连接方式分为双钩式、双支撑式和单钩单头式。钩式连接是将外螺纹丝杆前端加工成连接钩，使用时将连接钩与预埋在地面及固定在墙板上的 U 形拉环拉结紧密，然后旋紧锁紧螺母使其牢固。支撑头式则采用将支撑头用螺栓与预制墙板上的预埋内螺母直接固定，另一端与地面预埋螺母或膨胀螺栓固定的连接方式。

螺栓调节式斜支撑可调长度一般在 0.4 m 左右，选用前要根据实际支设长度合理选择支撑规格型号，必要时需定制。预制墙板安装时，每件预制墙板安装过程的临时斜撑应不少于 2 道，临时斜撑宜设置调节装置，支撑点位置距离底板不宜大于板高的 2/3，且不应小于板高的 1/2，斜支撑的预埋件安装、定位应准确。

4.2.2 预制构件安装常用设备及工具

1. 起重机械

1）塔式起重机

塔式起重机是高层建筑和多层建筑施工中常用的起重吊装设备。塔式起重机（简称塔机）分为塔式平臂起重机、塔式动臂起重机、附着自升式起重机、内爬式起重机、轨道式起重机。目前国内常用的是塔式平臂起重机。如图 4.12 塔式动臂起重机、图 4.13 塔式平臂起重机所示。

图 4.12 塔式动臂起重机

图 4.13 塔式平臂起重机

装配式建筑施工员

塔机的选型布置主要需要考虑以下几个方面的要求：

（1）满足最大起重能力的要求。

塔式起重机选型时应考虑塔式起重机的尺寸及起重量荷载特点等方面因素。重点考虑工程施工过程中，最重的预制构件（应含预制构件重量、吊具重量和吊索重量）对塔式起重机吊运能力的要求，应根据其存放的位置、吊运的部位、距离塔中心的距离，确定该塔式起重机是否具备相应的起重能力，确定塔式起重机方案时应留有余地。在考虑塔机起重能力时，尚应考虑在起吊工况下的动力效应，预制构件的动力效应可以通过起吊重量标准值乘以动力系数的方式进行考虑，根据《装配式混凝土技术规程》JGJ 1—2014 的规定，预制构件运输、吊装时，动力系数宜取 1.5，构件翻转及安装过程中就位、临时固定时，动力系数可取 1.2。塔式起重机不满足要求时，必须调整型号使其满足要求。

（2）满足塔式起重机覆盖面的要求。

塔式起重机型号决定了塔式起重机的臂长幅度，布置塔式起重机时，塔臂应覆盖堆场构件，避免出现盲区，减少二次搬运。对含有主楼、裙房的高层建筑，塔臂应全面覆盖主体结构部分和堆场构件存放位置，裙楼力求塔臂全部覆盖。当出现难以解决的楼边覆盖时，可考虑采用临时租用汽车起重机解决裙房边角垂直运输的问题，不能盲目增加塔式起重机型号。塔式起重机布置时还应满足方便安装和拆除，与相邻塔式起重机起重臂之间以及与周边建筑物之间有一定安全距离。如图 4.14、图 4.15 为起重机参数。

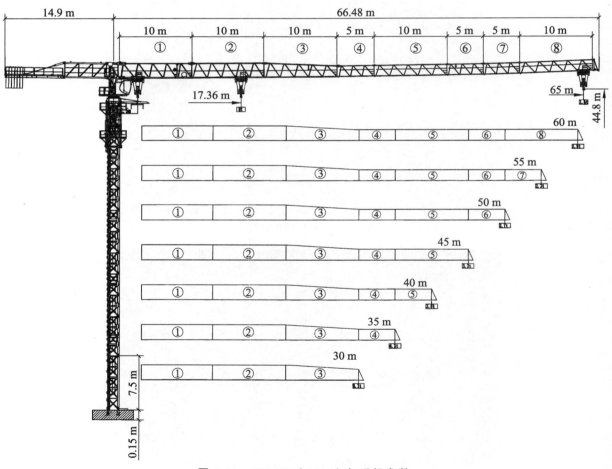

图 4.14　QTP125（6515）起重机参数

起重臂/m	倍率	起重幅度/m	2.5~14.36	15	20	25	26.46	30	35	40	45	50	55	60	65
65	II	起重量/t	5.00					4.29	3.54	2.99	2.55	2.21	1.93	1.70	1.50
	IV		9.50	6.76	5.15	4.80		4.09	3.34	2.79	2.35	2.01	1.73	1.50	1.30

起重臂/m	倍率	起重幅度/m	2.5~15.45	20	25	28.52	30	35	40	45	50	55	60
60	II	起重量/t	5.00				4.70	3.90	3.29	2.83	2.45	2.15	1.90
	IV		10.00	7.38	5.65	4.80	4.50	3.70	3.09	2.63	2.25	1.95	1.70

起重臂/m	倍率	起重幅度/m	2.5~16.18	20	25	29.87	30	35	40	45	50	55
55	II	起重量/t	5.00				4.98	4.13	3.50	3.01	2.62	2.30
	IV		10.00	7.80	5.98	4.80	4.78	3.93	3.30	2.81	2.42	2.10

起重臂/m	倍率	起重幅度/m	2.5~16.54	20	25	30	30.6	35	40	45	50
50	II	起重量/t	5.00					4.13	3.60	3.10	2.70
	IV		10.00	8.01	6.15	4.92	4.80	4.05	3.40	2.90	2.50

起重臂/m	倍率	起重幅度/m	2.5~16.95	20	25	30	31.36	35	40	45
45	II	起重量/t	5.00					4.38	3.71	3.20
	IV		10.00	8.24	6.33	5.07	4.80	4.18	3.51	3.00

起重臂/m	倍率	起重幅度/m	2.5~17.25	20	25	30	31.92	35	40
40	II	起重量/t	5.00					4.48	3.80
	IV		10.00	8.42	6.47	5.19	4.80	4.28	3.60

起重臂/m	倍率	起重幅度/m	2.5~17.32	20	25	30	32.08	35
35	II	起重量/t	5.00					4.50
	IV		10.00	8.46	6.50	5.21	4.80	4.30

起重臂/m	倍率	起重幅度/m	2.5~17.56	20	25	30
30	II	起重量/t	5.00			
	IV		10.00	8.60	5.61	5.30

图 4.15　QTP125（6515）起重机参数

（3）满足吊次的要求。

一般中型塔式起重机的理论吊次为 80~120 次/台班，塔式起重机的吊次应根据所选用塔式起重机的技术说明中的理论吊次进行计算。计算时可按所选塔式起重机所负责的区域，每月计划完成的楼层数，统计需要塔式起重机完成的垂直运输的实物量，合理计算出每月实际需要的吊次，再计算每月塔式起重机的理论吊次。当理论吊次大于实际需要吊次时即满足要求。

塔式起重机的基础应具有足够的承载力，基础的混凝土强度等级不应低于 C30，垫层混凝土强度等级不低于 C20，板式基础最小配筋率不小于 0.15%，梁式基础最小配筋率不应小于 0.2%。塔式起重机安装、拆卸应由具备相应资质的人员完成，主要包括：1）持有安全生产考核合格证书的项目负责人和安全负责人、机械管理人员；2）具有建筑施工特种作业操作资格的建筑起重机械安装拆卸工、起重司机、起重型号工、司索工等特种作业操作人员。雨雪、浓雾天气严禁实施塔式起重机安装作业，安装时塔式起重机最大高度处风速应符合使用说明书的要求，且风速不得超过 12 m/s。塔式起重机不宜夜间安装，当需要夜间安装和拆卸时，应保证提供足够的照明。塔机安装在基础或主体结构上后，顶部安装平面与水平面的倾斜度应不大于 1/1000，塔式起重机最高锚固点以下垂直度偏差不应大于 2/1000。

塔式起重机安装完成后需进行空载、额定载荷、110%额定载荷、125%静载、连续作业等试验，试验应满足：

① 控制装置操作灵活、动作准确；

② 各机构运转平稳、制动可靠；

③ 紧固件连接无松动、销轴定位可靠；

④ 结构、焊缝及关键零部件无损伤；

⑤ 结构无泄漏、渗油棉结不大于 1500 mm²；

⑥ 机构升温、噪声在限定范围内。

2）履带式起重机

房屋建筑高度在 20 m 以下，以及高层建筑的裙房部分用塔式起重机无法覆盖的情况下，可以选用履带式起重机完成预制构件的吊装。履带式起重机的优点是稳定性好，载重能力大，防滑性能好，对路面要求低，缺点是灵活性差，行驶速度慢，油耗高。常用履带式起重机根据最大起吊重量分为：35 t、50 t、80 t、100 t、150 t、250 t 等。如图 4.16 所示。

图 4.16　履带式起重机

3）轮式起重机

施工现场作业流动性较大，作业面临时分散，吊装幅度及起重重量相对较小条件下预制构件的安装或卸车，可以选用轮式起重机，工程中多用轮式起重机，简称汽车吊。轮式起重机的特点是灵活机动、能够快速转移、操纵省力、吊装速度快、效率高，缺点是不能荷载行驶、转弯半径大、越野能力差。常用轮式起重机根据最大起吊重量分为：8 t、12 t、16 t、20 t、25 t、32 t、35 t、40 t、50 t、70 t、80 t、100 t 等。如图 4.17 所示。

图 4.17　轮式起重机

2．吊　具

预制构件起吊时，常常采用吊具辅助起吊。吊具主要作用是分配起吊荷载，调整钢丝绳角度，尽可能使钢丝绳垂直受力，从而达到减小吊点和钢丝绳受力的目的。目前吊具的主要有两类，分别为平面架式吊具（图 4.18）和平衡梁式吊具（图 4.19）。平面架式吊具主要用于起吊预制楼梯、叠合楼板等吊点不处于同一直线的预制构件，平衡梁式吊具主要用于起吊预制内墙板、预制外墙板、预制梁等吊点位于同一直线上的预制构件。

图 4.18　平面架式吊具

图 4.19　平衡梁式吊具

吊具通常采用 Q235 级钢材焊接而成，吊具应委托具有专业资质的单位进行加工，不得在现场自行加工。吊具进场时，应查验吊具的合格证书以及检测报告，合格后方可投入使用。吊具使用前应检查吊具是否存在裂纹，焊口是否开焊等问题，发现上述问题应立即报告现场管理人员，对存在安全隐患的吊具应予以报废。使用吊具时，应注意吊具的起吊荷载不得超过吊具的容许荷载。如图 4.20 为平面架式吊具吊装叠合板、图 4.21 为平衡梁式吊具吊装叠合梁。

图 4.20　平面架式吊具吊装叠合板

图 4.21　平衡梁式吊具吊装叠合梁

3．吊　索

预制构件起吊的吊索一般为钢丝绳或链条吊索，可根据现场条件以及预制构件的特点进行选择。

1）钢丝绳

钢丝绳是将力学性能和几何尺寸符合要求的钢丝按照一定的规则捻制在一起的螺旋状钢丝束。钢丝绳具有强度高，自重轻，工作平稳，不易骤然整根折断，工作可靠等特点，是预制构件吊装最常用的吊索。钢丝绳的强度等级分为 1570 MPa、1670 MPa、1770 MPa、1870 MPa、1960 MPa、2160 MPa 等级别。吊装常用钢丝绳规格有 6×24+1（表示 6 股，每股 24 根钢丝加 1 股绳芯，下同）和 6×37+1 两种。钢丝绳中钢丝越细（同等直径钢丝数量越多）越不耐磨，但比较柔软，弹性较好；反之，钢丝越粗越耐磨，但比较硬，不易弯曲。使用时，应当按照方案或者交底内容选择相应的钢丝强度等级和规格，严禁擅自更换钢丝绳。

钢丝绳固定端连接方法一般有编结法（图 4.22）、绳夹固定法（图 4.23）和压套法（图 4.24），不同固定端连接方法的安全要求见表 4.1。预制构件安装在满足承载力要求的前提下应首选铝合金压套法和编结法连接的钢丝绳。

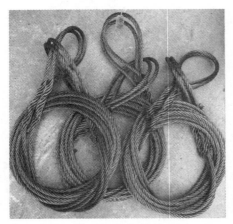
图 4.22　编结法

图 4.23　压套法

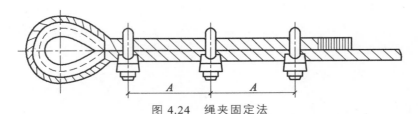
图 4.24　绳夹固定法

表 4.1　不同钢丝绳固定连接的安全要求

连接方法	安全要求
编结法	编结长度不应小于钢丝绳直径的 15 倍，并且不得小于 300 mm，连接强度不得小于钢丝绳破断拉力的 75%
绳夹固定法	根据钢丝绳的直径决定绳夹数量，绳夹的具体形式、尺寸及布置方式参照《钢丝绳夹》GB/T 5976—2006，同时保证连接强度不小于钢丝绳破断力的 85%
压套法	应用可靠工艺方式使铝合金套与钢丝绳紧密牢固地贴合，连接强度应达到钢丝绳的破断力

钢丝绳的强度校核，主要是按钢丝绳和使用条件所得出的许用拉力来确定。需用拉力可按照下式计算：

$$[S] \leqslant \frac{\alpha P}{K}$$

式中　$[S]$——钢丝绳的许用拉力（kN）；

　　　P——钢丝绳的钢丝破坏拉力综合；

α——破断拉力换算系数，按表 4.2 取用；

K—钢丝绳的安全系数，按表 4.3 取用。

表 4.2　钢丝绳破断拉力换算系数

钢丝绳结构	换算系数
6×19	0.85
6×37	0.82
6×61	0.80

表 4.3　钢丝绳的安全系数

用途	安全系数	用途	安全系数
作缆风绳	3.5	作吊索、无弯曲时	6～7
用于手动起重设备	4.5	作捆绑吊索	8～10
用于机动起重设备	5～6	用于载人的升降机	14

钢丝绳的报废应参照《起重机钢丝绳保养、维护、检验和报废》GB/T 5972—2023 中的相关规定执行，一般目测如多处断丝、绳股断裂、绳径减小、明显锈蚀或变相等现象，该钢丝绳应判定报废。

2）链条吊索

链条吊索（图 4.25）是以金属链环连接而成的吊索，按其形式主要有焊接和组装两种。链条吊索应选用优质合金钢制作，具有耐磨、耐高温、延展性低、受力后不会明显拉长等特点，使用寿命长，易弯曲。链条吊索使用前，应看清铭牌上的工作荷载和适用范围，严禁超载，并对链条吊索进行检查，确保链条吊索无裂纹，无开焊等现象。使用过程中发现连环开裂或其他有害缺陷，链环直径磨损超过 10% 左右，链条外部长度增加 3% 以上，表面弯曲，严重锈蚀以及积垢等，应立即更换。如表 4.4 所示为常用吊装用链条允许工作荷载（T8 高强链条）。

图 4.25　链环吊索

表 4.4 常用吊装用链条允许工作荷载（T8 高强链条）

链条型号	每米重量/kg	破断拉力/t	安全系数	允许荷载/t
10×30	2.2	12.5	4	3
12×36	3.1	18.1	4	4.5
14×42	4.1	25	4	6
16×48	5.6	32	4	8
18×54	6.9	41	4	10
20×60	8.6	50	4	12.5
25×75	14.5	78	4	19.5
30×108	18	113	4	28

4. 索 具

吊装作业时索具和吊索配套使用，预制构件安装中常用的索具有吊钩、卸扣、普通吊环、旋转吊环、强力环等。

1）吊 钩

吊钩（图 4.26）常借助于换轮组等部件悬挂在起升机构的钢丝绳上。吊钩一般采用羊角型吊钩，中大型吊钩一般用于起重设备，小型吊钩一般用于吊装叠合板等。吊钩进场时应查验合格证，使用时起吊重量严禁超过额定起重量，使用过程中发现有裂纹、变形或安全锁损失，应立即更换。

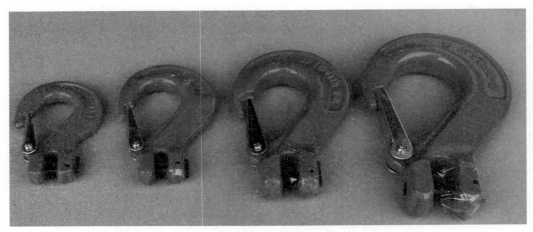

图 4.26 吊钩

2）卸 扣

卸扣（图 4.27）是吊点和吊索的连接工具，可用于吊索与平衡梁式吊具或平面架式吊具的连接，以及吊索与预制构件的连接。卸扣使用时要正确地支撑荷载，其作用力要沿着卸扣的中心轴线上，避免弯曲及不平衡的荷载，严禁超载使用，卸扣本身不得承受横向弯矩，即作用力应在本体平面内。使用过程中发现有裂纹、明显弯曲变形、横销不能闭锁等现象时，必须立即更换。

图 4.27　卸　扣

3）普通吊环

普通吊环（图 4.28）分为吊环螺母和吊环吊钉，是使用丝扣与预制构件连接的一种索具，一般选用材质为 20 号或 25 号钢。使用吊环时严禁超过允许荷载，使用时必须与吊索垂直受力，严禁与吊索一起斜拉起吊。使用过程中发现吊环出现开裂、变形等现象时，应立即更换。

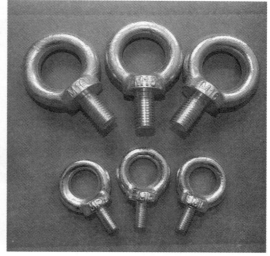

（a）吊环螺母　　　　　　　　　　（b）吊环吊钉

图 4.28　普通吊环

4）旋转吊环

旋转吊环又称万向吊环或旋转吊环螺栓（图 4.29）。旋转吊环的螺栓强度等级主要有 8.8 级和 12.9 级两种，受力方向分为直拉[图 4.29（a）]和侧拉[图 4.29（b）]两种，常规直拉吊环允许不大于 30 度角的吊装，侧拉吊环的吊装不受角度限制，但要考虑应角度产生的承重受力增加比例。在满足承载力的条件下，旋转吊环可直接固定在预制构件的预埋吊点上，再连接吊索用以进行吊装作业。

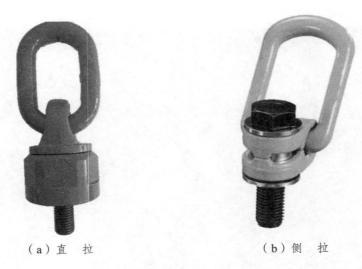

（a）直　拉　　　　　　　　　（b）侧　拉

图 4.29　万向吊环

5）强力环

　　强力环又称为模锻强力环、兰姆环、锻打强力环（图 4.30），是一种索具配件。其材质主要为 40 铬、20 铬锰钛、35 铬钼三种，其中以 20 铬锰钛比较常用。在预制构件安装中，常用强力环与链条、钢丝绳、双环扣、吊钩等配件组成吊具。使用中强力环扭曲变形超过 10°、表面出现裂纹、本体磨损超过 10% 时，应予以更换。

图 4.30　强力环

4.3　构件的进场质量检查

4.3.1　预制构件进场检验程序

　　预制构件进场时，施工单位应先进行检查，合格后再由施工单位会同构件厂、监理单位联合进行进场验收。

预制构件进场时，在构件明显部位必须注明生产单位、构件型号、质量合格标识；预制构件外观不得存在有对构件受力性能、安装性能、使用性能有严重影响的缺陷，不得存在有影响结构性能和安装、使用功能的尺寸偏差。

4.3.2　预制构件进场相关资料的检查

1. 预制构件质量合格证的检查

预制构件进场时应带有证明其产品质量的合格证，预制构件进场时由构件生产单位随车人员移交施工单位。无合格证的产品施工单位应拒绝验收，更不得使用在工程中。

2. 预制构件性能检测报告的检查

梁板类受弯预制构件进场时应进行结构性能检验，检测结果应符合《混凝土结构工程施工质量验收规范》GB 50204—2015 中 9.2.2 条的相关要求。当监理单位代表驻场监督生产过程时，除设计有专门要求外可不做结构性能检验。

3. 拉拔强度检验报告

预制构件表面预贴面砖、石材等饰面与混凝土的黏结性能应符合设计和现行有关标准的规定。

4. 技术处理方案和处理记录

对出现的一般缺陷的构件，应重新验收并检查技术处理方案和处理记录。

4.3.3　预制构件进场外观质量检查

预制构件进场验收时，应由施工单位会同构件厂、监理单位联合进行进场验收，参与联合验收的人员主要包括：施工单位工程、物资、质检、技术人员；监理工程师。

1. 预制构件外观的检查

预制构件的混凝土外观质量不应有严重缺陷，且不应有影响结构性能、安装、使用功能的尺寸偏差。预制构件进场时外观应完好，其上印有构件型号的标识应清晰完整，型号种类及其数量应与合格证上一致。对于外观有严重质量缺陷或标识不清的构件，应立即退场。此项内容应全数检查。如表 4.5 预制构件缺陷分类。

表 4.5　预制构件缺陷分类

名称	现象	严重缺陷	一般缺陷
露筋	钢筋未被混凝土包裹而外露	纵向受力钢筋有露筋	其他钢筋有少量露筋
蜂窝	混凝土表面缺少水泥砂浆而形成石子外露	主要受力部位有蜂窝	其他部位有少量蜂窝
孔洞	混凝土中孔穴深度和长度均超过保护层厚度	主要受力构件有孔洞	其他部位有少量孔洞
夹渣	混凝土中夹有杂物且深度超过保护层厚度	主要受力部位有夹渣	其他部位有少量夹渣
疏松	混凝土中局部不密实	主要受力部位有疏松	其他部位有少量疏松
裂缝	裂隙从混凝土表面延伸至混凝土内部	主要受力部位有影响结构性能或使用功能的裂缝	其他部位有少量不影响结构性能或使用功能的裂缝

名称	现象	严重缺陷	一般缺陷
连接缺陷	连接部位混凝土缺陷及连接钢筋、连接件松动；钢筋严重锈蚀、弯曲，灌浆套筒堵塞、偏移，灌浆孔洞堵塞、偏位、破损等缺陷	连接部位有影响结构传力性能的缺陷	连接部位基本不影响结构传力性能的缺陷
外形缺陷	缺棱掉角、棱角不直、翘曲不平、飞边凸肋等，装饰面砖黏结不牢、表面不平、砖缝不顺直等	清水混凝土表面或具有装饰功能的预制构件有影响使用功能或装饰效果的外形缺陷	其他预制构件有不影响使用功能的外形缺陷
外表缺陷	表面出现麻面、掉皮、起砂、玷污等	具有重要装饰效果的清水混凝土构件有外表缺陷	其他预制构件有不影响使用功能的外表缺陷

2. 预制构件粗糙面检查

粗糙面是采取特殊工具或工艺形成预制构件混凝土凹凸不平或骨料显露的表示，是实现预制构件和后浇混凝土可靠结合重要环节。粗糙面应全数检查。

预制构件上的预埋件、预留插筋、预留孔洞、预埋管线等规格型号、数量应符合要求。以上内容与后续施工息息相关，施工单位相关人员应全数检查。

预制构件的外形尺寸偏差和检验方法应分别符合国家规范的规定，具体参见表 4.6～表 4.9。

检查数量：按照进场检验批，同规格（品种）的构件每批次抽检数量不应少于该规格（品种）数量的 5%且不少于 3 件。

表 4.6 预制楼板类构件外形尺寸允许偏差及检验方法

项次	检查项目		允许偏差/mm	检验方法
1	规格尺寸	长度 <12 m	±5	用尺量两端及中间部，取其中偏差绝对值较大者
		≥12 m 且<18 m	±10	
		≥18 m	±20	
2		宽度	±5	用尺量两端及中间部，取其中偏差绝对值较大者
3		厚度	±5	用尺量板四角和四边中部位置共 8 处，取其中偏差绝对值较大者
4	外形	对角线差	6	在构件表面，用尺量两对角线的长度，取其绝对值的差值
5		表面平整度 内表面	4	用 2 m 靠尺安放在构件表面上，用楔形塞尺量测靠尺与表面之间的最大缝隙
		外表面	3	
6		楼板侧向弯曲	L/750 且≤20 mm	拉线，钢尺量测最大弯曲处
7		翘曲	L/750	四对角拉两条线，量测两线交点之间的距离，其值的 2 倍为翘曲值
8	预埋部件	预埋钢板 中心线位置偏差	5	用尺量测纵横两个方向的中心线位置，取其中较大值
		平面高差	0，-5	用尺紧靠在预埋件上，用楔形塞尺量测预埋件平面与混凝土面的最大缝隙
9		预埋螺栓 中心线位置偏差	2	用尺量测纵横两个方向的中心线位置，取其中较大值
		外露长度	+10，-5	用尺量

项次	检查项目			允许偏差/mm	检验方法
10	预埋部件	预埋线盒、电盒	在构件表面的水平方向中心线位置偏差	10	用尺量
			与构件表面混凝土高差	0，－5	用尺量
11	预留孔		中心线位置偏差	5	用尺量测纵横两个方向的中心线位置，取其中较大值
			孔尺寸	±5	用尺两侧纵横两个方向尺寸，取其中较大值
12	预留洞		中心线位置偏移	5	用尺量测纵横两个方向的中心线位置，取其中较大值
			洞口尺寸，深度	±5	用尺量侧纵横两个方向尺寸，取其中较大值
13	预留插筋		中心线位置偏差	3	用尺量测纵横两个方向的中心线位置，取其中较大值
			外露长度	±5	用尺量
14	吊环，木砖		中心线位置偏差	10	用尺量测纵横两个方向的中心线位置，取其中较大值
			留出高度	0，－10	用尺量
15	桁架钢筋高度			+5，0	用尺量

表 4.7　预制墙板类构件外形尺寸允许偏差及检验方法

项次	检查项目			允许偏差/mm	检验方法
1	规格尺寸		高度	±4	用尺量两端及中间部，取其中偏差绝对值较大者
2			宽度	±4	用尺量两端及中间部，取其中偏差绝对值较大者
3			厚度	±3	用尺量板四角和四边中部位置共 8 处，取其中偏差绝对值较大者
4	对角线差			5	在构件表面，用尺量两对角线的长度，取其绝对值的差值
5	外形	表面平整度	内表面	4	用 2 m 靠尺安放在构件表面上，用楔形塞尺量测靠尺与表面之间的最大缝隙
			外表面	3	
6		侧向弯曲		$L/1000$ 且≤20 mm	拉线，钢尺量测最大弯曲处
7		翘曲		$L/1000$	四对角拉两条线，量测两线交点之间的距离，其值的 2 倍为翘曲值
8	预埋部件	预埋钢板	中心线位置偏差	5	用尺量测纵横两个方向的中心线位置，取其中较大值
			平面高差	0，－5	用尺紧靠在预埋件上，用楔形塞尺量测预埋件平面与混凝土面的最大缝隙
9		预埋螺栓	中心线位置偏差	2	用尺量测纵横两个方向的中心线位置，取其中较大值
			外露长度	+10，－5	用尺量

项次	检查项目			允许偏差/mm	检验方法
10	预埋部件	预埋套筒、螺母	中心线位置偏差	2	用尺量测纵横两个方向的中心线位置，取其中较大值
			平面高差	0，−5	用尺紧靠在预埋件上，用楔形塞尺量测预埋件平面与混凝土面的最大缝隙
11	预留孔		中心线位置偏差	5	用尺量测纵横两个方向的中心线位置，取其中较大值
			孔尺寸	±5	用尺两侧纵横两个方向尺寸，取其中较大值
12	预留洞		中心线位置偏移	5	用尺量测纵横两个方向的中心线位置，取其中较大值
			洞口尺寸，深度	±5	用尺量侧纵横两个方向尺寸，取其中较大值
13	预留插筋		中心线位置偏差	3	用尺量测纵横两个方向的中心线位置，取其中较大值
			外露长度	±5	用尺量
14	吊环，木砖		中心线位置偏差	10	用尺量测纵横两个方向的中心线位置，取其中较大值
			与构件表面混凝土高差	0，−10	用尺量
15	键槽		中心线位置偏移	5	用尺量测纵横两个方向的中心线位置，取其中较大值
			长度、宽度	±5	用尺量
			深度	±5	用尺量
16	灌浆套筒及连接钢筋		灌浆套筒中心线位置	2	用尺量测纵横两个方向的中心线位置，取其中较大值
			连接钢筋中心线位置	2	用尺量测纵横两个方向的中心线位置，取其中较大值
			连接钢筋外露长度	+10，0	用尺量

表4.8 预制楼板类构件外形尺寸允许偏差及检验方法

项次	检查项目			允许偏差/mm	检验方法
1	规格尺寸	长度	<12 m	±5	用尺量两端及中间部，取其中偏差绝对值较大者
			≥12 m且<18 m	±10	
			≥18 m	±20	
2		宽度		±5	用尺量两端及中间部，取其中偏差绝对值较大者
3		厚度		±5	用尺量板四角和四边中部位置共8处，取其中偏差绝对值较大者
4	表面平整度			4	用2 m靠尺安放在构件表面上，用楔形塞尺量测靠尺与表面之间的最大缝隙
5	侧向弯曲	梁柱		L/750 且≤20 mm	拉线，钢尺量测最大弯曲处
		桁架		L/1000 且≤20 mm	

项次	检查项目			允许偏差/mm	检验方法
6	预埋部件	预埋钢板	中心线位置偏差	5	用尺量测纵横两个方向的中心线位置，取其中较大值
			平面高差	0，−5	用尺紧靠在预埋件上，用楔形塞尺量测预埋件平面与混凝土面的最大缝隙
7		预埋螺栓	中心线位置偏差	2	用尺量测纵横两个方向的中心线位置，取其中较大值
			外露长度	+10，−5	用尺量
8	预留孔		中心线位置偏差	5	用尺量测纵横两个方向的中心线位置，取其中较大值
			孔尺寸	±5	用尺两侧纵横两个方向尺寸，取其中较大值
9	预留洞		中心线位置偏移	5	用尺量测纵横两个方向的中心线位置，取其中较大值
			洞口尺寸，深度	±5	用尺量侧纵横两个方向尺寸，取其中较大值
10	预留插筋		中心线位置偏差	3	用尺量测纵横两个方向的中心线位置，取其中较大值
			外露长度	±5	用尺量
11	吊环		中心线位置偏差	10	用尺量测纵横两个方向的中心线位置，取其中较大值
			留出高度	0，−10	用尺量
12	键槽		中心线位置偏移	5	用尺量测纵横两个方向的中心线位置，取其中较大值
			长度、宽度	±5	用尺量
			深度	±5	用尺量
13	灌浆套筒及连接钢筋		灌浆套筒中心线位置	2	用尺量测纵横两个方向的中心线位置，取其中较大值
			连接钢筋中心线位置	2	用尺量测纵横两个方向的中心线位置，取其中较大值
			连接钢筋外露长度	+10，0	用尺量

表 4.9 有表面装饰的预制构件外观尺寸允许误差及检验方法

项次	装饰种类	检查项目	允许误差/mm	检查方法
1	通用	表面平整度	2	2 m 靠尺或塞尺检查
2	面砖、石材	阳角方正	2	用托线板检查
3		上口平直	2	拉通线用钢尺检查
4		接缝平直	3	用钢尺或塞尺检查
5		接缝深度	±5	用钢尺或塞尺检查
6		接缝宽度	±5	用钢尺检查

3. 灌浆孔检查

检查时，可使用细钢丝从上部灌浆孔伸入套筒，如从底部伸出并且从下部灌浆孔可看见细钢丝，即通畅。构件套筒灌浆孔是否通畅应全数检查。图 4.31 为预制构件进场检验样表。

预制楼板类构件进场检验批质量验收记录表

单位（子单位）工程名称				分部（子分部）工程名称			分项工程名称		
施工单位				项目负责人			检验批容量		
分包单位				分包单位项目负责人			检验批部位		
施工依据				《装配式混凝土建筑技术标准》GB/T 51231—2016		验收依据	《装配式混凝土建筑技术标准》GB/T 51231—2016		
		验收项目				设计要求及规范规定	最小/实际抽样数量	检查记录	检查结果
主控项目	1	预制构件质量证明文件				11.2.1 条			
	2	预制构件进场结构性能检验				11.2.2 条			
	3	外观质量的严重缺陷,影响结构性能和安装、使用功能的尺寸偏差				11.2.3 条			
一般项目	1	外观质量一般缺陷				11.2.5 条			
	2	粗糙面、键槽外观质量				11.2.6 条			
	3	预埋件、预留插筋、预留空洞				11.2.8 条			
	4	预制构件尺寸的允许偏差mm	规格尺寸	长度	楼板、梁、柱、桁架	<12 m	±5		
						≥12 m 且<18 m	±10		
						≥18 m	±20		
				宽度			±5		
				厚度			±5		
				对角线			6		
			外形	表面平整度	内表面		4		
					外表面		3		
				侧向弯曲	楼板、梁、柱		$L/750$ 且 ≤20		
				翘曲	楼板		$L/750$		

图 4.31　预制构件进场检验样表

4.4　预制钢筋混凝土叠合板底板安装识图

4.4.1　预制钢筋混凝土叠合板底板平面布置图识读

装配整体式剪力墙结构中，楼盖宜采用叠合楼盖。叠合楼板平面图主要包括预制底板平面布置图和现浇层配筋图。预制底板平面布置图主要表达预制板及板缝的布置情况，用于指导构件安装；现浇层配筋图主要表达叠合板现浇层的面筋布置和现浇板区域的钢筋布置情况，用于指导后浇混凝土层及现浇板部分的钢筋绑扎。

1. 预制钢筋混凝土叠合板底板平面布置图识读

预制底板平面布置图中主要表达的内容:叠合楼板与现浇楼板的区域分布,预制板布置情况,每块板的编号、安装位置,预制底板间的板缝形式及尺寸。

当选用标准图集中的预制底板时，可直接在板块上标注标准图集中的相应底板编号；当自行设计预制底板时，可参考标准图集的编号规则进行编号，也可按照设计院的习惯编号。当板面标高有高差时，需标注标高高差，下降为负。

下面以图 4.32 "二～十一层叠合板平面布置图" 为例，介绍其图示内容和识读方法。

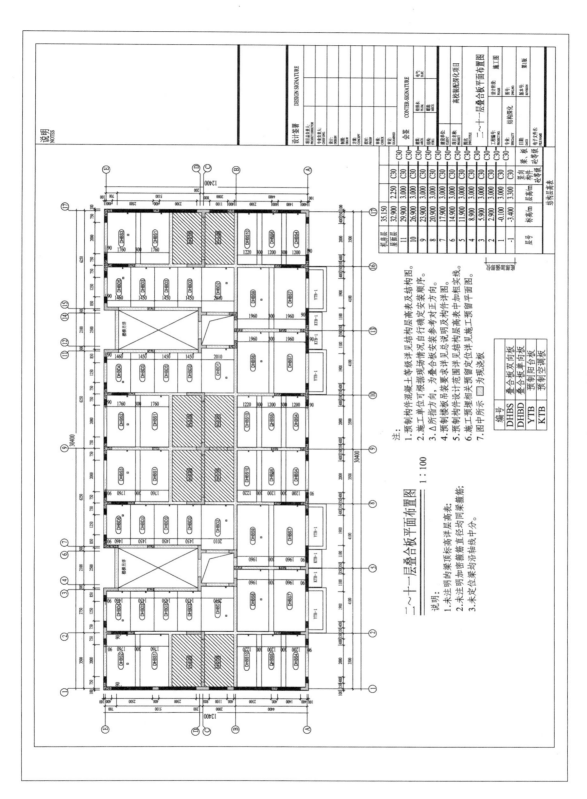

图 4.32　二～十一层叠合板布置图

（1）图名比例。平面布置图绘图比例一般较小，常用的有 1∶100、1∶150、1∶200。

该图名为"二~十一层叠合板平面布置图"，比例为 1∶100。

（2）结构层高表。叠合楼板所在楼层及对应的结构标高。

该本叠合板平面布置图反映的是 2~11 层的楼板平面布置，对应的结构标高分别是 2.900~29.900 m。

（3）叠合楼板与现浇楼板的区域分布。同一楼层，通常不会全是叠合板，一些特殊部位如卫生间、厨房、电梯前室、管线密集区域、异型板块区域等在满足装配率的前提下会优先选择现浇，尽可能实现预制底板的标准化设计。在预制底板平面布置图，要用明显图例表示现浇板区域。

该层平面上除了厨房、卫生间、电梯前室外，其余均采用叠合楼板。

（4）预制底板编号和安装方向。

单向板以 DHBD 编号，双向板以 DHBS 编号，以图 4.33 中左上角编号为 DHBS2 的预制板为例，表示编号为 2 的叠合双向板，安装方向朝右侧，以"△"示意。

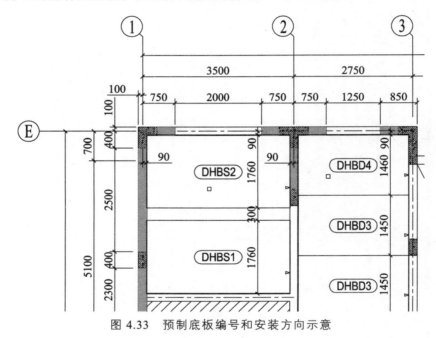

图 4.33　预制底板编号和安装方向示意

（5）板缝形式及尺寸。板缝形式及尺寸表示预制板之间的接缝是整体式接缝还是分离式接缝，以及接缝的尺寸。

如图 4.34 所示，以 1、2 轴交 D、E 轴所围区域为例，DHBS1 和 DHBS2 两块板之间采用整体式接缝，接缝宽度为 300 mm。以 2、3 轴交 D、E 轴所围区域为例，DHBS3 和 DHBS4 两块板之间采用分离式接缝。

（6）预制底板及其接缝的定位。

如图 4.35 所示，以 1、2 轴交 D、E 轴所围区域为例，自上而下，DHBS2 上侧与 E 轴距离为90 mm，板宽为 1760 mm；DHBS1 和 DHBS2 两块板之间的整体式接缝宽度为 300 mm，DHBS1 板宽为 1760 mm。板与支座均有 10 mm 搭接。

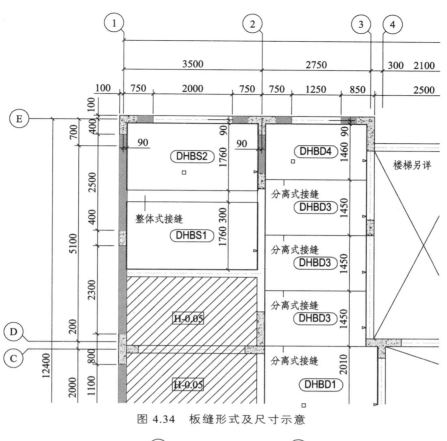

图 4.34　板缝形式及尺寸示意

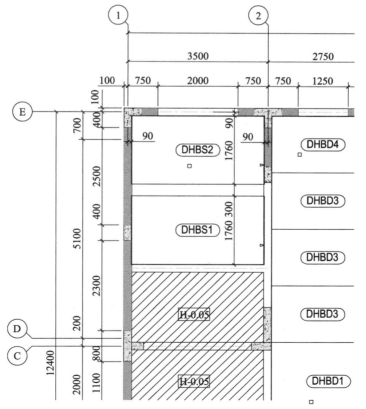

图 4.35　预制底板及其接缝的定位示意

（7）查看板面标高不一致的地方，如有，查看分布区域及高差。

由图 4.32 二～十一层叠合板平面布置图可知，图中用"▨▨▨"填充的区域板顶标高比楼层标高降 0.05 m。

2. 预制钢筋混凝土叠合板底板现浇层配筋图识读

叠合楼盖现浇层配筋图主要表达叠合板现浇层的面筋布置，现浇板区域的钢筋布置、板厚度、板高差等内容。其中配筋注写方法与《混凝土结构施工图平面整体表示方法制图规则和构造详图（现浇混凝土框架，剪力墙，梁，板）》22G101-1 中有梁楼盖板平法施工图的表示方法相同，识读方法也与现浇结构板配筋图的识读相同，此处不详细介绍。

3. 预制钢筋混凝土叠合板底板钢筋的布置形式

叠合板底板钢筋布置常见有两种形式，一种是桁架钢筋放置于底板钢筋上层，楼板厚度方向钢筋排布，如图 4.36 所示；另一种是桁架钢筋放置于底板钢筋下层，楼板厚度方向钢筋排布，如图 4.37 所示。

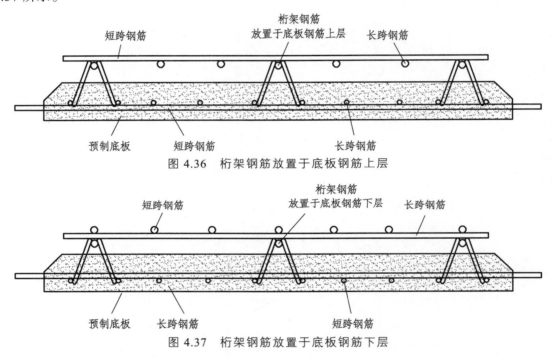

图 4.36 桁架钢筋放置于底板钢筋上层

图 4.37 桁架钢筋放置于底板钢筋下层

（1）桁架钢筋放置于底板钢筋上层：生产效率高，钢筋定位准，但钢筋桁架与底板钢筋的连接差。

（2）桁架钢筋放置于底板钢筋下层：生产效率低，钢筋定位差，但钢筋桁架与底板钢筋的连接好，桁架钢筋可兼作底板钢筋。

4.4.2 预制钢筋混凝土叠合板底板节点连接大样图识读

1. 连接节点分类

单向板间接缝宜采用分离式接缝，双向板间接缝宜采用整体式接缝。图 4.38 叠合板中预制底板的布置形式示意。

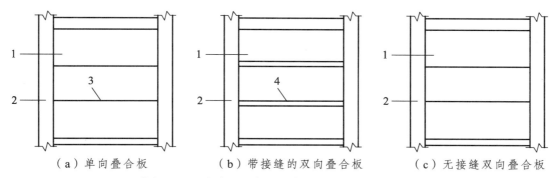

（a）单向叠合板　　　　（b）带接缝的双向叠合板　　　　（c）无接缝双向叠合板

1—预制板；2—梁或墙；3—板侧分离式接缝；4—板侧整体式接缝

图 4.38　叠合板中预制底板的布置形式示意

对于双向板，按其连接节点位置的不同，有双向板板端支座连接节点、双向板（边板）板侧支座连接节点、双向板板侧整体式接缝的连接节点三类。双向板连接节点位置示意如图 4.39。

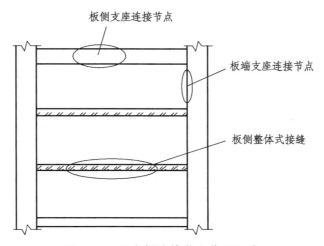

图 4.39　双向板连接节点位置示意

对于单向板，按其连接节点位置的不同，有单向板板端支座连接节点、单向板（边板）板侧支座连接节点、单向板板侧分离式接缝的连接节点三类。单向板拼缝位置示意如图 4.40。

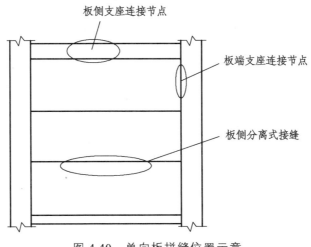

图 4.40　单向板拼缝位置示意

2. 双向板连接节点构造

1) 双向板板端支座连接节点

为保证楼板的整体性及传递水平力的要求,预制板内的纵向受力钢筋在板端宜伸入支座,并锚入支承梁或墙的后浇混凝土中,锚固长度不应小于 5d (d 为纵向受力钢筋直径),且宜伸过支座中心线。双向板板端支座构造示意如图 4.41。

工程实践中,板端与支座常有 10 mm 的搭接,板底与支座顶面有 10 mm 的间隙作为误差调节。

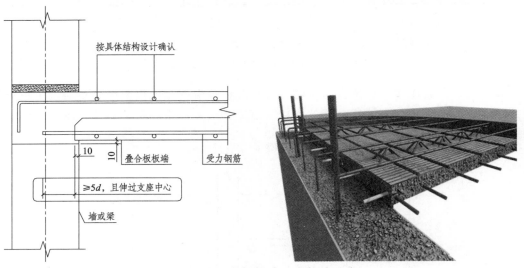

图 4.41 双向板板端支座构造示意

案例:以板端支撑于宽为 200 mm 的剪力墙为例,板端外伸钢筋长度是多少呢?

解析:外伸钢筋至少要伸过支座中心线,即伸出长度为 100 mm,考虑到板端与墙有 10 mm 的搭接,故板端钢筋外伸长度至少为 100 - 10=90 mm。

2) 双向板(边板)板侧支座连接节点

因双向板向两个方向传力,双向板(边板)板侧支座连接节点与双向板板端支座连接节点构造做法一致。双向板板侧支座构造如图 4.42。

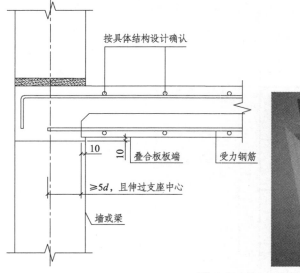

图 4.42 双向板板侧支座构造

3）双向板板侧整体式接缝连接节点

双向板板侧的整体式接缝宜设置在叠合板的次要受力方向且宜避开最大弯矩截面。接缝可采用后浇带形式，后浇带宽度不宜小于 200 mm，后浇带两侧板底纵向受力钢筋可在后浇带中焊接、搭接、弯折锚固、机械连接。底板连接如图 4.43。

图 4.43　底板连接

当后浇带两侧板底纵向受力钢筋在后浇带中搭接连接时，应符合下列规定：

（1）预制板板底外伸钢筋为直线形时，钢筋搭接长度应符合现行国家标准《混凝土结构设计规范（2015 年版）》GB 50010—2010 的有关规定。底板纵筋直线搭接如图 4.44。

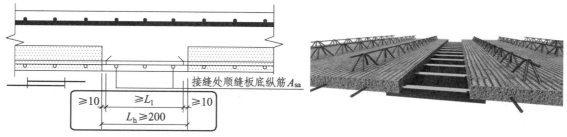

图 4.44　底板纵筋直线搭接

（2）预制板板底外伸钢筋端部为 90° 或 135° 弯钩时，钢筋搭接长度应符合现行国家标准《混凝土结构设计规范（2015 年版）》GB 50010—2010 有关钢筋锚固长度的规定，90° 和 135° 弯钩钢筋弯后直段长度分别为 12d 和 5d（d 为钢筋直径）。底板纵筋末端带 90° 弯钩搭接如图 4.45，底板纵筋末端带 135° 弯钩搭接如图 4.46。

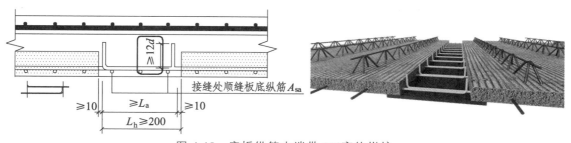

图 4.45　底板纵筋末端带 90° 弯钩搭接

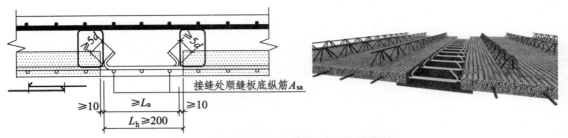

图 4.46　底板纵筋末端带 135°弯钩搭接

当后浇带两侧板底纵向受力钢筋在后浇带中弯折锚固时（图 4.47），应符合下列规定：

① 叠合板厚度不应小于 10d（d 为弯折钢筋直径的较大值），且不应小于 120 mm；

② 接缝处预制板侧伸出的纵向受力钢筋应在后浇混凝土叠合层内锚固，且锚固长度不应小于 la；两侧钢筋在接缝处重叠的长度不应小于 10d，钢筋弯折角度不应大于 30°，弯折处沿接缝方向应配置不少于 2 根通长构造钢筋，且直径不应小于该方向预制板内钢筋直径。底板纵筋末端带 135°弯钩搭接情况如图 4.46。

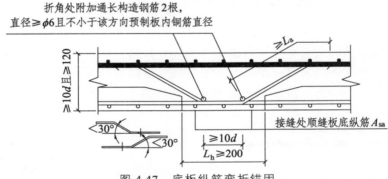

图 4.47　底板纵筋弯折锚固

案例：某工程（图 4.48），底板外伸钢筋为带 135°弯钩，假设板混凝土强度等级为 C30，外伸钢筋为直径 8 mm 的三级钢，后浇节点至少多宽？

解析：因为弯锚，L_a 为 35d，即 35×8=280 mm，钢筋搭接长度至少为 280 mm，考虑到外伸钢筋搭两边要各留 10 mm 的操作空间，故后浇带宽度至少为 280+10+10=300 mm。

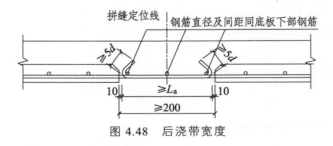

图 4.48　后浇带宽度

3. 双向板节点连接大样图识读

双向板节点连接大样图（图 4.49）的识读分以下三步进行：

第一步，识读节点类型。此节点为双向板侧边整体式接缝，属于整体式接缝中外伸钢筋到 135°弯钩的做法。

第二步，识读节点尺寸。此接缝宽度为 300 mm。

第三步，识读节点钢筋。预制板连接侧钢筋外伸，外伸长度 10 mm+280 mm=290 mm，钢筋搭接长度为 280 mm。外伸钢筋上部设置了分布筋，钢筋直径与间距同底板钢筋。

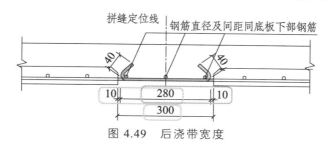

图 4.49　后浇带宽度

4．单向板连接节点构造

1）单向板板端支座连接节点

因单向板沿板端（跨度）方向传力，预制板内的纵向受力钢筋在板端宜伸入支座，并锚入支承梁或墙的后浇混凝土中，锚固长度不应小于 $5d$（d 为纵向受力钢筋直径），且宜伸过支座中心线。单向板板端支座连接节点如图 4.50。

图 4.50　单向板板端支座连接节点

2）单向板（边板）板侧支座连接节点

为了加工及施工方便，在单向板板侧支座处，单向板的钢筋可不外伸，但应采取附加钢筋的方式，保证楼面的整体性及连续性。

当板底分布钢筋不伸入支座时，宜在紧邻预制板顶面的后浇混凝土叠合层中设置附加钢筋，附加钢筋截面面积不宜小于预制板内的同向分布钢筋面积，且间距不宜大于 600 mm，在板的后浇混凝土叠合层内锚固长度不应小于 $15d$，在支座内锚固长度不应小于 $15d$（d 为附加钢筋直径）且宜伸过支座中心线。单向板板侧连接节点（板底分布钢筋不伸入支座）如图 4.51。

3）单向板板侧分离式接缝连接节点

单向板板侧接缝常采用分离式接缝，利于构件生产和施工，单向板板缝的接缝边界主要传递剪力，在接缝处宜配置附加钢筋，主要目的是保证接缝处不发生剪切破坏，且控制接缝处的裂缝开展。单向板板侧分离式接缝连接节点如图 4.52。

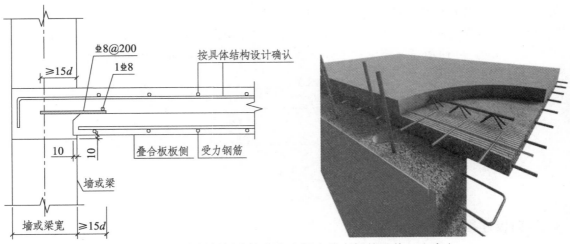

图 4.51 单向板板侧连接节点（板底分布钢筋不伸入支座）

图 4.52 单向板板侧分离式接缝连接节点

接缝处紧邻预制板顶面宜设置垂直于板缝的附加钢筋，附加钢筋伸入两侧后浇混凝土叠合层的锚固长度不应小于 15d（d 为附加钢筋直径）。

附加钢筋截面面积不宜小于预制板中该方向钢筋面积，钢筋直径不宜小于 6 mm、间距不宜大于 250 mm。单向板分离式（密拼）板缝如图 4.53，单向板密拼接缝如图 4.54。

案例：如假设附加钢筋直径 6 mm，间距 200 mm，则伸入两侧后浇混凝土叠合层的锚固长度不应小于 15d，即 15×6=90 mm。

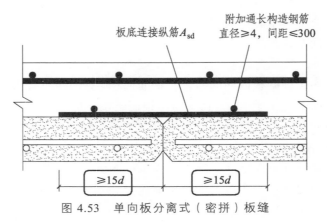

图 4.53 单向板分离式（密拼）板缝

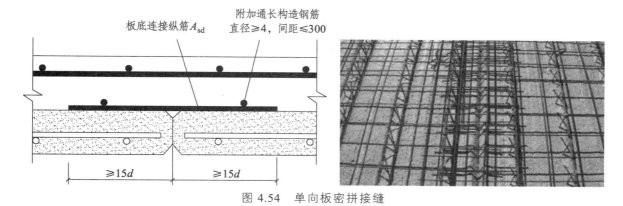

图 4.54　单向板密拼接缝

5. 单向板节点连接大样图识读

单向板节点连接大样图（图 4.55）识读分以下三步进行：

第一步，识读节点类型。此节点为单向板侧边分离式接缝。

第二步，识读节点尺寸。此接缝宽度为 0。

第三步，识读节点钢筋。附加钢筋采用 $\phi6@200$，伸入两侧后浇混凝土叠合层的锚固长度为 90 mm。附加通长构造钢筋 A6，此处共有 2 根。

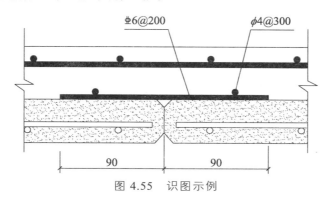

图 4.55　识图示例

4.5　预制楼梯安装识图

4.5.1　预制楼梯平面布置图识读

楼梯安装图（图 4.56）由平面布置图和剖面图组成，图示内容包括楼梯间的进深、开间、标高；预制钢筋混凝土楼梯的编号、尺寸、定位；梯梁位置、编号；中间平台、楼层平台的建筑面层厚度等。楼梯安装图表达预制钢筋混凝土楼梯与周围构件的连接关系，是楼梯施工安装的依据。

读图时，以楼梯剖面图为主，楼梯平面布置图为辅。下面以"YLT-1"（图 4.56）为例，介绍楼梯安装图的图示内容和识读方法。

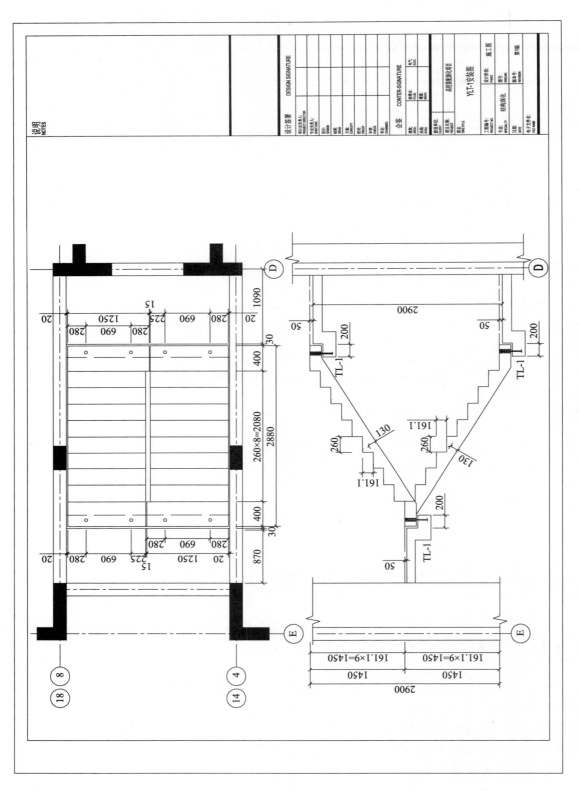

图 4.56　楼梯 YLT-1 安装图

（1）楼梯编号及图名比例。

该楼梯编号为"YTL-1"，双跑楼梯，安装图包含平面布置图和剖面图，绘图比例1∶20。

（2）楼梯间信息，包含楼梯间位置、进深开间、层高。

本项目中共设计了两个楼梯间，分别位于D、E轴线与4、8轴线围合而成的楼梯间，D、E轴线与14、18轴线围合而成的楼梯间。

楼梯间净宽2.5 m（20+1250+15+225+690+280+20=2500 mm）；

进深5.1 m（100+870+30+2880+30+1090+100=5100 mm）；

层高2.9 m。

（3）预制楼梯安装信息表，包含楼梯编号、楼梯安装位置等。

本项目双跑楼梯由两个编号为YLT-1的预制钢筋混凝土楼梯段组成。

楼梯安装时，预制楼梯两端分别支撑在对应中间平台、楼层平台的挑耳梁上，采用销键连接；楼梯与墙体间留20 mm缝隙；楼梯两端与平台挑耳梁间留30 mm缝隙；楼梯在平台之间留15 mm缝隙，确保楼梯受力、变形与实际相符。

梯梁与预制楼梯间空隙处理做法见大样图，由图4.57可知：梯梁与梯段板间空隙应注胶密封，梯段平台处空隙应该注胶密封。

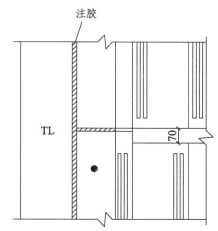

图4.57　梯梁与梯段板之间空隙处理做法

（4）平台板、梯梁信息。

该楼梯平台由平台板、平台梁组成，平台梁带挑耳，编号为TL-1。预制楼梯的上下端平台通过销键与挑耳连接。

（5）中间平台及楼层平台建筑面层厚度。

该项目中，剖面图中标注了中间平台建筑面层厚度为30 mm，楼层平台建筑面层厚度为50 mm。

4.5.2　预制楼梯节点连接大样图识读

预制钢筋混凝土楼梯与主体结构的三种连接支承形式：高端支承为固定铰支座、低端支承为滑动铰支座；高端支承为固定支座、低端支承为滑动支座；高端支承和低端支承均为固定支座。

高端支承为固定铰支座、低端支承为滑动铰支座，这种连接方式安装方便，楼梯不参与整体计算，结构受力明确，为图集推荐做法，也是当前工程实践中的主流做法。针对其他两种连接支承形式，本教材不进行深入研究。

　　预制钢筋混凝土楼梯与支承构件之间宜采用简支连接。预制钢筋混凝土楼梯宜一端设置固定铰，另一端设置滑动铰，其转动及滑动变形能力应满足结构层间位移的要求，且预制钢筋混凝土楼梯端部在支承构件上的最小搁置长度：6、7 度抗震设防不小于 75 mm，8 度抗震设防不小于 100 mm。预制钢筋混凝土楼梯设置滑动铰的端部应采取防止滑落的构造措施。

　　（1）高端支承处设计为固定铰支座，梯段上端平台板支承在梯梁挑耳上，挑耳上的预埋螺栓插入销键洞，孔内腔填充灌浆料。高端固定铰支座构造如图所示，具体构造要求如图 4.58。

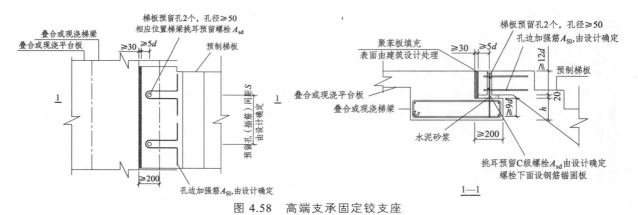

图 4.58　高端支承固定铰支座

　　① 梯梁挑耳长度不小于 200 mm，挑耳厚度 h 由设计确定，但不小于梯板厚度。挑耳上预埋 C 级螺栓，预埋深度不小于 9d（d 为预埋螺栓直径）。

　　② 平台板与挑耳之间的接触面用 20 mm 厚水泥砂浆座浆。平台板与梯梁之间留有宽度不小于 30 mm 的空隙，空隙内填充聚苯板，表面 30 mm 高度范围打胶。

　　③ 梯段上端平台板预留 2 个销键孔，孔径不小于 50 mm，孔边设 U 形加强筋，预留孔中心到上端平台板边缘的距离大于等于 5d（d 为预留螺栓直径）。高端支承固定铰支座三维模型图如图 4.59。

图 4.59　高端支承固定铰支座三维模型图

　　④ 螺栓插入销键洞内，连接梯段和梯梁，插入销键洞不少于 12d（d 为预埋螺栓直径）。

　　⑤ 梯板安装后，销键预留洞内用强度不小于 40 MPa 的灌浆料灌实，表面砂浆封堵，以便形成固定铰支座。

　　（2）低端支承处设计为滑动铰支座，梯段下端平台板支承在梯梁挑耳上，挑耳上的预埋螺栓插入销键洞，销键预留洞内部保持空腔，孔口上端砂浆封堵。低端滑动铰支座构造如图 4.60 所示，具体构造要求如下：

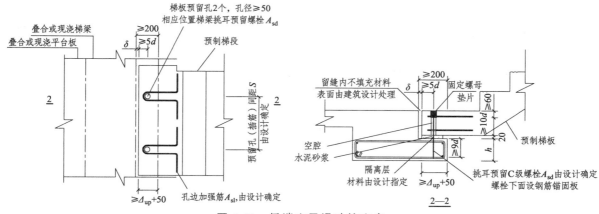

图 4.60　低端支承滑动铰支座

① 梯段下端平台板预留 2 个销键洞，下部不小于 10d（d 为预埋螺栓直径）高度范围孔径不小于 50 mm，上部孔径不小于 60 mm。孔边设 U 形加强筋，预留洞中心到下端平台板边缘的距离不小于 5d（d 为预留螺栓直径）。

② 梯梁挑耳长度不小于 200 mm，挑耳厚度 h 由设计确定，但不小于梯板厚度。挑耳上预埋 C 级螺栓，预埋深度不小于 9d（d 为预埋螺栓直径）。

③ 螺栓插入销键洞内，在孔内变径位置设垫片和螺母连接。梯段下端平台板支承在挑耳上，支承长度不少于 $\Delta_{up} \pm 50$）（Δ_{up} 为结构弹塑性层间位移）。

④ 平台板与挑耳之间的接触面用 20 mm 厚水泥砂浆座浆后铺设一层隔离层。平台板与梯梁之间留有宽度不小于 30 mm 的空隙，空隙内填充聚苯板，表面 30 mm 高度范围打胶。

⑤ 梯板安装后，销键预留洞垫片以下高度范围形成空腔，垫片以上砂浆封堵，以便形成滑动铰支座。

楼梯安装节点是按照高端支承为固定铰支座、低端支承为滑动铰支座进行设计。

由 YLT-1 高端固定铰安装节点大样图（图 4.61），可得到如下信息：梯梁挑耳的挑出长度为 200 mm，挑耳高度为 160 mm；梯段上端平台支承在梯梁挑耳上，做浆层为 20 mm 厚的 1 : 1 水泥砂浆，强度等级不小于 M15；挑耳上的预埋锚栓为 M14 的 C 级螺栓，锚栓插入销键预留洞，销键预留洞内部空腔用 C40 级 CGM 灌浆料填实，顶部 30 mm 厚采用砂浆封堵填平；梯梁与梯段板间缝隙用聚苯填充，顶部 30 mm 厚注胶封堵。

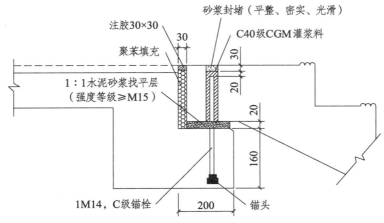

图 4.61　YLT-1 高端固定铰安装节点大样图

由 YLT-1 低端滑动铰安装节点大样图（图 4.62），可得到如下信息：梯梁挑耳的挑出长度为 200 mm，挑耳高度为 160 mm；梯段下端平台支承在梯梁挑耳上，先铺油毡一层（便于支座滑动），后座浆 20 mm 厚 1:1 水泥砂浆，强度等级不小于 M15；挑耳上的预埋锚栓为 M14 的 C 级螺栓，锚栓插入销键预留洞，销键预留洞内下部 140 mm 高度的范围为空腔（便于支座滑动），上部用垫片及螺母与锚栓连接，后用砂浆封堵填平；梯梁与梯段板间空隙用聚苯填充，顶部 30 mm 厚注胶封堵。

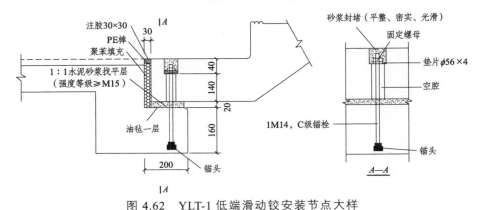

图 4.62　YLT-1 低端滑动铰安装节点大样

4.6　剪力墙斜支撑埋件及插筋定位（预埋）安装识图

4.6.1　剪力墙斜支撑埋件定位安装识读

装配体系预制墙板（内墙板、外墙板）就位后，采用长短两条斜向支撑与墙板临时支撑预埋件进行连接，完成预制墙板临时固定。斜向支撑主要用于固定与调整预制墙体，确保预制墙体安装垂直度，加强预制墙体与主体结构的连接，确保灌浆和后浇混凝土浇筑时，墙体不产生位移。临时固定措施的拆除应在装配式混凝土剪力墙结构能达到后续施工承载要求后进行。如图 4.63 所示。

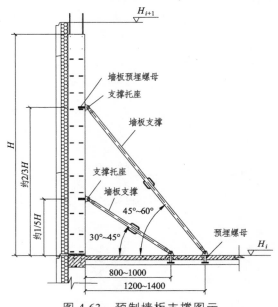

图 4.63　预制墙板支撑图示

预制墙板构件安装临时支撑时，应符合以下规定：

（1）每个预制构件的临时支撑不宜少于 2 道；

（2）长支撑杆在墙板上的支撑点约在构件高度的 2/3 处，在楼板上的支撑点距构件内边缘 1200～1400 mm，与水平面夹角控制在 45°～60°；

（3）短支撑杆在墙板上的支撑点约在构件高度的 1/5 处，在楼板上的支撑点距构件内边缘 800～1000 mm，与水平面夹角控制在 30°～45°。

如图 4.64 所示，可知 WQ-2529 的临时支撑预埋（MJ2）高度为 1940 mm、550 mm，则长支撑杆在墙板上的支撑点在 1940 mm 高度处，短支撑杆在墙板上的支撑点在 550 mm 高度处。长、短支撑杆在楼板上的支撑点和与水平面的夹角满足要求即可。

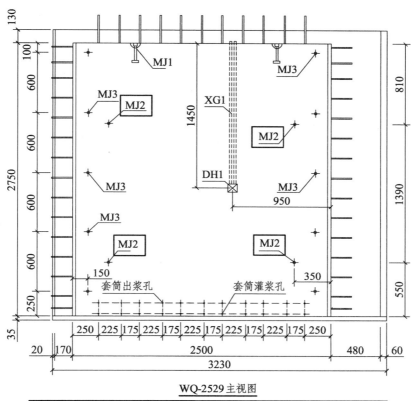

WQ-2529 主视图

预埋配件明细表				
配件编号	配件名称	数量	图例	配件规格
MJ1	吊件（吊环）	2		D14-2.5t
MJ2	临时支撑预埋	4		螺母M24
MJ3	模板预埋	8		PVC25
TT1/TT2	套筒组件	6/5		GT16
DH1	预埋线盒	1		PVC86×86×70
XG1	电线配管	2		PVC25

图 4.64　WQ-2529 主视图中预埋配件明细表

临时固定之后，对墙面垂直度进行复核，若有偏差，旋转撑杆校正墙板垂直度，使偏差控制在 5 mm 以内。图 4.65 为临时支撑设置。

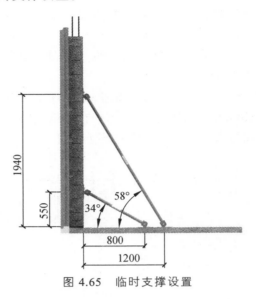

图 4.65　临时支撑设置

4.6.2　剪力墙插筋定位（预埋）安装识读

灌浆套筒连接（图 4.66）是 PC 结构受力钢筋的主要连接方式，套筒与插筋位置的准确对应是保证 PC 结构安全质量的关键因素。

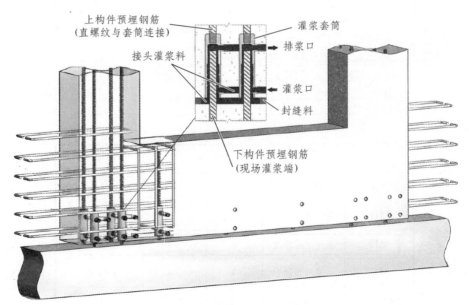

图 4.66　套筒灌浆示意

在构件生产过程中，按照图纸要求（图 4.67、图 4.68），预埋套筒组件。剪力墙吊装施工时，通过使用镜子确保楼板外伸钢筋——对应墙板内的套筒组件，避免压弯钢筋，达到平稳就位。安装方法如图 4.69 所示。

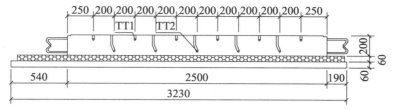

图 4.67 仰视图

预埋配件明细表				
配件编号	配件名称	数量	图例	配件规格
MJ1	吊件（吊环）	2		D14-2.5t
MJ2	临时支撑预埋	4		螺母M24
MJ3	模板预埋	8		PVC25
TT1/TT2	套筒组件	6/5		GT16
DH1	预埋线盒	1		PVC86×86×70
XG1	电线配管	2		PVC25

图 4.68 图纸中套筒预埋件明细表

图 4.69 吊装就位时插筋位置的调整

4.7 预制剪力墙外墙安装识图

4.7.1 平面布置图识读

1. 构件分布

构件分布识读主要包含预制剪力墙分布识读、后浇节点识读。

（1）预制剪力墙：图 4.70 中 1 轴线、E 轴线上所有墙体均为预制剪力外墙。墙体编号依次为 WQ-2329、WQ-2529、WQCA-2829-2014、WQCA-2029-1214。

（2）后浇节点：图 4.70 中 1 轴与 E 轴交接处为 L 形后浇节点（HJD1）；1 轴与 D、E 轴相交两墙体间为一形后浇节点（HJD4）；1 轴与 C 轴交接处为 T 形后浇节点（HJD7）；E 轴与 2 轴交接处为 T 形后浇节点（HJD2）。

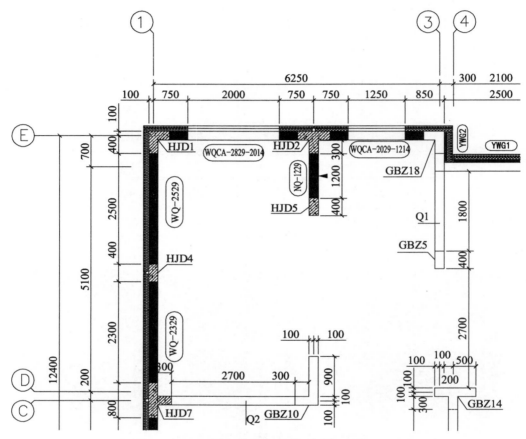

图 4.70　预制剪力墙外墙平面布置图（部分）

2. 构件定位

构件定位包括 4 个预制外墙板的位置定位信息识读。

（1）WQ-2329：由图 4.70 可知，预制外墙板 WQ-2329，内叶板下侧距 C 轴 400 mm，内叶板厚度方向相对 1 轴居中布置。

（2）WQ-2529：由图 4.70 可知，预制外墙板 WQ-2529，内叶板上侧距 E 轴 400 mm，内叶板厚度方向相对 1 轴居中布置。

（3）WQCA-2829-2014：由图 4.70 可知，带窗洞预制外墙板 WQCA-2829-2014，内叶板左侧距 1 轴 350 mm，内叶板右侧距 2 轴 350 mm。内叶板厚度方向相对 E 轴居中布置。

（4）WQCA-2029-1214：由图 4.70 可知，带窗洞预制外墙板 WQCA-2029-1214，内叶板左侧距 2 轴 350 mm，内叶板距 3 轴 350 mm。内叶板厚度方向相对 E 轴居中布置。

4.7.2 节点大样图识读

预制剪力墙节点大样图主要包含一形节点、L 形节点和形节点。

1. 一形节点

1) 一形节点构造形式 1

一形节点主要包含两种构造类型,第一种构造类型为附加封闭连接钢筋与预留 U 形钢筋连接,如图 4.71 所示。

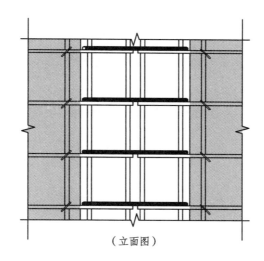

（立面图）

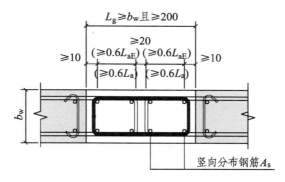

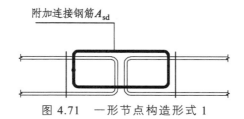

图 4.71 一形节点构造形式 1

（1）预制墙体:两侧墙体外伸钢筋均采用 U 形封闭筋,钢筋间隙不小于 20 mm。

（2）附加连接钢筋:附加连接钢筋采用封闭箍,与每侧构件预留不小于 10 mm 操作空间;附加连接钢筋的作用是保证两侧预制剪力墙体水平筋的连续。

（3）搭接长度:单侧搭接长度不小于 0.6 倍钢筋锚固长度。

（4）竖向分布钢筋:满足构造及计算要求即可。

（5）节点尺寸：后浇段总长不得小于墙厚（b_w）且不得小于 200 mm。

2）一形节点构造形式 2

第二种构造类型为附加封闭连接钢筋与预留弯钩钢筋连接，如图 4.72 所示：

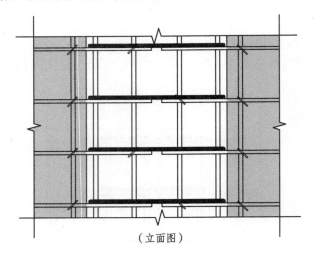

（立面图）

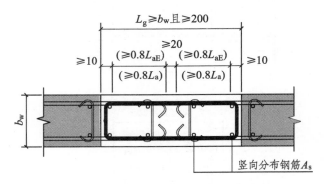

竖向分布钢筋 A_s

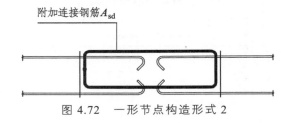

附加连接钢筋 A_{sd}

图 4.72　一形节点构造形式 2

（1）预制墙体：两侧墙体均采用带 135°弯钩形外伸筋，钢筋间隙不小于 20 mm。

（2）附加连接钢筋：附加连接钢筋采用封闭箍，与每侧构件预留不小于 10 mm 操作空间；附加连接钢筋的作用是保证两侧预制剪力墙体水平筋的连续。

（3）搭接长度：单侧搭接长度不小于 0.8 倍钢筋锚固长度。

（4）竖向分布钢筋：满足构造及计算要求即可。

（5）节点尺寸：后浇段总长不得小于墙厚（b_w）且不得小于 200 mm。

3）一形节点构造实例

以实际工程图纸中节点大样图为例来展示一形节点大样图的识读，如图 4.73 所示。

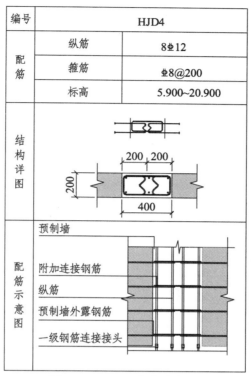

编号		HJD4
配筋	纵筋	8Φ12
	箍筋	Φ8@200
	标高	5.900~20.900

图 4.73 HJD4 节点大样图

（1）节点尺寸：该节点编号为：HJD4，节点尺寸为 200 mm×500 mm，所处标高范围在 8.950～17.950 m。

（2）起步箍筋：如图 4.73 所示，起步箍筋距离底部 50 mm。

（3）预制墙体：如图 4.73 所示，两侧墙体外伸钢筋均采用 U 形封闭筋。

（4）附加连接钢筋：附加连接钢筋为封闭箍，采用直径 8 mm 的三级钢，间距 200 mm。

（5）竖向分布筋：采用直径 16 mm 的三级钢，共 8 根。

2. L 形节点

1）一形节点构造形式 1

L 形节点也主要包含两种构造类型，第一种构造类型为墙体预留 U 形钢筋连接，如图 4.74 所示。

（1）预制墙体：墙体采用 U 形外伸筋

（2）附加连接钢筋：附加连接钢筋采用封闭箍与每侧构件预留不小于 10 mm 操作空间；附加连接钢筋的作用是帮助两侧预制墙体水平筋伸入边缘构件端部。

（3）搭接长度：单侧搭接长度不小于 0.6 倍钢筋锚固长度。

（4）构件边缘箍筋：构件边缘箍筋的作用是提高边缘构件延性。

（5）构件竖向钢筋：满足构造及计算要求即可。

（6）节点尺寸：后浇段单侧总尺寸不得小于墙厚加 200 mm，且不得小于 400 mm

2）L 形节点构造形式 2

第二种构造类型为墙板预留弯勾钢筋连接，如图 4.75 所示：

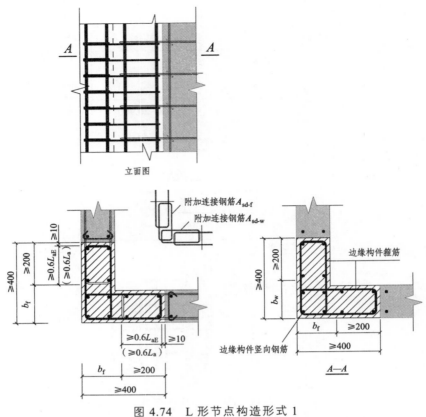

图 4.74　L 形节点构造形式 1

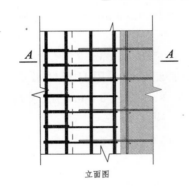

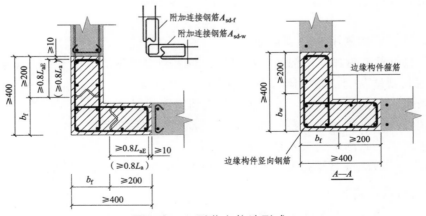

图 4.75　L 形节点构造形式 2

（1）预制墙体：墙体均采用带 135°弯钩形外伸筋。

（2）搭接长度：单侧搭接长度不小于 0.8 倍钢筋锚固长度。

其余各项要求与 L 形节构造形式 1 一致，这里不再过多赘述。

3）L 形节点构造实例

以实际工程图纸中节点大样图为例来展示 L 形节点大样图的识读，如图 4.76 所示。

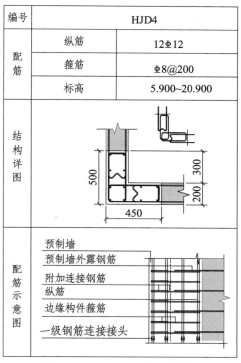

图 4.76　HJD1 节点大样图

（1）节点尺寸：该节点编号为：HJD1，单侧节点尺寸为 400 mm，所处标高范围在 8.950～20.950 m。

（2）起步箍筋：由图 4.76 可知，起步箍筋距离底部 50 mm。

（3）预制墙体：墙体采用 U 形外伸钢筋。

（4）附加连接钢筋：附加连接钢筋为封闭箍，采用直径 8 mm 的三级钢，间距 200 mm。

（5）附加边缘钢筋：构件边缘箍筋采用直径 8 mm 的三级钢，间距 200 mm。

（6）竖向分布钢筋：采用直径 14 mm 的三级钢，共 12 根。

3. T 形节点

1）T 形节点构造形式 1

T 形节点同样主要包含两种构造类型，第一种构造类型为附加连接钢筋采用封闭箍，如图 4.77 所示：

（1）翼墙：墙体采用 U 形外伸筋。

（2）腹墙：墙体采用 U 形外伸筋。

（3）附加连接钢筋：附加连接钢筋采用封闭箍，与每侧构件预留不小于 10 mm 操作空间；附加连接钢筋的作用是帮助两侧预制墙体水平筋伸入边缘构件端部。

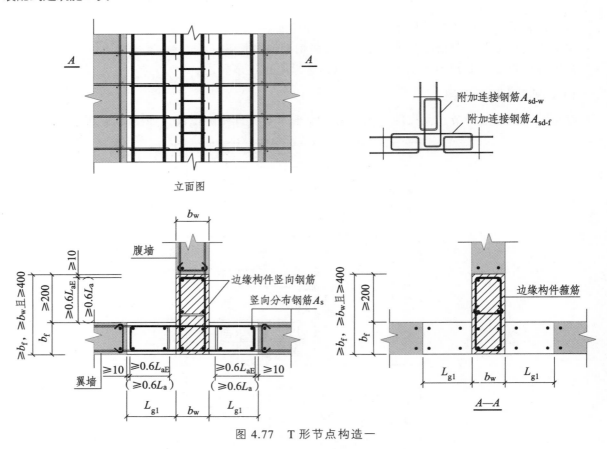

图 4.77　T 形节点构造一

（4）搭接长度：单侧搭接长度不小于 0.6 倍钢筋锚固长度。

（5）构件边缘箍筋：构件边缘箍筋的作用是提高边缘构件（腹墙）延性。

（6）竖向分布钢筋：满足构造及计算要求即可。

（7）节点尺寸：腹墙方向后浇段长度不小于：$\max\{400, b_f+\max[0.6\,l_{aE}+10, 200]\}$；翼墙方向后浇段长度：不小于 $b_w+（0.6\,l_{aE}+10）\times 2$。

2）T 形节点构造形式 2

第二种构造类型为附加连接钢筋在翼墙方向采用开口箍，在腹墙方向采用 U 形封闭箍；如图 4.78 所示：

（1）附加连接钢筋：附加连接钢筋在翼墙方向采用开口箍，在腹墙方向采用 U 形封闭箍，与每侧构件预留不小于 10 mm 操作空间。

（2）搭接长度：单侧搭接长度不小于 0.8 倍钢筋锚固长度。

（3）节点尺寸：腹墙方向后浇段长度不小于：$\max\{400, b_f+\max[0.8\,l_{aE}+10, 200]\}$；翼墙方向后浇段长度：不小于 $b_w+（0.6l_{aE}+10）\times 2$。

其余各项要求与 T 形节点构造 1 一致，这里不再过多赘述。

3）T 形节点构造实例

以实际工程图纸中节点大样图为例来展示 T 形节点大样图的识读，如图 4.79 所示。

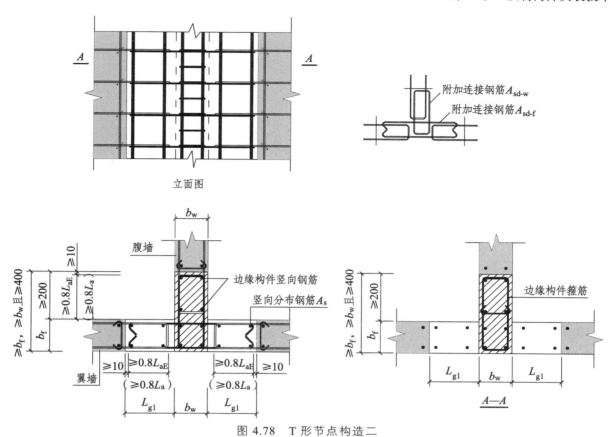

图 4.78　T 形节点构造二

编号	HJD2	
配筋	纵筋	16±12
	箍筋	±8@200
	标高	5.900~20.900
结构详图		
配筋示意图	预制墙 预制墙外露钢筋 边缘构件箍筋 附加连接钢筋 纵筋 一级钢筋连接接头	

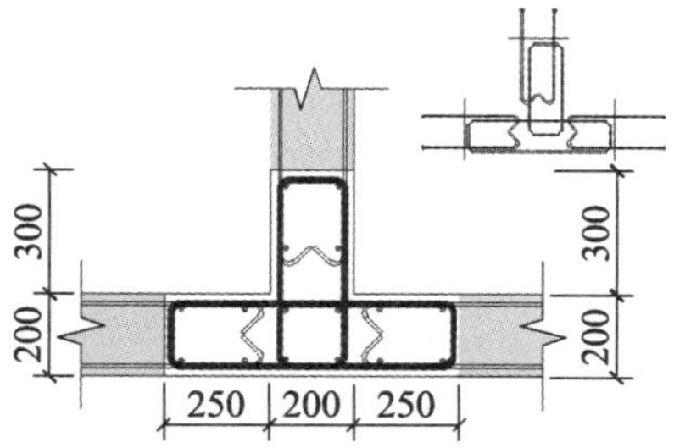

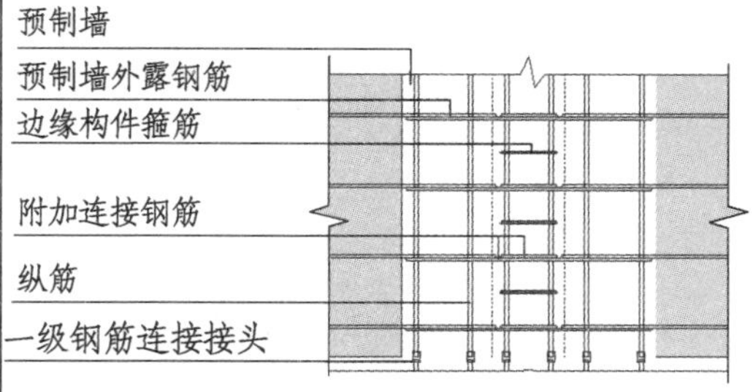

图 4.79　HJD2 节点大样图

（1）节点尺寸：该节点编号为：HJD2，腹墙方向后浇段长度 400 mm，翼墙方向后浇段长度 600 mm，所处标高范围在 8.950-20.950 m。

（2）起步箍筋：由图 4.79 可知，起步箍筋距离底部 50 mm。

（3）翼墙：墙体采用 U 形外伸筋。

（4）腹墙：墙体采用 U 形外伸筋。

（5）附加连接钢筋：附加连接钢筋为封闭箍，采用直径 8 mm 的三级钢，间距 200 mm。

（6）构件边缘钢筋：构件边缘箍筋采用直径 8 mm 的三级钢，间距 200 mm。

（7）竖向分布钢筋：采用直径 14 mm 的三级钢，共 16 根。

4.8　预制柱平面布置图识图

预制柱的安装识图与混凝土柱的识图相差不大，但需要额外注意预制柱的安装方向。

4.8.1　构件分布

由图 4.80 竖向构件平面布置图可知，预制柱 YYZ-1 在当前结构层共计 4 个，分布位于 4 轴与 D 轴、5 轴与 D 轴、4 轴与 A 轴、5 轴与 A 轴的交点处。

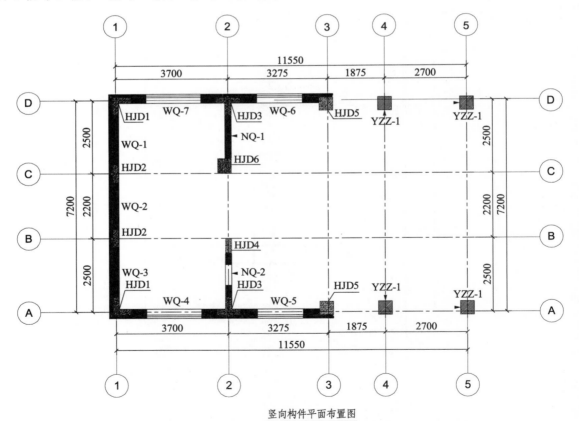

竖向构件平面布置图

图 4.80　竖向构件平面布置图

4.8.2　构件定位

由图 4.80 可知在水平方向上所有柱 YYZ-1 的中心点均在轴线上，即柱的左右两侧面距离轴线均为 225 mm。

在竖直方向上 A 轴两根预制柱中心均向上偏移 125 mm，在 D 轴上的两根预制柱中心均向下偏移 125 mm。

4.8.3　构件安装方向

预制柱应有统一的安装方向箭头标识，安装时需注意预制柱安装面方向正确。预制柱的安装方向在图纸中以三角形指示，其对应为预制柱生产图纸中的 符号，如图 4.81 所示。

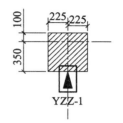

图 4.81　预制柱安装方向

4.9　预制梁平面布置图识图

预制梁的安装识图与混凝土梁的识图也相差不大，但需要额外注意预制梁的安装顺序。

4.9.1　构件分布

由图 4.82 水平构件平面布置图可知，预制梁 2F-PCL4 在该结构层内只有一个，为次梁。

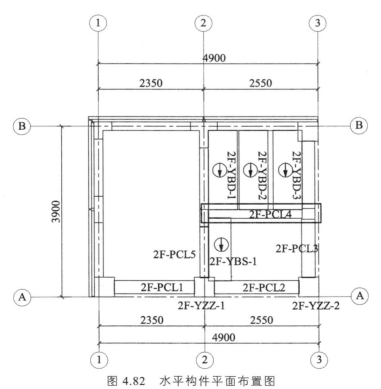

图 4.82　水平构件平面布置图

4.9.2 构件定位

梁吊装定位控制直接采用挂线锤与楼板轴线定位防止柱子偏差，也可用经纬仪直接测设控制点定位，通常预制梁搁进预制柱 15 ~ 20 mm，防止节点现浇混凝土漏浆。

由图 4.82 可知，预制梁 2F-PCL4，位于 2 ~ 3 轴线之间，距离 A 轴线 1900 mm。

4.9.3 构件安装方向

梁同样有构件安装方向，即梁正面，梁正面在梁生产识图中以 ⬆ 符号表示。

4.9.4 构件吊装顺序

梁除了具有构件安装方向，还具有一定的安装顺序。同一节点区应先吊装高度相对高的主梁，后吊装高度相对矮的次梁；如同一节点区有降板梁，应先吊装标高低的降板梁。

同一节点区相同高度的梁，同一高度同排钢筋应先吊装伸出钢筋无弯起的梁，后吊装同排钢筋有 1 : 6 弯起的预制梁。

同一节点区相同高度的梁，一侧为单排底钢筋，另一侧为双排底钢筋的预制梁通常应先吊装有单排底钢筋的梁，后吊装双排底钢筋的梁，便于梁钢筋套筒连接。

从图 4.83 梁吊装顺序图与图 4.82 水平构件平面布置图可知，该节点梁的安装顺序为 2F-PLC1、2F-PLC2、2F-PLC3、2F-PLC4、2F-PLC5。

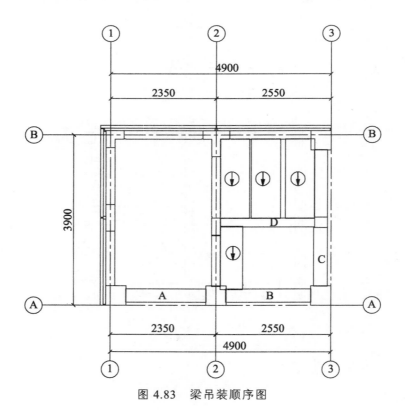

图 4.83　梁吊装顺序图

4.9.5　梁柱节点详图识读

装配式框架连接节点有 20 余种类型，本教材选择其中最常见的 3 种进行讲解。其余类型的连接节点可参考图集《装配混凝土结构连接节点构造（框架）》20G310-3。

1. 中间层角柱节点连接构造

中间层角柱节点连接构造如图 4.84、图 4.85 所示。

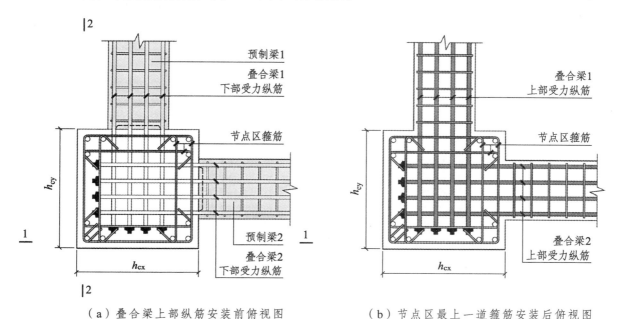

（a）叠合梁上部纵筋安装前俯视图　　（b）节点区最上一道箍筋安装后俯视图

图 4.84　中间层角柱节点连接构造

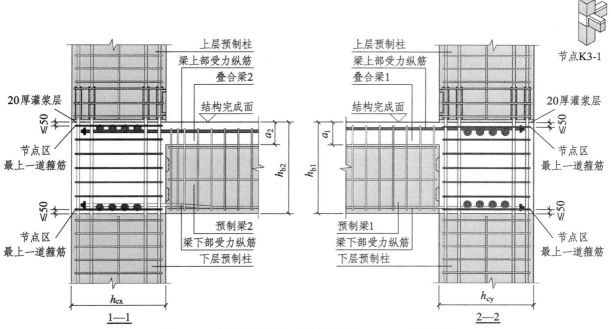

图 4.85　中间层角柱节点连接构造 1-1、2-2 截面图

（1）上图适用于中间层角柱节点、预制柱和预制梁对中且两方向叠合梁等高的情况。

（2）图中h_{cx}、h_{cy}分别为框架柱在X、Y方向上的截面高度；h_{b1}、h_{b2}分别为叠合梁1、叠合梁2的高度，且$h_{b1}=h_{b2}$，a_1、a_2分别为叠合梁1、叠合梁2的后浇叠合层厚度。

（3）预制梁施工过程中应采取设置定位架等措施保证柱顶外露连接钢筋的位置、长度和垂直度等满足设计要求，并应避免钢筋受到污染；预制柱下方的结构完成面应设置粗糙面，其凹凸深度不应小于6 mm，且粗糙面的面积不应小于结合面的80%；预制柱安装前，应清除浮浆、松动石子、软弱混凝土层。

（4）安装预制梁前，先安装节点区最下一道箍筋。安装预制梁时，先安装预制梁1，再安装预制梁2。

2. 中间层边柱节点连接构造

中间层边柱节点连接构造如图4.86、图4.87所示。

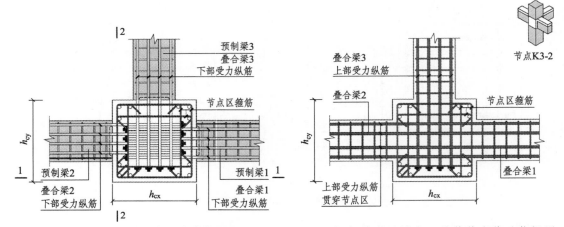

（a）叠合梁上部纵筋安装前俯视图　　　（b）节点区最上一道箍筋安装后俯视图

图4.86　中间层边柱节点连接构造

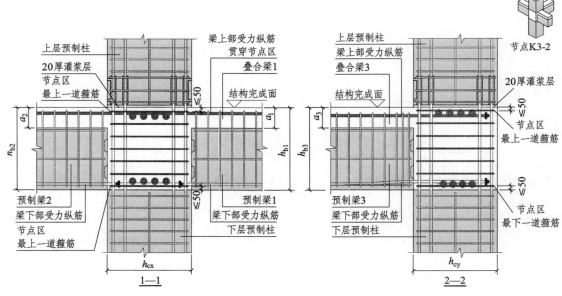

图4.87　中间层边柱节点连接构造1-1、2-2剖面图

（1）上图适用于中间层边柱节点且预制柱和预制梁对中；中间层边柱节点、预制柱和预制梁对中且两方向叠合梁等高的情况。

（2）图中 h_{cx}、h_{cy} 分别为框架柱在 X、Y 方向上的截面高度；h_{b1}、h_{b2}、h_{b3} 分别为叠合梁1、叠合梁2、叠合梁3的高度，且 $h_{b1}=h_{b2}>h_{b3}$；a_1、a_2、a_3 分别为叠合梁1、叠合梁2、叠合梁3的后浇叠合层厚度。

（3）预制梁施工过程中应采取设置定位架等措施保证柱顶外露连接钢筋的位置、长度和垂直度等满足设计要求，并应避免钢筋受到污染；预制柱下方的结构完成面应设置粗糙面，其凹凸深度不应小于6 mm，且粗糙面的面积不应小于结合面的80%；预制柱安装前，应清除浮浆、松动石子、软弱混凝土层。

（4）安装预制梁前，先安装节点区最下一道箍筋。安装预制梁时，先安装预制梁1、预制梁2，再安装预制梁3。预制梁3梁底纵筋以下的箍筋，应在预制梁3安装前放置。

3. 中间层中柱节点连接构造

中间层中柱节点连接构造如图4.88所示，中间层中柱节点连接构造1-1、2-2剖面图如图4.89所示：

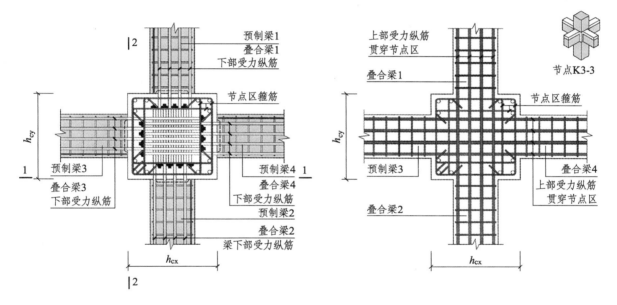

（a）叠合梁上部纵筋安装前俯视图　　（b）节点区最上一道箍筋安装后俯视图

图4.88 中间层中柱节点连接构造

（1）图4.88节点做法适用于中间层中柱节点且预制柱和预制梁对中的情况；图4.89节点做法适用于中间层中柱节点、预制柱和预制梁对中且两方向叠合梁等高的情况。

（2）图中 h_{cx}、h_{cy} 分别为框架柱在 X、Y 方向上的截面高度；h_{b1}、h_{b2}、h_{b3}、h_{b4} 分别为叠合梁1、叠合梁2、叠合梁3、叠合梁4的高度，且 $h_{b1}=h_{b2}=h_{b3}=h_{b4}$；$a_1$、$a_2$、$a_3$、$a_4$ 分别为叠合梁1、叠合梁2、叠合梁3、叠合梁4的后浇叠合层厚度。

（3）预制梁施工过程中应采取设置定位架等措施保证柱顶外露连接钢筋的位置、长度和垂直度等满足设计要求，并应避免钢筋受到污染；预制柱下方的结构完成面应设置粗糙面，其凹凸深度不应小于6 mm，且粗糙面的面积不应小于结合面的80%；预制柱安装前，应清除浮浆、松动石子、软弱混凝土层。

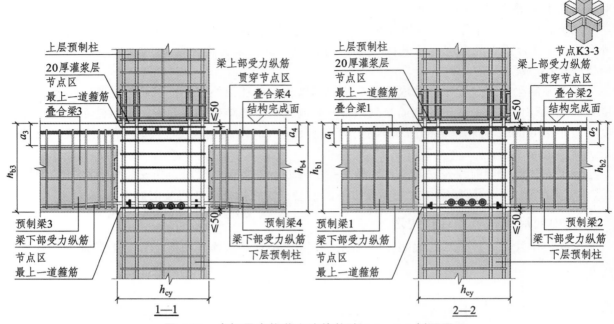

图 4.89　中间层中柱节点连接构造 1-1、2-2 剖面图

（4）安装预制梁前，先安装节点区最下一道箍筋。安装预制梁时，先安装预制梁 1、预制梁 2，再安装预制梁 3、预制梁 4。预制梁 3、预制梁 4 梁底纵筋以下的箍筋，应在预制梁 3、预制梁 4 安装前放置。

4.10　预制构件安装工艺

4.10.1　安装前准备

装配式混凝土结构的特点之一就是有大量的现场吊装工作，其施工精度要求高，吊装过程安全隐患较大。因此在预制构件正式安装前必须做好完善的准备工作，如制定构件安装流程，预制构件、材料、预埋件、临时支撑等应按国家现行有关标准及设计验收合格，并按施工方案、工艺和操作规程的要求做好人、机、料的各项准备，方能确保优质高效安全地完成施工任务。

1. 技术准备

（1）预制构件安装施工前，应编制专项施工方案，并按设计要求对各工况进行施工验算和施工技术交底。

（2）安装施工前对施工作业工人进行安全作业培训和安全技术交底。

（3）吊装前应合理规划吊装顺序,除满足墙（柱）、叠合板、叠合梁、楼梯、阳台等预制构件外还应结合施工现场情况，满足先外后内，先低后高原则。绘制吊装作业流程图，方便吊装机械行走，达到经济效益。

2. 人员准备

构件安装是装配式结构施工的重要施工工艺，将影响整个建筑质量安全。因此，施工现场的安装应由专业的产业化工人操作，包括司机、吊装工、信号工等。

（1）装配式混凝土结构施工前，施工单位应对管理人员及安装人员进行专项培训和相关交底。

（2）施工现场必须选派具有丰富吊装经验的信号指挥人员、挂钩人员，作业人员施工前必须检查身体，对患有不宜高空作业疾病的人员不得安排高空作业。特种作业人员必须经过专门的安全培训，经考核合格，持特种作业操作资格证书上岗。特种作业人员应按规定进行体检和复审。

（3）起重吊装作业前，应根据施工组织设计要求划定危险作业区域，在主要施工部位、作业点、危险区、都必须设置醒目的警示标志，设专人加强安全警戒，防止无关人员进入。还应视现场作业环境专门设置监护人员，防止高处作业或交叉作业时造成的落物伤人事故。

3. 现场条件准备

（1）检查构件套筒或浆锚孔是否堵塞。当套筒、预留孔内有杂物时，应当及时清理净。用手电筒补光检查，发现异物用气体或钢筋将异物消掉

（2）将连接部位浮灰清扫干净。

（3）对于柱子、剪力墙板等竖直构件，安好调整标高的支垫（在预埋螺母中旋入螺栓或在设计位置安放金属垫块），准备好斜支撑部件;检查斜支撑地销。

（4）对于叠合楼板、梁、阳台板、挑檐板等水平构件，架立好竖向支撑。

（5）伸出钢筋采用机械套筒连接时，须在吊装前在伸出钢筋端部套上套筒。

（6）准备外挂墙板安装节点连接部件，如水平牵引所需的牵引葫芦吊点设置和工具准备等。

（7）检验预制构件质量和性能是否符合现行国家规范要求。未经检验或不合格的产品不得使用。

（8）所有构件吊装前应做好截面控制线，方便吊装过程中调整和检验，从而有利于质量控制。

（9）安装前，复核测量放线及安装定位标识，确保安装位置的准确性。

4. 机具及材料准备

（1）阅读起重机械吊装参数及相关说明（吊装名称、数量、单件质量、安装高度等参数），并检查起重机械性能，以免吊装过程中出现无法吊装或机械损坏停止吊装等现象，杜绝重大安全隐患。

（2）安装前应对起重机械设备进行试车检验并调试合格，宜选择具有代表性的构件或单元试安装，并应根据试安装结果及时调整完善施工方案和施工工艺。

（3）应根据预制构件形状、尺寸及重量要求选择适宜的吊具，在吊装过程中，吊索水平夹角不宜小于 60°，不应小于 45°;尺寸较大或形状复杂的预制构件应选择设置分配梁或分配桁架的吊具，并应保证吊车主钩位置、吊具及构件重心在竖直方向重合。

（4）准备牵引绳等辅助工具、材料，并确保其完好性，特别是绳索是否有破损，吊钩卡环是否有问题等。

4.10.2 预制墙板安装

1. 施工流程

基础清理及定位放线→封浆条及垫片安装→预制墙板吊运→预留钢筋插入就位→墙板调整校正→墙板临时固定。

预制剪力墙安装

2. 预制墙板安装要求

（1）预制墙板安装应设置临时斜撑，每件预制墙板安装过程的临时斜撑应不少于 2 道，临时斜撑宜设置调节装置，支撑点位置距离底板不宜大于板高的 2/3，且不应小于板高的 1/2，斜支撑的预埋件安装、定位应准确。

（2）预制墙板安装时应设置底部限位装置，每件预制墙板底部限位装置不少于 2 个，间距不宜大于 4m。

（3）临时固定措施的拆除应在预制构件与结构可靠连接，且装配式混凝土结构性能达到后续施工要求后进行。

（4）预制墙板安装过程应符合下列规定：

① 构件底部应设置可调整接缝间隙和底部标高的垫块。

② 钢筋套筒灌浆连接、钢筋锚固搭接连接灌浆前应对接缝周围进行封堵

③ 墙板底部采用坐浆时，其厚度不宜大于 20mm。

④ 墙板底部应分区灌浆，分区长度 1~1.5m。

（5）预制墙板校核与调整应符合下列规定：

① 预制墙板安装垂直度应满足外墙板面垂直为主。

② 预制墙板拼缝校核应以竖缝为主，横缝为辅。

③ 预制墙板阳角位置相邻的平整度校核与调整，应以阳角垂直度为基准。

3. 主要安装工艺

1）定位放线

在楼板上更具图纸及定位轴线放出预制墙体定位边线及 200 mm 控制线，同时在预制墙体吊装前，在预制墙体上放出墙体 500 mm 水平控制线，便于预制墙体安装过程中精准定位，如图 4.90 所示。

图 4.90　定位放线

2）调整偏位钢筋

预制墙体吊装前，为了便于预制构件快速安装，使用定位框检查竖向连接钢筋是否偏位，针对偏位钢筋用钢筋套筒进行校正，便于后续预制墙体精准安装，如图 4.91 所示。

图 4.91　定位框

3）预制墙体吊装就位

预制墙体吊装时，为了保证墙体构件整体受力均匀，采用专用吊梁（即模数化通用吊梁，如图 4.92 所示），专用吊装由 H 型钢焊接而成，根据各预制构件吊装时不同尺寸，不同的吊点位置，设置模数化吊点，确保预制构件在吊装时吊装钢丝绳保持垂直。专用吊梁下方设置专用吊钩，用于悬挂吊索，用于不同类型预制墙体的吊装。

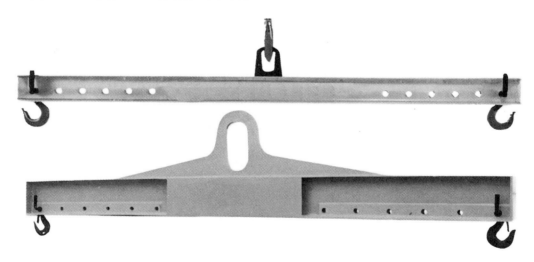

图 4.92　专用吊梁

预制墙体吊装过程中，距楼板面 1000 mm 处减缓下落速度，由操作人员引导墙体降落，操作人员观察连接钢筋是否对孔，直至钢筋与套筒全部连接（预制墙体安装时，按顺时针依次安装，先吊装外墙板后吊装内墙板）。

4）安装斜向支撑

预制墙体吊装就位后，先安装斜向支撑，斜向支撑用于固定调节预制墙体，确保预制墙体安装垂直度，如图 4.93 所示。墙体通过靠尺校核其垂直度，如有偏位，调节斜向支撑，确保构件的水平位置及垂直度均达到允许误差 5 mm 之内相邻墙板构件平整度允许误差 ± 5 mm，此施工过程中要同时检查外墙面上下层的平齐情况，允许误差以不超过 3 mm 为准，如果超过允许误差，要以外墙面上下层错开 3 mm 为准重新进行墙板的水平位置及垂直度调整。

图 4.93　斜支撑安装

4.10.3　预制柱安装

预制柱安装

1．施工流程

标高找平→竖向预留钢筋校正→预制柱吊装→柱安装及校正。

2．预制柱安装要求

（1）预制柱安装前应校核轴线、标高以及连接钢筋的数量、规格、位置。

（2）预制柱安装就位后在两个方向应采用可调斜撑作临时固定，并进行垂直度调整以及在柱子四角缝隙处加塞垫片。

（3）预制柱的临时支撑，应在套筒连接器内的灌浆料强度达到设计要求后拆除，当设计无具体要求时，灌浆料强度应达到 35 MPa 后方可拆除。

3．主要工艺流程

1）标高找平

预制柱安装施工前，通过激光扫平仪和钢尺检查楼板面平整度，用钢制垫片使楼层平整度控制在允许偏差范围内。

2）竖向预留钢筋校正

根据所弹出柱线，采用钢筋限位框，对预留插筋进行位置复核，对有弯折的预留插筋应用钢筋校正器进行校正，以确保预制柱连接的质量。

3）预制柱吊装

预制柱吊装采用慢起、快升、缓放的操作方式。塔式起重机缓缓持力，将预制柱吊离存放架，然后运至预制柱安装施工层。在预制柱就位前，应清理柱安装部位基层，后将预制柱缓缓吊运至安装部位的正上方。

4）预制柱的安装及校正

塔式起重机将预制柱下落至设计安装位置，下一层预制柱的竖向预留钢筋与预制柱底部的套筒全部连接，吊装就位后，立即加设不少于 2 根的斜支撑对预制柱临时固定，其支撑点与板底的距离不宜小于构件高度的 2/3，且不得小于构件高度的 1/2，如图 4.94 所示。

根据已弹好的预制柱的安装控制线和标高线，用 2 m 长靠尺、吊线锤检查预制柱的重直度，并通过可调斜支撑微调预制柱的垂直度，预制柱安装施工时应边安装边校正。

图 4.94　预制柱安装

4.10.4　预制梁安装

1．施工流程

预制梁进场、验收→按图放线→设置梁底支撑→预制梁起吊→预制梁就位微调→接头连接

2．预制梁安装要求

（1）梁吊装顺序应遵循先主梁后次梁，先低后高的原则。

（2）预制梁安装就位后应对水平度、安装位置、标高进行检查。根据控制线对梁端和两侧进行精密调整，误差控制在 2 mm 以内。

（3）预制梁安装时，主梁和次梁伸入支座的长度与搁置长度应符合设计要求。

（4）预制次梁与预制主梁之间的凹槽应在预制楼板安装完成后，采用不低于预制梁混凝土强度等级的材料填实。

（5）梁吊装前柱核心区内先安装一道柱箍筋，梁就位后再安装两道柱箍筋，之后才可进行梁、墙吊装。否则，柱核心区质量无法保证。

3．预制梁安装工艺

1）定位放线

（1）用水平仪测量并修正柱顶与梁底标高，确保标高一致，然后在柱上弹出梁边控制线。

（2）预制梁安装前应复核柱钢筋与梁钢筋位置、尺寸，对梁钢筋与柱钢筋安装有冲突的，应按经设计部门确认的技术方案调整。梁柱核心区钢筋安装应按设计文件要求进行。

2）支撑架搭设

（1）梁底支撑采用钢立杆支撑+可调顶托，可调顶托上铺设长×宽为 100 mm×100 mm 方木，预制梁的标高通过支撑体系的顶丝来调整。

（2）临时支撑位置应符合设计要求，设计无要求时，长度小于或等于 4 m 时应设置不少于两道垂直支撑，长度大于 4 m 时应设置不少于 3 道垂直支撑。

（3）梁底支撑标高调整宜高出梁底结构标高 2 mm，应保证支撑充分受力并撑紧后方可松开吊钩。

（4）叠合梁应根据构件类型、跨度来确定后浇混凝土支撑件的拆除时间，强度达到设计要求后方可承受全部设计荷载。

3）预制梁吊装

（1）预制梁一般用两点吊，预制梁两个吊点分别位于梁顶两侧距离两端 0.2L（梁长）位置由生产构件厂家预留。

（2）现场吊装工具采用双腿锁具或专用吊梁吊住预制梁两个吊点逐步移向拟定位置，人工通过预制梁顶绳索辅助梁就位。

4）预制梁微调

当预制梁初步就位后，两侧借助柱上的梁定位线将梁精确校正。梁的标高通过支撑体系的顶丝来调节，调平同时需将下部可调支撑上紧，这时方可松去吊钩。

5）接头连接

（1）混凝土浇筑前应将预制梁两端键槽内的杂物清理干净，并提前 24 h 浇水湿润。

（2）预制梁两端键槽锚固钢筋绑扎时，应确保钢筋位置的准确。

（3）预制梁水平钢筋连接为机械连接、钢套筒灌浆连接或焊接连接。

4.10.5 预制楼板安装

叠合楼板安装

1．施工流程

预制板进场、验收→放线→搭设板底独立支撑→预制板吊装→预制板就位→预制板校正定位。

2．预制楼板安装要求

（1）构件安装前应编制支撑方案，支撑架体宜采用可调工具式支撑系统，首层支撑架体的地基必须坚实，架体必须有足够的强度、刚度和稳定性。

（2）板底支撑间距不应大于 2 m，每根支撑之间高差不应大于 2 mm，标高偏差不应大于 3 mm，悬挑板外端比内端支撑宜调高 2 mm。

（3）预制楼板安装前，应复核预制板构件端部和侧边的控制线以及支撑搭设情况是否满足要求。

（4）预制楼板安装应通过微调垂直支撑来控制水平标高。

（5）预制楼板安装时，应保证水电预埋管（孔）位置准确。

（6）预制楼板吊至梁、墙上方 30~50 cm 后，应调整板位置使板锚固筋与梁箍筋错开，根据梁、墙上已放出的板边和板端控制线，准确就位，偏差不得大于 2 mm，累计误差不得大于 5 mm。板就位后调节支撑立杆，确保所有立杆全部受力。

（7）预制叠合楼板吊装顺序依次铺开，不宜间隔吊装。在混凝土浇筑前，应校正预制构件的外露钢筋，外伸预留钢筋伸入支座时，预留筋不得弯折。

（8）相邻叠合楼板间拼缝及预制楼板与预制墙板位置拼缝应符合设计要求并有防止裂缝的措施。施工集中荷载或受力较大部位应避开拼接位置。

3．主要安装工艺

1）定位放线

预制墙体安装完成后，由测量人员根据预制叠合板板宽放出独立支撑定位线，并安装独立支撑，同时根据叠合板分布图及轴网，利用经纬仪在预制墙体上放出板缝位置定位线，板缝定位线允许误差±10 mm。

2）板底支撑架搭设

支撑架体应具有足够的承载能力、刚度和稳定性，应能可靠地承受混凝土构件的自重和施工过程中所产生的荷载及风荷载，支撑立杆下方应铺 50 mm 厚木板，如图 4.95 所示。

确保支撑系统的间距及距离墙、柱、梁边的净距符合系统验算要求，上下层支撑应在同一直线上。

在可调节顶撑上架设方木，调节方木顶面至板底设计标高，开始吊装预制楼板。

图 4.95 支撑架搭设

3）预制楼板吊装就位

为了避免预制楼板吊装时，因集中受力而造成叠合板开裂，预制楼板吊装宜采用专用吊架。预制叠合板吊装过程中，在作业层上空 500 mm 处减缓降落，由操作人员根据板缝定位位线，引导楼板降落至独立支撑上。及时检查板底与预制叠合梁或剪力墙的接缝是否到位，预制楼板钢筋深入墙长度是否符合要求，直至吊装完成，如图 4.96 所示。

图 4.96 叠合板吊装

4）预制板校正定位

根据预制墙体上水平控制线及竖向板缝定位线，校核叠合板水平位置及竖向标高情况，通过调节竖向独立支撑，确保叠合板满足设计标高要求;通过撬棍（撬棍配合垫木使用，避免损坏板边角）调节叠合板水平位移，确保叠合板满足设计图纸水平分布要求。

4.10.6 预制阳台板、空调板安装

预制凸窗安装

1. 施工流程

预制板进场、验收→定位放线→搭设板底支撑及结构内侧拉结固定→预制板吊装→校核标高及位置→临时性拉结固定→钢筋绑扎固定。

2. 预制阳台板、空调板安装工艺

1）构件起吊

预制阳台板、空调板吊装采用四点吊装。

（1）试吊阳台板、空调板，试吊高度不应超过 1000 mm;

（2）检查吊点位置是否准确，起吊构件是否水平，吊索受力是否均匀等。

2）测量放线

安装预制阳台板和空调板前测量并弹出相应的控制线。

3）支撑架搭设

预制阳台板、空调板板底支撑采用钢管脚手架 + 可调顶托 + 木托，吊装前校对支撑高度是否有偏差，并作出相应调整。

（1）预制阳台板、空调板支撑宜采用承插式、碗扣式脚手架进行架设，支撑部位须与结构墙体有可靠刚性拉接节点，支撑应设置斜支撑等构造措施，保证架体整体稳定；

（2）预制阳台板、空调板等悬挑构件支撑拆除时，除达到混凝土结构设计强度，还应确保该构件能承受上层阳台通过支撑传递下来的荷载。

4）安装就位

在预制阳台板、空调板吊装的过程中，预制构件吊至支撑位置上方 100 mm 处停顿，调整位置，使锚固钢筋与已完成结构预留筋错开，然后进行安装就位，安装时动作要缓慢，构件边线与控制线闭合。

（1）预制阳台板、空调板等预制构件吊装至安装位置后，需设置水平抗滑移的连接措施，必要时与现浇部位的梁板构件进行焊接连接；

（2）阳台板、空调板安装时应根据图纸尺寸确定挑出长度，阳台板、空调板的外边缘应与已施工完成层阳台板、空调板外边缘在同一直线上。

（3）预制阳台板、空调板外侧须有安全可靠的临边防护措施，确保预制阳台板、空调板上部施工人员操作安全。

5）复核

（1）预制阳台板、空调板安装好取钩完毕后，对其进行校正复核，保证安装质量。

（2）复核构件位置，进行微调，保证水平放置，最后再用 U 形托调整标高。

3．预制阳台板、空调板安装要求

（1）阳台板、空调板属于具有造型的构件，所以验收标准要高，避免因为构件尺寸问题而影响后期成型效果。对于偏差尺寸较大的构件进行返厂处理。

（2）阳台属于悬挑构件，故支撑体系的搭设要严格按施工方案要求进行。支撑间距不宜小于1.2m。吊装前调节至设计标高。

（3）预制阳台一般为四个吊点，且根据设计使用不同的吊具进行吊装，有万向旋转吊环配预埋螺母和鸭嘴口配吊钉两种形式。故吊装作业前必须检查吊具、吊索是否安全，待检查无误后方可进行吊装作业。

（4）预制阳台板、空调板安装时必须按照设计要求，保证伸进支座的长度，待初步安装就位后，需要用线锤检查是否与下层位置一致。

（5）待阳台板、空调板就位后，将外露钢筋与墙体的外露主筋焊接加固，避免在后浇混凝土时阳台板、空调板移位。

（6）复查阳台板、空调板位置无误后，方可摘除吊具。

（7）空调板构件体积相对较小，靠钢筋的锚固固定构件。吊装时需要注意以下几点：

① 严格检查外露钢筋的长度、直径是否符合图样要求。

② 外露钢筋要与主体结构的钢筋焊接牢固，保证后浇混凝土时预制板不会移位。

③ 确保支撑架体稳定可靠。

④ 吊装前将架体顶端标高调整至设计要求后方可进行安装。

4.10.7　预制外挂墙板安装

1．施工流程

施工准备→放线定位→检查并处理结构预埋件→连接件焊接→外保温施工→挂板现场运输→挂板安装→防腐处理→嵌缝施工→挂板保护剂涂刷。

2．预制外挂墙板安装工艺

1）施工准备

（1）安装挂板的主体结构（钢结构、钢筋混凝土结构工程等）已经完成，并通过验收。

（2）安装挂板的结构预埋件已全部安装到位。

（3）挂板安装所需的临边安全防护措施已到位。

（4）安装施工前，挂板安装的施工方案已经落实，并对现场安装作业人员进行培训和安全技术交底。

2）放线定位

由测量员根据施工图纸和现场提供的统一结构轴线、基准标高线放出结构埋件定位线、工作面定位线及每块挂板的定位线（黑色墨水），放线完毕后组织验线

3）检查并处理结构预埋件

预埋件在主体结构施工时。按设计要求理设牢固、位置准确，在结构埋件上焊接连接件。为调节结构预埋件的水平埋设偏差。

4）连接件焊接

按定位线将连接件焊接在结构埋件上。

5）外保温施工

应在结构连接件焊接完毕后，按照设计方案进行保温处理，及时做好隐蔽验收。挂板与结构间的保温施工需根据设计要求和保温专项施工方案进行保温施工。

6）挂板现场运输

挂板的现场运输分为水平运输和垂直运输，水平运输采用平板车，垂直运输采用塔吊、汽车吊进行垂直运输。

7）挂板安装

（1）挂板吊装至安装位置后，首先对挂板进行微调，采用调节螺杆进行配合控制，保证挂板水平度和标高准确。

（2）随后使用顶丝调整挂板的平整度和垂直度，使挂板满足设计要求。

（3）最后依据水平仪及靠尺对挂板进行调整，保证接缝宽度、水平度和垂直度满足设计要求。

（4）全部调整完毕后，对连接件进行初步固定，待验收合格后进行最终固定。

8）防腐处理

挂板安装后，所有焊缝位置必须进行防腐处理，防腐措施可以采用涂刷防锈漆等方式，并必须符合设计要求。防腐涂刷前需将焊缝表面的焊渣及其他杂物清理干净。

9）嵌缝施工

选用的嵌缝密封胶必须结合工程实际情况并满足设计要求，以确保建筑防水要求。在正式施工前须做密封胶相容性实验，合格后方可使用。

10）挂板保护剂涂刷

若设计采用清水混凝土饰面效果，则挂板表面须依据设计要求进行保护剂面层处理，保护剂涂刷既可在板安装前进行，也可在板安装后进行。

3．预制外挂墙板安装要求

（1）构件起吊时先将预制外挂板预起吊抬高，相关人员要确认构件是否平衡，如果发现构件倾斜，要停止吊装，放回原来位置重新调整，以确保构件能够平衡起吊。另外，还要确认吊具连接是否牢靠，钢丝绳有无交错等。

（2）构件吊至预定位置附近后，缓缓下放，在距离作业层上方 50 mm 处停止。吊装人员用手扶预制外挂板，配合起吊设备将构件水平移动至构件吊装位置。就位后缓慢下放，吊装人员通过地面上的控制线，将构件尽量控制在边线上。

（3）构件就位后，需要进行测量确认，测量指标主要有高度、位置、倾斜。调整顺序建议是按"先高度再位置后倾斜"进行调整。

（4）预制外墙板连接接缝防水节点基层及空腔排水构造做法应符合设计要求，预制外墙板外侧水平、竖直接缝的防水密封胶封堵前，侧壁应清理干净，保持干燥。嵌缝材料应与挂板牢固粘结，不得漏嵌和虚粘。

4.10.8　预制楼梯安装

预制楼梯安装

1．施工流程

楼梯定位放线→安放垫片→细石混凝土找平→准备工作→预制楼梯进场验收→预制楼梯起吊→预留螺栓对孔→轴线、水平复核→临时固定→连接紧固→验收。

2．预制楼梯安装

1）施工准备

（1）预制楼梯吊装前熟悉图纸，检查预制楼梯构件规格及编号，确定安装位置，并对吊装顺序进行编号标注。

（2）在大型建筑中，预制楼梯数量多、体积大、质量重等特点，在项目施工组织设计阶段初步选型，选用的塔吊型号必须能够满足吊装需要及施工安全。

2）放线定位

根据图纸弹出楼梯上、下梯段板安装控制线（水平位置与垂直位置），在墙面上弹出标高控制线，并对控制线和标高进行复核。

3）坐浆找平

先在梯段板上下口梯梁搭接处放置 2 块 20 mm 垫块，再铺设聚苯条和水泥砂浆找平，对找平层标高进行控制。

4）楼梯起吊

起吊采用平衡钢梁吊装。首先进行试吊楼梯构件，检查起重机的稳定性、制动装置的可靠性、吊索的受力是否均匀、吊点的位置是否准确、绑扎是否牢固、构件是否平衡，确认无误后方可起吊。

控制要点：

（1）楼梯构件吊装采用4点起吊；

（2）主吊索与吊装梁水平夹角不宜小于60°；

（3）由于梯段板是斜构件，起吊前必须设置长短钢丝绳，保证梯段板起吊的正常使用，安全稳定，吊梁呈水平状态，钢丝绳与吊梁成90°垂直。

5）安装就位

梯段板就位应从上向下垂直安装，与梯梁销键连接，先安装固定铰节点一端，后安装滑动铰节点端安装。

构件吊装在作业层上空 300~500 mm 左右处停顿，由吊装人员手扶梯段板调整方向，将梯段板的边线与梯梁上的安装位置线对准再下放，然后使用钢丝绳上安装的手动葫芦调整梯段板的水平角度。

6）校核和取钩

安装完毕后，根据控制线，利用撬棍微调梯段板位置，校核楼梯标高、梯井宽度尺寸，校正确认后再取钩。

控制要点：

（1）检查构件是否搁置平实；

（2）检查梯段板标高是否正确；

（3）在销键预留孔灌浆封堵前对梯段板进行验收。

7）连接紧固

预制楼梯固定铰端用灌浆料对底缝、侧缝及预留钢筋孔缝隙进行灌填或预埋焊接，滑动铰端与楼板连接处缝隙采用聚苯等材料填充，高强螺栓做好紧固，楼梯节点连接与处理应符合现行标准规范要求。

8）成品保护

安装完毕后，做好成品保护，防止构件被撞击损伤和污染。预制楼梯安装完成后其踏步面及两侧宜采用多层板固定保护。

3．预制楼梯吊装注意事项

（1）预制楼梯进场验收后，堆放位置距离塔吊中心距离不宜过远，预制楼梯堆叠时下方应设置垫木且垫木应在同一垂直线上，预制楼梯堆放不超过3层，且堆放高度不大于2.0 m。

（2）预制构件主体结构连接点的螺栓、紧固标准件及螺母、垫圈等配件的品种、规格、性能等应满足现行国家标准和设计要求。

（3）吊装前，应在构件和相应的支撑结构上设置中心线和标高，按设计要求校核预埋件及连接钢筋等的数量、位置、尺寸和标高，并做出标志。预制楼梯安装位置线应由控制线引出，每件预制楼梯应设置纵、横控制线。

（4）吊装就位后及时复核左右上下水平高程，及时调整；校正后灌浆前应注意灌浆口的保护，避免杂物吊入，灌浆应避免在雨天进行，以防雨水冲刷。

（5）吊装用钢丝绳、吊装带、卸扣、吊钩等吊具应经检查合格，并应在其额定范围内使用；正式吊装作业前，应先试吊，停稳构件，检查钢丝绳、吊具和预制构件状态，确认吊具安全且构件平稳后，方可缓慢提升构件。

（6）吊装施工中，吊索与预制构件水平夹角应合理，并保证吊车主钩位置、吊具及预制构件重心在竖直方向重合。

（7）预制楼梯吊装完成后应注意成品保护，避免在日常施工过程中出现缺棱掉角等现象。

4.10.9　预制构件安装安全管理

（1）现场施工应为起重吊装作业提供足够的工作场地，清除或避开起重臂起落及回转半径内的障碍物。起重吊装的指挥人员必须持证上岗，作业时应与操作人员密切配合，执行规定的指挥信号。操作人员应按照指挥人员的信号进行作业，当信号不清或错误时，操作人员可拒绝执行。

（2）起重吊装作业前必须对现场工作环境、行驶道路、架空电线、临边防护等情况进行全面了解，防止发生机械伤人、破坏设施、挂断高低压线路以及发生倾覆等严重安全事故。

（3）起重吊装作业现场应有交通指示标志，在公路辅道上或交通频繁的路口实施起重吊装作业时必须设专人指挥，采取必要的安全防护措施。危险地区，要悬挂"危险"或"禁止通行"牌，夜间设红灯示警。

（4）起重操作人员应按规定的起重性能作业，不得超载。起重机作业时，起重臂和重物下方严禁有人停留、工作或通过。重物吊运时，严禁从人员上方通过。严禁用起重机载运人员。严禁使用起重机进行斜拉、斜吊和起吊地下埋设或凝固在地面上的重物以及其他不明重量的物体。

（5）起重机起吊重物绑扎平稳、牢固，不得在重物上再堆放或悬挂零星物件，易散落物件应使用吊笼栅栏固定后方可起吊。起吊重物时应先将重物吊离地面 200～500 mm 后，检查起重机的稳定性、制动器的可靠性、重物的平稳性、绑扎的牢固性，确认无误后方可继续起吊，易晃动的重物应拴拉绳。

（6）起吊重物时严禁长时间悬挂在空中，作业中遇突发故障，应采取措施将重物降落到安全地方，并关闭发动机或切断电源后进行检修。突然停电时，应断开电源总开关，并采取相应安全措施使重物降到地面。

（7）起重吊装作业工作结束或下班停机以及操作人员临时离开操作室，都必须取下启动钥匙，锁好车门，防止他人乱动出现意外。

（8）起重机使用的钢丝绳，应有钢丝绳制造厂的签发的产品技术性能和质量的证明文件。当无证明文件时，必须经过试验合格后方可使用。

（9）起重用钢丝绳根据用途保证足够的安全系数，凡表面磨损、腐蚀、断丝超过标准的，或打死弯、断股、油芯外露的不得使用。向转动的卷筒上缠绕钢丝绳时，不得用手拉或脚踩来引导钢丝绳。钢丝绳涂抹润滑脂，必须在停止运转后进行。

（10）现场使用吊索具满足规范要求，确保安全可靠，并保证正确使用。卡环在使用时，应保证销轴和环底受力，吊运机具设备、大模板等大件时，必须使用卡环。

（11）起重机的吊钩和吊环严禁补焊。当出现下列的情况之一时应更换：①表面有裂纹、破口；②危险断面及钩颈有永久变形；③挂绳处断面磨损超过高度 10%；④吊钩衬套磨损超过原厚度 50%；⑤心轴（销子）磨损超过直径 3%～5%。

（12）起重机械装拆施工时，装拆单位和人员必须具备相应资质和资格。起重机械在安装验收合格并取得使用许可证后方可投入使用，作业人员持有特种作业操作证。

（13）超重工、信号工持证上岗，熟悉遵守各自的安全操作规程。起重吊装作业前根据施工方案要求，确定施工作业区域，设置警示标志和专职的监护人员。

（14）起重机的检查、监控、安全作业和使用保养等各项管理制度详各楼栋塔机安装专项施工方案。

第5章 预制构件套筒灌浆连接施工技术

5.1 常见钢筋连接技术概述

预制构件连接节点及接缝处的处理是整个装配式结构的关键环节，也是预制构件连接为整体受力结构的基本保证。按施工工艺一般可分为湿式连接和干式连接两大类。

湿式连接一般均为钢筋连接，有套筒灌浆连接、浆锚连接等，承担连接的仍然是混凝土或水泥砂浆，但用量比现场全浇筑要少很多，施工效率很快。

干式连接技术包括螺栓连接、机械连接、焊接等，也就是预制部件运送到现场后通过螺栓连接、机械连接、焊接等方式来完成部件与部件之间的连接，使部件连接成为一个整体。目前，主要的连接方式见表5.1。

表 5.1　PC 结构连接方式

类别	连接方式	技术特点	特点	适用范围
湿式连接	套筒灌浆连接	在金属套筒中插入单根带肋钢筋并注入灌浆料拌合物，通过拌合物硬化形成整体并实现传力	安全可靠，适用范围广，可减小钢筋预加工工作量	成本比较高；12 mm≤钢筋直径≤40 mm；套筒直径较大，钢筋密集时套筒排布有难度
	浆锚搭接连接	在预制混凝土构件中预留孔道，在孔道中插入需搭接的钢筋，并灌注水泥基灌浆料而实现钢筋搭接连接	性能稳定，更适合竖向钢筋连接	钢筋直径≤20 mm；直接承受动力荷载的构件纵向钢筋不应采用
	金属波纹管浆锚搭接连接	在混凝土中预埋波纹管，待混凝土达到要求强度后，钢筋穿入波纹管，再将高强度无收缩灌浆料灌入波纹管而实现钢筋搭接连接	性能稳定，更适合竖向钢筋连接	钢筋直径≤20 mm；直接承受动力荷载的构件纵向钢筋不应采用
	水平锚环灌浆连接	同一楼层预制墙板拼接处设置后浇段，预制墙板侧边甩出钢筋锚环并在后浇段内相互交叠而实现的预制墙板竖缝连接方式	便于施工	适合于多层剪力墙结构竖缝连接
	螺纹套筒钢筋连接	先将钢筋车丝，然后拧入螺纹套筒内即实现钢筋的连接	成本比较高；预制构件间安装不便	套筒直径较大，钢筋密集时套筒排布有难度
	挤压套筒钢筋连接	钢筋套筒冷挤压连接是把带肋钢筋从两端插入套筒内部后，挤压套筒使套筒变形，从而实现钢筋连接的一种钢筋连接方式	预制构件间安装不便	安全可靠，可用于框架梁柱钢筋连接

类别	连接方式	技术特点	特点	适用范围
湿式连接	注胶套筒钢筋连接	钢筋注胶套筒连接是把带肋钢筋从两端插入套筒内部,然后注入专用凝胶,从而实现钢筋连接的一种钢筋连接方式	便于施工,但目前国内的研究不够	可用于梁与梁钢筋连接,仅日本应用较多
	钢筋绑扎搭接连接	钢筋绑扎搭接连接是指两根钢筋用绑线绑扎搭接到一起,然后浇混凝土形成钢筋的连接	安全可靠,简单,搭接长度较大	柱子、剪力墙的竖向钢筋搭接
	钢筋焊接连接	钢筋焊接连接是一种采用对焊或搭接焊等把筋直接焊接到一起的连接方式	安全可靠,简单,接头率有要求	多用于低多层剪力墙结构连接
干式连接	螺栓连接	常见的一种连接方式,只需要预制构件吊装到位,螺栓与螺母准确连接即可	螺栓连接技术的施工效率比较高,施工所需时间比较短	连接的稳定性受到螺栓本身的承载能力限制
	构件焊接连接	连接件焊接连接是通过焊接预埋不同在混凝土构件中钢板连接件实现连接	焊接无湿作业,操作简单方便	可应用于装配式混凝土框架结构和装配式混凝土剪力墙结构
	预应力干式连接	通过预应力将零散的PC构件牢固地紧压在一起,构件之间为压应力,受力面为整个接触面	可以取消节点现浇、楼板叠合现浇等湿法作业	多应用于梁柱连接及板柱连接

在实际工程中,宜根据接头受力、施工工艺等要求选用套筒灌浆连接、机械连接、浆锚搭接连接、焊接连接、绑扎搭接连接等连接方式。直径大于 20 mm 的钢筋不宜采用浆锚搭接连接,直接承受动力荷载的构件纵向钢筋不应采用浆锚搭接连接。当采用套筒灌浆连接时,应符合现行行业标准《钢筋套筒灌浆连接应用技术规程》JGJ 355 的规定;当采用机械连接时,应符合现行行业标准《钢筋机械连接技术规程》JGJ 107 的规定;当采用焊接连接时,应符合现行行业标准《钢筋焊接及验收规程》JGJ 18 的规定。

5.1.1 钢筋套筒灌浆连接

钢筋套筒灌浆连接,是由带肋钢筋、套筒和灌浆料形成,其原理是将带肋钢筋插入铸造完成的中空型套筒内对接,在钢筋以及套筒之间注入高强、早强且填充微膨胀的灌浆料,灌浆料的微膨胀特性使钢筋与套筒内侧筒壁形成较大的正向应力,在带肋钢筋的粗糙表面产生较大的摩擦力,以传递钢筋的轴向力。

钢筋套筒灌浆连接分为全灌浆套筒连接(图 5.1)和半灌浆套筒连接(图 5.2)。全灌浆套筒连接是两端均采用套筒灌浆连接,而半灌浆套筒则是一端采用套筒灌浆连接,另一端采用机械连接方式连接,钢筋与套筒通过丝扣连接,作业原理如图 5.3 所示。

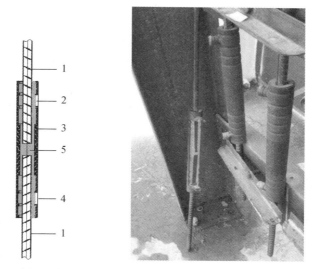

1—连接钢筋；2—出浆孔；3—套筒；4—注浆孔；5—灌浆料。

图 5.1　全灌浆套筒连接

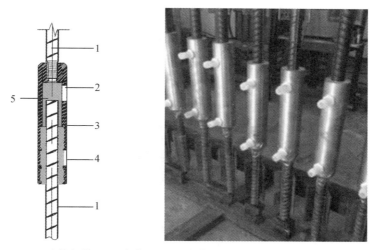

1—连接钢筋；2—出浆孔；3—套筒；4—注浆孔；5—灌浆料。

图 5.2　半灌浆套筒连接

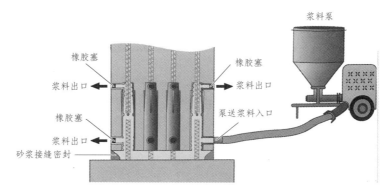

图 5.3　套筒灌浆作业原理

5.1.2 浆锚搭接连接

浆锚搭接连接是基于黏结锚固原理进行连接的方法，在竖向结构部品内预留出竖向孔洞，孔洞内壁表面留有螺纹状粗糙面，周围配有横向约束螺旋箍筋。装配式构件将下部钢筋插入孔洞内，通过灌浆孔注入灌浆料，直至排气孔溢出停止灌浆，当灌浆料凝结后将此部分连接成一体。当两根搭接的钢筋外圈混凝土用螺旋钢筋加强时，混凝土受到约束，从而使得钢筋可靠搭接，如图 5.4 所示。

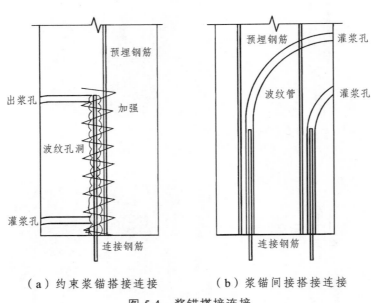

（a）约束浆锚搭接连接　　　　（b）浆锚间接搭接连接

图 5.4　浆锚搭接连接

波纹管浆锚搭接是一种用波纹管加强预留孔道的钢筋灌浆连接方式。波纹管对后插入管内的钢筋和灌入的灌浆料进行约束，实现钢筋的搭接连接，如图 5.5 所示。

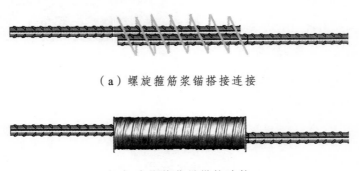

（a）螺旋箍筋浆锚搭接连接

（b）波纹管浆锚搭接连接

图 5.5　波纹管浆锚搭接

5.1.3 螺纹套筒连接

钢筋的螺纹套筒连接可以用于装配式建筑，先将钢筋车丝，然后拧入螺纹套筒内即实现钢筋的连接。螺纹套筒连接要求连接钢筋定位精度要求高，在预制构件中应用难度大。如图 5.6 和图 5.7 所示。

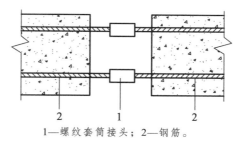

1—螺纹套筒接头；2—钢筋。

图 5.6　钢筋螺纹套筒连接示意

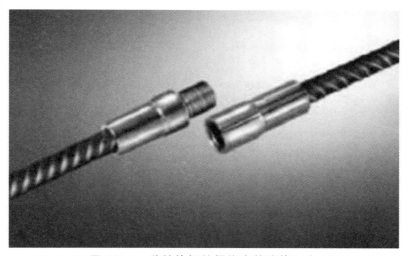

图 5.7　一种转接钢筋螺纹套筒连接示意

5.1.4　挤压套筒连接

钢筋套筒冷挤压连接是把带肋钢筋从两端插入套筒内部后，挤压套筒使套筒变形，从而实现钢筋连接的一种钢筋连接方式。挤压套筒连接可用于框架梁柱钢筋连接，如图 5.8～图 5.10。

图 5.8　冷挤压设备

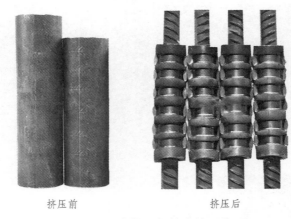

挤压前　　　　　　　　挤压后

图 5.9　冷挤压钢筋连接示意

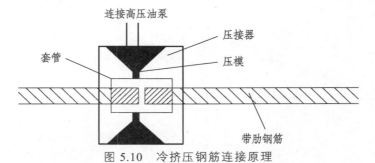

图 5.10　冷挤压钢筋连接原理

5.1.5　螺栓干式连接

螺栓连接是通过螺栓紧固的方式实现与预制构件之间的连接。螺栓连接可以在构件边缘设置螺栓孔和安装手孔，螺栓孔中穿过螺栓实现紧固连接。螺栓连接应用范围广，适用于装配式混凝土框架结构和装配式混凝土剪力墙结构，同时还适用于外挂墙板与主体结构的连接以及预制楼板与预制楼板的连接等，如图 5.11 ~ 图 5.16 所示。

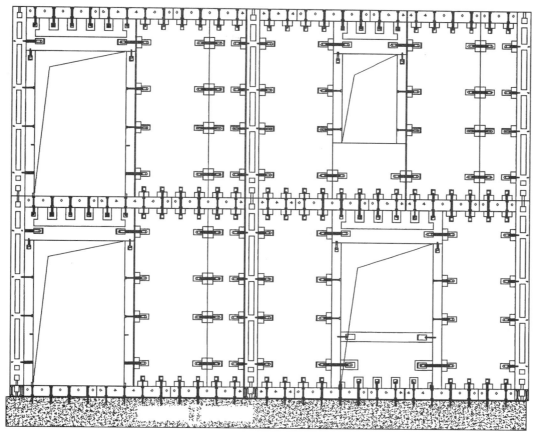

图 5.11　剪力墙结构螺栓孔螺栓连接

图 5.12　剪力墙结构螺栓孔螺栓连接实例

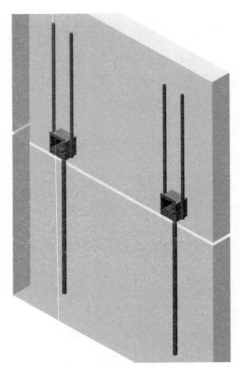

图 5.13 螺栓连接盒连接示意

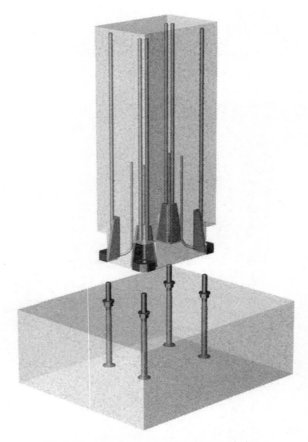

图 5.14 框架结构螺栓连接器连接实例

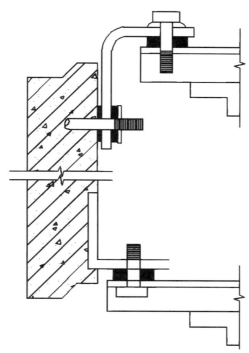

图 5.15　外墙挂板螺栓连接示意

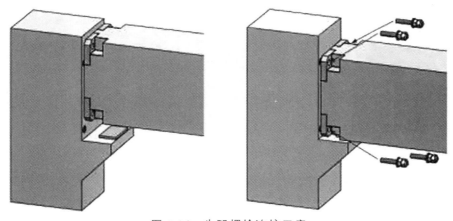

图 5.16　牛腿螺栓连接示意

5.1.6　连接件焊接连接

连接件焊接连接是通过焊接预埋在混凝土构件中的钢板连接件实现连接。焊接无湿作业，操作简单方便，可应用于装配式混凝土框架结构和装配式混凝土剪力墙结构。如图 5.17 和图 5.18 所示。

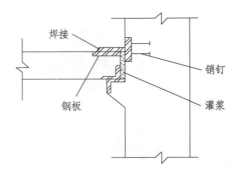

图 5.17 焊接连接示意

图 5.18 剪力墙结构焊接连接实例

5.1.7 预应力干式连接

预应力 PC 建筑在设计中将预先可能发生的拉应力转化为压应力,通过预应力将零散的 PC 构件牢固地紧压在一起,构件之间为压应力,受力面为整个接触面。这种结构体系改变了现有用湿法现浇方式连接各处节点的构造做法,可以完全取消所有的节点现浇、楼板叠合现浇等湿法作业,属于干法施工如图 5.19。

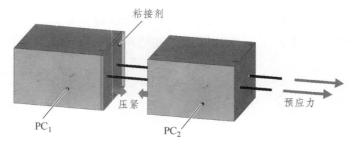

图 5.19 预应力干式连接示意

5.2 常用材料与工器具

在金属套筒中插入单根带肋钢筋并注入灌浆料拌合物,通过拌合物硬化形成整体并实现传力的钢筋对接连接,称为钢筋套筒灌浆连接,是装配式结构中实现钢筋连接的一种主要方式,近年来应用得十分广泛,本书以套筒灌浆为主进行详细介绍。

5.2.1 钢筋连接用灌浆套筒

钢筋连接用灌浆套筒采用铸造工艺或机械加工工艺制造,用于钢筋套筒灌浆连接的金属套筒,其材料及加工工艺主要分为两种:一种是球墨铸铁铸造;另一种是采用优质碳素结构钢、低合金高强度结构钢、合金结构钢或其他符合要求的钢材加工。

灌浆套筒可分为全灌浆套筒和半灌浆套筒。全灌浆套筒是两端均采用套筒灌浆连接的灌浆套筒,而半灌浆套筒是一端采用套筒灌浆连接,另一端采用机械连接方式连接钢筋的灌浆套筒。半灌浆套筒可按非灌浆一端机械连接方式分为直接滚轧直螺纹半灌浆套筒、剥肋滚轧直螺纹半灌浆套筒和镦粗直螺纹半灌浆套筒。

全灌浆套筒和半灌浆套筒主要有以下不同之处:

(1)接头方式不同:两头采用灌浆方式连接钢筋接头的是全灌浆套筒;只有一头采用灌浆连接的是半灌浆套筒,但是半灌浆套筒还有螺纹连接接头的另一头。

(2)尺寸不同:全灌浆套筒尺寸较长,半灌浆套筒的好处是尺寸较短。

(3)施工难度不同:半灌浆套筒灌浆相较于全灌浆套筒灌浆,其优点是现场施工难度较低。

在我国,灌浆套筒型号由名称代号、分类代号、钢筋强度级别主参数代号、加工方式分类代号、钢筋直径主参数代号、特征代号和更新及变型代号组成。灌浆套筒主参数应为被连接钢筋的强度级别和公称直径灌浆套筒型号表示如图 5.20 所示。

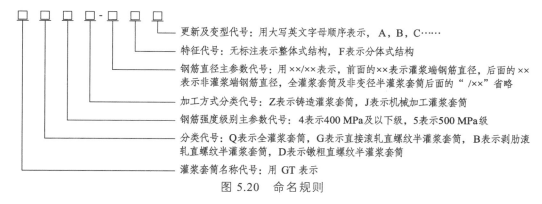

图 5.20 命名规则

示例 1:连接标准屈服强度为 400 MPa,直径 40 mm 钢筋,采用铸造加工的整体式全灌浆套筒表示为:GTQ4Z-40。

示例 2:连接标准屈服强度为 500 MPa 钢筋,灌浆端连接直径 36 mm 钢筋,非灌浆端连接直径 32 mm 钢筋,采用机械加工方式加工的剥肋滚轧直螺纹半灌浆套筒的第一次变型表示为:GTB5J-36/32A

示例 3:连接标准屈服强度为 500 MPa,直径 32 mm 钢筋,采用机械加工的分体式全灌浆套筒表示为:GTQ5J-32F

灌浆套筒的长度应根据试验确定,且灌浆连接端的钢筋锚固长度不宜小于 8 倍钢筋公称直径,其锚固长度不包括钢筋安装调整长度和封浆挡圈段长度,全灌浆套筒中间轴向定位点两侧应预留钢筋安装调整长度,预制端不宜小于 10 mm,装配端不宜小于 20 mm。

灌浆套筒应符合现行行业标准《钢筋连接用灌浆套筒》JG/T398 的有关规定。

5.2.2 钢筋连接用套筒灌浆料

钢筋连接用套筒灌浆料是以水泥为基本材料,并配以细骨料、外加剂及其他材料混合而成的用于钢筋套筒灌浆连接的干混料,简称灌浆料。灌浆料拌合物是指灌浆料按规定比例加水搅拌后,具有规定流动性、早强、高强及硬化后微膨胀等性能的浆体。

灌浆料在套筒灌浆技术中占据着十分重要的地位,它关系到整个工程的质量,所以对于材料性能有着严格的标准要求,在《钢筋连接用套筒灌浆料》JG/T 408—2019 中对此进行了详细规定以及各项参数的确定。灌浆浆体应在施工现场调配,灌浆干料和水按一定比例混合,混合后形成黏度低,流动性好的自流浆体并兼具微膨胀无收缩,早期强度高的特点。

5.2.3 钢 筋

套筒灌浆连接的钢筋应采用符合现行国家标准《钢筋混凝土用钢 第 2 部分:热轧带肋钢筋》GB 1499.2、《钢筋混凝土用余热处理钢筋》GB 13014 要求的带肋钢筋:钢筋直径不宜小于 12 mm,且不宜大于 40 mm。

5.2.4 套筒灌浆连接接头性能要求

套筒灌浆连接接头应满足强度和变形性能的要求。钢筋套筒灌浆连接接头的抗拉强度不应小于连接钢筋抗拉强度标准值,且破坏时应断于接头外钢筋;钢筋套筒灌浆连接接头的屈服强度不应小于连接钢筋屈服强度标准值。套筒灌浆连接接头应能经受规定的高应力和大变形反复拉压循环检验,且在经历拉压循环后,其抗拉强度仍应符合规定。

套筒灌浆连接接头的变形性能主要是对残余变形和最大力下总伸长率提出了要求,其变形性能要求需符合表 5.2。

表 5.2 套筒灌浆连接接头的变形性能

项目		变形性能要求
对中单向拉伸	残余变形/mm	$u_0 \leq 0.10$ ($d \leq 32$) $u_0 \leq 0.14$ ($d > 32$)
	最大力下总伸长率/%	$A_{sgt} \geq 6.0$
高应力反复拉压	残余变形/mm	$u_{20} \leq 0.3$
大变形反复拉压	残余变形/mm	$u_4 \leq 0.3$ 且 $u_8 \leq 0.6$

注:u_0——接头试件加载至 $0.6 f_{yk}$ 并卸载后在规定标距内的残余变形;

A_{sgt}——接头试件的最大力下总伸长率;

u_{20}——接头试件按规定加载制度经高应力反复拉压 20 次后的残余变形;

u_4——接头试件按规定加载制度经大变形反复拉压 4 次后的残余变形;

u_8——接头试件按规定加载制度经大变形反复拉压 8 次后的残余变形。

5.3　安装识图

5.3.1　灌浆套筒剖析

钢筋连接用灌浆套筒形式多种多样，按套筒形式，可划分为全灌浆连接套筒（图 5.21）和半灌浆连接套筒（图 5.22）。

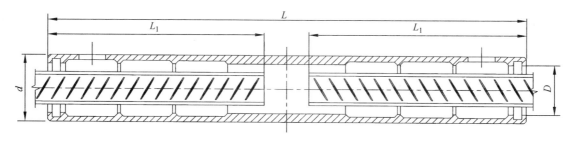

图 5.21　全灌浆套筒

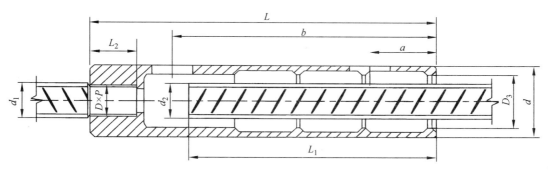

图 5.22　半灌浆套筒

灌浆套筒设置有灌浆孔和出浆孔（图 5.23），灌浆孔用于加注灌浆料，出浆孔用于加注灌浆料时通气，并将多余的灌浆料排出的排料口。

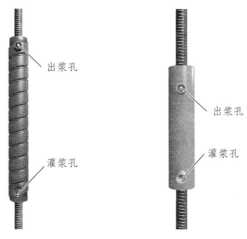

图 5.23　半灌浆套筒

灌浆套筒两端均采用灌浆方式连接钢筋的接头为全灌浆套筒（图 5.24），一端螺纹连接一端灌浆连接的接头为半灌浆套筒（图 5.25）。

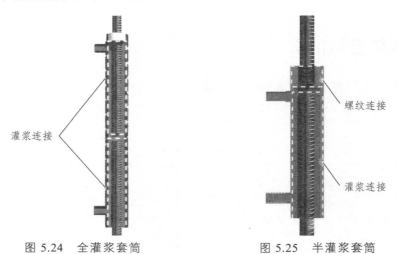

图 5.24　全灌浆套筒　　　　　　　　图 5.25　半灌浆套筒

灌浆套筒内连接钢筋长度组成——全灌浆套筒（图 5.26），半灌浆套筒（图 5.27）。灌浆套筒连接三维示意如图 5.28。

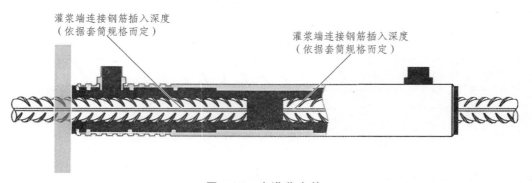

图 5.26　全灌浆套筒

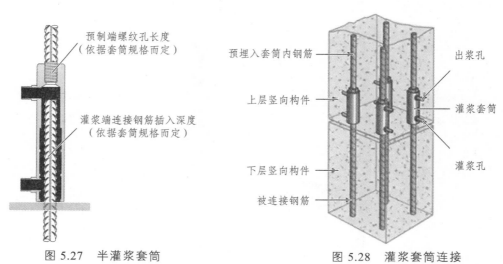

图 5.27　半灌浆套筒　　　　　　　　图 5.28　灌浆套筒连接

5.3.2　灌浆套筒连接构造识图

预制剪力墙套筒灌浆连接构造可分为——预制剪力墙边缘构件的竖向钢筋连接构造（图 5.29），预制剪力墙竖向分布钢筋逐根连接构造（图 5.30），预制剪力墙竖向分布钢筋部分连接构造（图 5.31）。

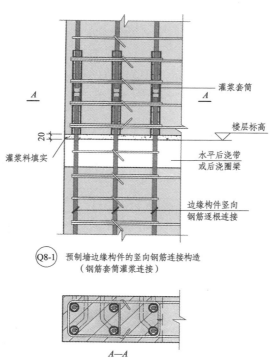

图 5.29　预制剪力墙边缘构件的竖向钢筋连接构造

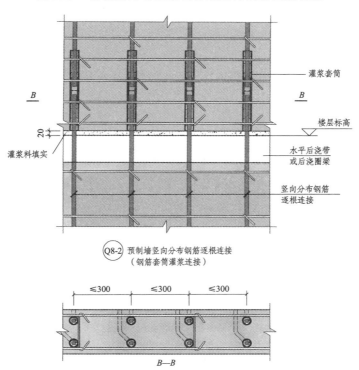

图 5.30　预制剪力墙竖向分布钢筋逐根连接构造

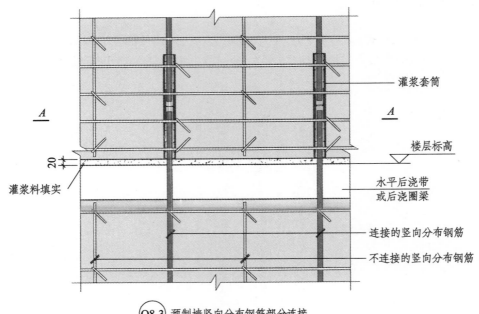

（Q8-3）预制墙竖向分布钢筋部分连接

（钢筋套筒灌浆连接，连接的钢筋通长）

图中标注：

灌浆套筒

楼层标高

20

灌浆料填实

水平后浇带
或后浇圈梁

连接的竖向分布钢筋

不连接的竖向分布钢筋

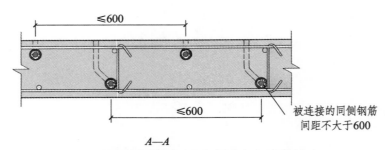

图 5.31　预制剪力墙竖向分布钢筋部分连接构造

A—A

≤600

≤600

被连接的同侧钢筋
间距不大于600

5.4　套筒灌浆施工与技术要求

5.4.1　封仓、分仓

预制构件吊装就位后灌浆前，需开展封仓作业，保证构件脚部四周密封，除进出浆孔外，形成一个密闭空间。单仓长度一般不超过 1 m，经过实体灌浆试验确定可行后可适当延长，但距离不应超过 1.5 m。

1. 封仓、分仓操作流程

清理台座建渣灰尘→喷壶湿润台座结合面→搅拌封仓料→分仓→封仓。

2. 封仓、分仓操作工艺要求

（1）使用大型鼓风机清理预制墙板与台座预留结合面上的建渣与灰尘，不得有碎石、浮浆、油污等杂物。

（2）将使用喷壶均匀喷向预制墙板与台座预留结合面上使其湿润。

（3）按照封浆料的配合比配置搅拌封浆料。将盛料桶放置电子秤上去皮后，检查封仓料是否在保质期内，保质期内开袋用铁抹子翻动检查封仓料有无结块。有结块及过期的封仓料不得使用，合格后使用不锈钢小盆把料倒入盛料桶。再按比例称好水加入其桶内，用手提搅拌器搅拌由低速搅拌再到高速搅拌，防止浆料洒出，搅拌好后先制作 3 组 70.7 mm × 70.7 mm × 70.7 mm 的立方体试件，然后分批倒入盛料小皮桶准备开始封仓。

（4）将 Z 型封仓刀塞入预制墙板下方缝隙中，使用抹刀将小皮桶中的封仓料放置于托板上，用刮刀塞填分仓料，分仓砂浆带宽度 20 mm，高度为 30 mm 呈三角形，并在构件上对应位置用粉笔做好标记，单仓长度不宜超过 1 m 且不应超过 1.5 m；

（5）将 Z 型封仓刀伸入预制墙板下方缝隙中，作为封仓砂浆的挡板，伸入墙体控制在 5～10 mm（不减少设计面积，不宜超过 20 mm），保证套筒插筋的保护层厚度满足规范要求。一人小抹子在墙根将封浆料抹成小八字，另一人缓慢拖动 Z 型封仓刀。

（6）封浆料养护 6～8 h，达到设计强度后可灌浆。

5.4.2　灌　浆

预制柱灌浆施工　　剪力墙灌浆施工

1. 灌浆操作流程

灌浆操作流程如图 5.32 所示。

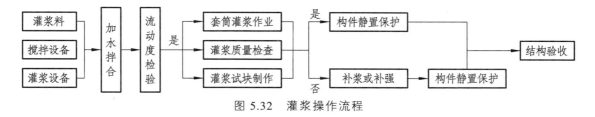

图 5.32　灌浆操作流程

2. 灌浆操作工艺要求

（1）制备灌浆料。

灌浆料搅拌加水量应按灌浆料使用说明书的要求确定，并应按重量精确计量；灌浆料拌合物应采用电动设备搅拌充分、均匀，搅拌时间 3～5 min 为宜（首先将全部拌合水加入搅拌桶中，然后加入约 70%的灌浆干粉料，搅拌约 1～2 min 至大致均匀，最后将剩余干料全部加入，再搅拌 3～4 min 至浆体均匀）。

搅拌完成后宜静置 2～3 min 左右后使用，以消除气泡。灌浆料拌合物制备完成后，灌浆料拌合物宜在 30 min 内用完，任何情况下不得再次加水；散落的拌合物不得二次使用，剩余的拌合物不得再次添加灌浆料、水后混合使用。

（2）灌浆料流动度检测。

按照规定，同一班次同一批号的灌浆料至少作一次流动度测试，保证流动度不小于 300 mm，且不大于 360 mm，合格后方可使用。

（3）检测方法。

① 将截锥圆模放在玻璃板中心，将灌浆材料浆体导入截锥圆模内，直至浆体与截锥圆模上口平；

② 徐徐提起截锥圆模，让浆体在无扰动条件下自由流动直至停止；

③ 测量浆体最大扩散直径及与其垂直方向的直径，计算平均值，精确到 1 mm 作为流动度初始值；在 6 min 内完成上述测量过程；

按上述步骤测定 30 min 后流动度值，流动值不小于 260 mm。

（4）灌浆料抗压强度检测。

制作试件前浆料也需要静置约 2~3min，使浆内气泡自然排出。每栋每层为一个施工段，取样送检一次。每层不少于 3 组 40 mm×40 mm×160 mm 的长方体试件，标养 28d 后进行抗压强度试验。

（5）灌浆。

① 将所有注浆口、排浆口塞堵打开；

② 将拌制好的浆液倒入灌浆泵，启动灌浆泵，待灌浆泵嘴流出的浆液成线状时，将灌浆嘴插入预制墙板的灌浆孔内，开始灌浆；

③ 按照封浆分仓顺序依次注浆，从每个仓位于中间的接头灌浆口进行灌浆（禁止两个灌浆口同时灌浆）。灌浆泵运转时，灌浆管端头放在料斗内，以免浆料流出浪费、污染地面；

④ 排浆孔连续柱状溢出浆液后需保压 1 min。

（6）封堵出浆孔。

灌浆一段时间后，其他下排灌浆孔及上排出浆孔会逐个流出浆液，待灌浆料成柱状流出时，依次将溢出灌浆料的排浆孔用专用橡胶塞塞住，待所有套筒排浆孔均有灌浆料溢出后保压 1 min，停止灌浆，并将灌浆孔封堵。最后确认各孔均流出浆液后，可转入下个构件的灌浆作业，或停止灌浆，填写灌浆和检验记录表。

（7）一个阶段灌浆作业结束后，立即用水清洗搅拌机、灌浆泵和灌浆管；

（8）灌浆施工结束后 1 d 内不得施加有害的振动、冲击等影响。

5.5 质量检查

钢筋套筒灌浆连接是预制装配式建筑施工中需要重点关注的质量控制关键，其质量的控制可分为三个阶段：工程使用前的检验，施工过程中的控制以及施工完成后的检测。

5.5.1 工程使用前检验

钢筋灌浆套筒接头使用前应提供型式检验报告、匹配检验报告，且应符合下列规定：

（1）接头连接钢筋的强度等级低于灌浆套筒规定的连接钢筋强度等级时，可按实际应用的灌浆套筒提供检验报告；

（2）对于预制端连接钢筋直径小于灌浆端连接钢筋直径的半灌浆变径接头，可提供两种直径规格的等径同类型半灌浆套筒检验报告作为依据，其他变径接头可按实际应用的灌浆套筒提供检验报告。

1．型式检验

钢筋套筒灌浆连接首先需要通过型式检验。灌浆套筒、灌浆料产品定型时，均应按相关产品标准的要求进行型式检验，灌浆套筒供应时，应在产品说明书中注明与之匹配的检验合格的灌浆料。当使用中灌浆套筒的材料、工艺、结构（包括形状、尺寸），或者灌浆料的型号、成分（指影响强度和膨胀性的主要成分）发生改动，可能会影响套筒灌浆连接接头的性能，应重新进行型式检验。全灌浆接头与半灌浆接头，应分别进行型式检验，两种类型接头的型式检验报告不可互相替代。《钢筋套筒灌浆连接应用技术规程》JGJ 355—2015（2023 版）（简称《灌浆连接规程》）要求，套筒相关的检验包括：型式检验、接头匹配检验、接头工艺检验、平行检验、进厂（场）抽检。

灌浆套筒、灌浆料生产单位作为接头提供单位时，应提交所有使用接头规格的有效型式检验报告。

灌浆套筒进厂（场）时，应抽取灌浆套筒检验外观质量、标识和尺寸偏差，检验结果应符合现行行业标准《钢筋连接用灌浆套筒》JG/T 398 及《灌浆连接规程》的有关规定。检查数量为同一批号、同一类型、同一规格的灌浆套筒，不超过 1000 个为一批，每批随机抽取 10 个灌浆套筒。检验方法为观察，尺量检查。

灌浆料进场时，应对灌浆料拌合物 30 min 流动度、泌水率及 3 d 抗压强度、28 d 抗压强度、3 h 竖向膨胀率、24 h 与 3 h 竖向膨胀率差值进行检验，检验结果应符合《灌浆连接规程》的有关规定。检查数量为同一成分、同一批号的灌浆料，不超过 50t 为一批，每批按现行行业标准《钢筋连接用套筒灌浆料》JG/T 408 的有关规定随机抽取灌浆料制作试块。

2．匹配检验

施工单位、构件生产单位作为接头提供单位时，应完成所有使用接头规格的匹配检验。接头提供单位应对立品质量和检测报告负责。接头匹配检验应按《灌浆连接规程》接头型式检验的规定进行。匹配检验应委托法定检测单位进行，并应按规定的格式出具检验报告，且匹配检验报告仅对具体工程项目一次有效。

如果在灌浆施工中更换灌浆料时，施工单位应在灌浆施工前重新完成涉及接头规格的匹配检验及有关材料进场检验，且所有检验均应在监理单位（建设单位）、检测单位代表的见证下制作试件并一次合格。

3．工艺检验

灌浆施工前，应对不同钢筋生产企业的进场钢筋进行接头工艺检验。施工过程中，当更换钢筋生产企业，或同一生产企业生产的钢筋外形尺寸与已完成工艺检验的钢筋有较大差异时，应再次进行工艺检验。现行规范《灌浆连接规程》明确规定接头工艺检验应由专业检测机构进行，且应符合下列规定：

（1）工艺检验应在预制构件生产前及灌浆施工前分别进行。

（2）对已完成匹配检验的工程，当现场灌浆施工与匹配检验时的灌浆单位相同，且采用的钢筋相同时，可由匹配检验代替工艺检验。

（3）工艺检验应模拟施工条件、操作工艺，采用进厂（场）验收合格的灌浆料制作接头试件，并应按接头提供单位提供的作业指导书进行。半浆套筒机械连接端加工应符合《灌浆连接规程》第 6.2 节相关规定。

（4）施工过程中当发生下列情况之一时，应再次进行工艺检验：

① 更换钢筋生产单位，或同一生产单位生产的钢筋外形尺寸与已完成工艺检验的钢筋有较大差异；

② 更换灌浆施工工艺；

③ 更换灌浆单位。

（5）试件制作与养护应符合下列规定：

① 每种规格钢筋应制作 3 个对中套筒浆连接接头；

② 变径接头应单独制作；

③ 采用灌浆料拌合物制作的 40 mm×40 mm×160 mm 试件不应少于 1 组；

④ 常温型灌浆料接头试件、常温型灌浆料试件应按《灌浆连接规程》第 5.0.4 条第 4 款的规定养护 28d；低温型灌浆料接头试件、灌浆料试件的制作、养护要求应符合《灌浆连接规程》附录 B 相关规定。

（6）检验应符合下列规定：

① 每个接头试件的抗拉强度、屈服强度应符合《灌浆连接规程》第 3.2.2A 条、第 3.2.3 条的规定，3 个接头试件残余变形的平均值应符合《灌浆连接规程》表 3.2.6 的规定；

② 常温型灌浆料试件 28d 抗压强度应符合《灌浆连接规程》第 3.1.3 条的规定，低温型灌浆料试件 28d 抗压强度应符合《灌浆连接规程》第 B.0.3 条的规定；

③ 接头试件应在量测残余变形后再进行抗拉强度试验，并应按现行行业标准《钢筋机械连接技术规程》JGJ 107 规定的钢筋机械连接型式检验单向拉伸加载制度进行试验；

④ 第一次工艺检验中 1 个试件抗拉强度或 3 个试件的残余变形平均值不合格时，可再抽 3 个试件进行复检，复检仍不合格应判为工艺检验不合格；

⑤ 工艺检验应委托法定检测单位完成，并应按《灌浆连接规程》附录 A 第 A.0.2 条规定的格式出具检验报告。

4. 施工检验

灌浆套筒进厂（场）时，应抽取灌浆套筒并采用与之匹配的灌浆料制作对中连接接头试件，并进行抗拉强度检验，如图 5.33，检验结果均应符合《灌浆连接规程》的有关规定才能使用。检查数量为同一批号、同一类型、同一规格的灌浆套筒，不超过 1000 个为一批，每批随机抽取 3 个灌浆套筒制作对中连接接头试件。

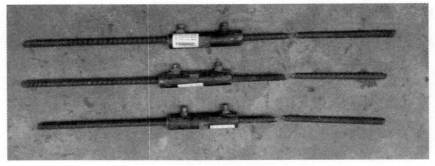

图 5.33　抗拉强度检验

5.5.2　施工过程中的控制

钢筋套筒灌浆连接在灌浆施工前，要进行灌浆料拌合物流动度检测，每工作班应检查灌浆料拌合物初始流动度不少于 1 次，确保能顺利进行灌浆作业。流动度检测时，湿润玻璃板和截锥圆模，将截锥圆模放置在玻璃板中央，将搅拌好的灌浆料倒满试模，振动排出气体，慢慢提起圆锥试模，待浆料无扰动条件下自由流动扩散直至停止，测量两个垂直方向的扩展度，取平均值即为灌浆料的流动度。要求初始流动度不小于 300 mm，30 min 流动度不小于 260 mm。

灌浆质量是钢筋套筒灌浆连接施工的决定性因素，灌浆应密实饱满，所有出浆口均应出浆。

灌浆料强度是影响接头受力性能的关键，故在钢筋套筒灌浆过程中，由监理人员监督、项目实验员制作灌浆料抗压强度试件。抗压强度检验应符合相关规范中的规定，且不低于设计要求的灌浆料抗压强度。

5.5.3　施工完成后的检测

钢筋套筒灌浆连接时，灌浆料的饱满度（密实度）、连接筋的插入深度、灌浆料本身的强度、钢筋偏位等是影响连接质量的关键因素。同时，该连接技术也存在着精度要求高，灌浆难度大及隐蔽工程不易检测的缺点，因此，如何就套筒灌浆连接节点进行质量检测及质量控制应引起现场及质量控制人员的足够重视。

当不具备无损检测的条件，或对无损检测的结果有怀疑或者有异议，或对半灌浆套筒的机械连接端质量有怀疑时，可现场抽取对结构安全性影响较小的钢筋套筒灌浆连接接头进行破损检查和检测。检查时可原位截取钢筋接头，先做接头力学性能检验，再剖开检查内部灌浆饱满性和钢筋插入长度。

1. 套筒灌浆料强度的检测

目前针对灌浆施工中套筒灌浆料强度的验收手段主要是通过留置灌浆料棱柱体试块，根据抗压强度试验结果，判断是否满足验收要求。当留置试块抗压强度不满足要求或对套筒内灌浆料实体强度有怀疑时，可根据现场情况，采用取样法对灌浆料实体强度进行检测。当采用外接延长管施工工艺时，宜采用外接延长管取样法，对采用 PVC 等硬质材料的灌浆管和排浆管且其管长度大于 50 mm 的钢筋套筒灌浆连接的结构实体，可采用钻芯取样法。采用取样法检测灌浆料实体强度时，应符合现行标准《取样法检测钢筋连接用套筒灌浆料抗压强度技术规程》T/CECS 726 的相关规定。目前有学者对于采用回弹法检测灌浆料实体强度进行了较深入的研究，取得了一系列的成果。回弹法简单、方便，不受套筒布置方式及灌浆孔道和排浆孔道的形状限制，当构件灌浆口、出浆口为硬化的灌浆料原浆而且表面平整、光滑时，即可采用回弹法，有望得到推广应用。

2. 灌浆料的饱满度（密实度）的检测

灌浆料的饱满度（密实度）对接头性能的影响是显而易见的，但是施工完成后对灌浆饱满度进行准确的无损检测，目前还是一大难点。目前，对于钢筋套筒灌浆连接饱满度的检测主要有预埋传感器法、预埋钢丝拉拔法、X 射线成像法；而对于浆锚连接饱满度的检测主要有冲击回波结合局部破损法、X 射线成像法。一些新的方法，如内窥法、阵列超声法等检测技术也在研究中并取得了一些成果。

1）预埋传感器法

预埋传感器法是指灌浆前在套筒出浆口预埋传感器，灌浆过程中或灌浆结束一定时间后，通过阻尼振动传感器数据采集系统获得的波形判断灌浆饱满度的方法。传感器如图5.34所示。

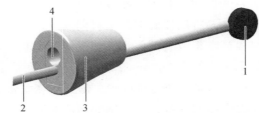

1—端头核心元件；2—钢丝（一端与端头核心元件相连，另一端与灌浆饱满度检测仪相连）；
3—橡胶塞；4—排气孔。

图 5.34　预埋传感器示意

2）预埋钢丝拉拔法

预埋钢丝拉拔法是灌浆前在套筒出浆口预埋钢丝，灌浆料凝固一定时间后对预埋钢丝进行拉拔，通过拉拔荷载值判断灌浆饱满度的方法。钢丝示意如图5.35所示。

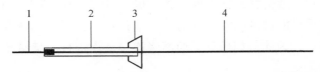

1—钢丝锚固段；2—钢丝隔离段；3—橡胶塞；4—钢丝拉拔段。

图 5.35　预埋钢丝示意

3）X射线成像法

X射线成像法是基于X射线探伤原理，用X射线透照预制构件，并直接在图像接收装置上成像，用于观测灌浆套筒或灌浆孔道内部灌浆缺陷的方法。X射线检测作业时应采取辐射防护措施，可用于套筒单排布置或梅花形布置的情况。X射线法完全是无损检测方法，对可穿透的混凝土构件尺寸及检测环境有特殊要求。也受到需穿透的混凝土层厚度的影响。当所检测构件成像有困难时，可结合局部破损的方法进行检测。如图5.36所示。

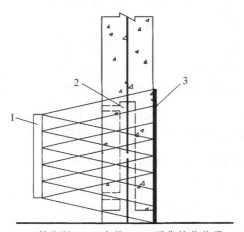

1—X射线源；2—套筒；3—图像接收装置。

图 5.36　采用X射线成像法检测套筒灌浆饱满度的示意

4）冲击回波结合局部破损法

冲击回波是通过冲击方式产生瞬态冲击弹性波并接收冲击弹性波信号，通过分析冲击弹性波及其回波的波速、波形和主频频率等参数的变化，来检测缺陷的方法。当对检测结果存在疑问时，可采用破损方法对检测结果进行验证。

5）内窥法

内窥法（图 5.37）是通过在出浆口、灌浆口、套筒壁或浆锚孔道壁钻孔形成检测通道，采用内窥镜检测判定内部灌浆饱满性情况的方法。需要沿着排浆孔道钻孔至套筒出浆孔，或者直接在套筒顶部钻孔，对套筒有局部微损伤。

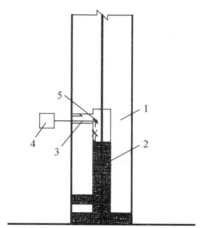

1—预制构件；2—灌浆套筒；3—检测通道下沿；4—内窥镜；5—测量镜头；
x—灌浆料顶部界面距排浆孔高度。

图 5.37　内窥法检测灌浆饱满性示意

6）阵列超声法

阵列超声法（图 5.38）是通过超声阵列探头实现超声波的发射与接收，并采用合成孔径聚焦等特定算法完成超声成像，判定混凝土内部缺陷的方法，可用于检测无波纹管钢筋浆锚搭接的灌浆饱满性。

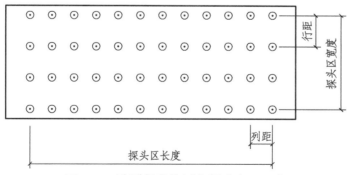

图 5.38　阵列超声检测仪探头布置示意

3. 钢筋插入长度检测

钢筋插入长度是指下层预留的插筋进入套筒内的高度，钢筋套筒灌浆连接的钢筋锚固长度是由套筒内钢筋插入长度和灌浆饱满性共同决定，故钢筋插入长度也是影响钢筋套筒灌浆连接性能的重要因素。套筒内钢筋插入长度可采用内窥法、钻孔内窥法、X 射线成像法进行检测。在预制构件现场安装完成后、套筒灌浆施工前，可采用内窥法检测套筒内钢筋插入长度；在套筒灌浆施工后，可采用 X 射线成像法或者钻孔内窥法进行检测。

5.6 套筒灌浆质量与安全管理

5.6.1 套筒灌浆质量注意事项

1. 灌浆材料的选用

在进行装配式工程钢筋套筒灌浆作业时，应当选择质量稳定、符合国家标准的水泥、细沙等灌浆材料。

2. 灌浆工艺的控制

灌浆作业需要严格控制施工时间和浇筑量，在注浆时避免出现中途停顿和渗漏现象，以确保灌浆的均匀性和完整性。

（1）预制墙体与混凝土接触面应无灰渣、无油污、无杂物等。在预制墙体吊装前，用细钢丝从上部灌浆孔伸入套筒，如果从底部可以伸出，且从下部灌浆孔可以看见钢丝即为畅通;如果细钢丝无法从底部伸出，说明套筒内有杂物，需清除杂物直至畅通无阻。

（2）在预制混凝土女儿墙板与导墙间的缝隙，填塞灌浆料封堵，并刮抹顺直密封严，确保灌浆料不从缝隙中溢出，减少材料浪费和污染。

（3）灌浆前应用水将注浆孔进行润湿，减少因混凝土吸水导致灌浆强度达不到要求，且与灌浆孔连接不牢靠等现象发生。

（4）在溢浆孔部位铺设隔离材料如墙底部位，防止浆料外溢污染楼地面。灌浆作业完成后要及时清理墙面上、楼地面上的余浆。灌浆部位应洒水保湿养护不得少于 7 d。

（5）灌浆完毕，立即用清水清洗注浆机、搅拌设备等。24 h 内不得对墙板施加任何振动或冲击等影响，72 h 后方可安排拆除预制混凝土墙体临时斜支撑再周转使用。

（6）装配式建筑钢筋套筒灌浆可以在 5~10C 环境下进行作业，不宜高温天气、冬期、雨期施工，否则应采取相应的降温、保温、防雨淋等措施。

3. 灌浆后的处理

灌浆完成后需要对灌浆孔进行封堵，以避免水泥浆渗漏或冷缩开裂等问题的出现。同时，还需要在灌浆完成后进行清理和养护，以确保灌浆固化硬化和牢固稳定。

5.6.2 套筒灌浆安全注意事项

1. 安全教育与防护

（1）施工前班组长对现场工人进行安全教育，强调灌浆施工必须遵守安全操作施工规范，对施工操作流程进行必要的讲解。

（2）进入现场施工作业人员戴好安全帽，佩戴眼罩，穿防刺穿劳动保护鞋。

（3）进入现场的作业人员要看上顾下，看上面是否有易坠物和有人作业，要做到及时躲开；顾下面是否有料物绊脚或扎脚。

（4）在高空进行灌浆作业，必须遵守国家现行行业标准《建筑施工高处作业安全技术规范》JGJ 80 规定。

2. 设备与工具使用安全

（1）所有进场的灌浆施工设备必须维护保养好，完好率达到 100%，严禁带病运转和操作。

（2）严格遵守设备操作规程，按规定配备防护用具。

（3）套筒灌浆施工设备操作时，须严格按照操作规程进行，并做到设备专人专管，其他人严禁动用操作设备。

（4）管路堵塞，用加压方式疏通管路应注意安全，身体部位不得对排气口。

（5）严格按照设备用电安全管理规定施工，注意用电安全。

第6章 构件打胶防水技术

6.1 构件打胶防水概述

装配式混凝土建筑的防水措施按原理可分为构造防水（排水）和材料防水（密封防水）两大类。

构造防水是采取合适的构造形式，阻断水的通路，以达到防水的目的。水平缝宜采用企口缝或高低缝等；竖缝宜采用双直槽缝等，设置排水空腔构造。企口缝的设置目的在于曲折渗漏水的路径，避免透过密封胶的水直接进入室内。设置空腔构造的目的其一是形成一道减压屏障，避免在大风等恶劣天气下，由于室内外气压差过大导致外墙表面积水直接渗入室内；其二是当空腔内有积水时，容易通过导水管及时排出。

材料防水是依靠防水材料阻断水的通路，达到防水的目的，主要的做法是在预制墙体拼接形成的水平缝、竖向缝等接缝中嵌填建筑密封胶等。在有些情况下，预制混凝土外挂墙上会设置橡胶空心气密条，在两块相邻的外挂墙板之间形成一道密封防水措施（二道密封）。

在装配式混凝土建筑外墙防水施工中，密封胶作为第一道防线，若防水失效，极易造成建筑外墙渗水。因此，装配式混凝土构件的打胶防水技术对于整个装配式建筑的防水质量，有极其重要的作用。

装配混凝土建筑打胶防水技术的主要基于两个方面，第一是防水材料的选择，第二是施工质量的好坏。

目前，市场常见的装配式建筑接缝用密封胶大多数都是硅烷改性聚醚密封胶（也叫改性硅酮密封胶），结构如图 6.1 所示。

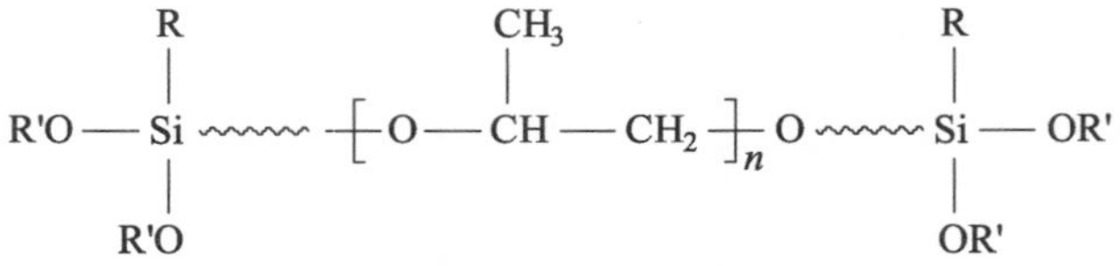

$$R'O - \underset{R'O}{\overset{R}{Si}} \sim \left[O - CH - CH_2 \right]_n O \sim \underset{OR'}{\overset{R}{Si}} - OR'$$

图 6.1 硅烷改性聚醚主链结构

硅烷改性聚醚密封胶是一种以端硅烷基聚醚（以聚醚为主链，两端用硅氧烷封端）为基础聚合物制备生产出来的密封胶，按照组分可以分为单组分和双组分。单组分施工方便；双组分利用率更高，但对施工要求相对较高，需要施工人员现场搅拌混合密封胶两个组分。单组分和双组分密封胶主要的性能对比如表 6.1。

表 6.1　不同种类的装配式建筑接缝用密封胶性能对比

性能类别	单组分硅烷改性聚醚	双组份硅烷改性聚醚
环保性	优	优
施工性	优	需要现场混胶
固化速率（24 h 厚度）	4～5 mm	完全固化
涂饰性	良好	良好
弹性	优	
模量	低模量	
抗位移性	优	
耐老化性	良好	
力学性能	优异	
抗污染性	优异	

硅烷改性聚醚密封胶，具有较高的抗位移能力、较低的模量、良好的涂饰性、黏结性、抗污染性、耐老化性，施工性优异，绿色环保，非常适合装配式建筑的水泥预制构件接缝密封。选用的密封胶，应符合国家标准《硅酮和改性硅酮建筑密封胶》GB/T 14683—2017 或行业标准《混凝土接缝用密封胶》JC/T 881—2017 的相关要求。

一般而言，硅烷改性聚醚密封胶对多数建筑材料，如预制混凝土板、石材、砖石、等材料具有优异的黏结性，但由于新的建筑材料不断出现和新的表面处理技术应用，为了确保获得最佳黏结效果，在工程开工前应对工程实际使用的基材进行黏结性测试。部分企业可以提供免费的黏结性测试服务，可以联系生产厂商获取相关的服务。

6.2　打胶基础用料及接缝形式

6.2.1　一般说明

使用密封胶进行接缝密封时，要考虑的主要因素有：基材、底涂、衬垫材料、黏结隔离物和密封胶（如图 6.2）。

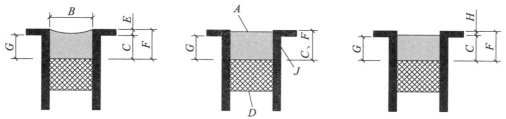

A—密封胶；B—密封胶宽度；C—密封胶深度；D—衬垫材料；E—修整深度；
F—接缝填充深度；G—密封胶接触深度；H—密封胶凹进深度；J—基材。

图 6.2　典型的垂直接缝形状示意

1. 基　材

建筑常用的材料有：砖石、混凝土（包含 PC 板、压缩成型板 ALC 等）、石材、金属、木材等，它们通常可分为多孔材料和无孔材料。某些材料与密封胶黏结性很差，只有经过物理或化学表面处理后才能与密封胶黏结，必须充分注意。

2. 底　涂

采用底涂的目的是改善密封胶与基材之间的黏结性。在装配式建筑应用推荐采用装配式建筑专用密封胶配套的专用底涂液，以得到最佳的密封黏结效果。

3. 衬垫材料

合适的接缝设计需正确选择和使用衬垫材料以确保可靠密封。衬垫材料起如下作用(见图 6.3)：

（1）控制接缝中密封胶的嵌入深度和形状。

（2）使密封胶与基材表面充分接触。

（3）保证按压时黏结面受力均匀，保障黏结性。

（4）当条件不适于立即施胶或万一密封胶失效时，可作为接缝临时密封。

浸油材料、沥青、未硫化的聚合物及类似的材料不能用作衬垫材料，以免污染基材或密封胶。推荐使用柔性泡沫塑料或海绵胶条，如聚氨酯泡沫或聚乙烯发泡材料，在缝内不产生永久变形、不吸水、不吸气、不会因受热而隆起使密封胶鼓泡。衬垫材料在缝内应不限制密封胶运动。为防止衬垫材料在施胶之前淋雨吸水，密封胶应及时涂敷。闭孔衬垫材料的原始尺寸应大于接缝宽度的 20% ~ 30%；开孔衬垫材料的原始尺寸应大于接缝宽度的 40% ~ 50%。

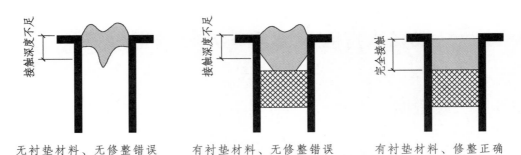

无衬垫材料、无修整错误　　有衬垫材料、无修整错误　　有衬垫材料、修整正确

图 6.3　使用衬垫材料和修整的目的示意

4. 黏结隔离物

黏结隔离物是用于防止密封胶接触到不希望黏结的表面或材料上，这类黏结会破坏密封胶的性能（见图 6.4）。可以用作黏结隔离物的材料有：聚乙烯或聚四氟乙烯自粘带或密封胶生产厂家推荐的防粘材料。不建议采用液体黏结隔离物，因为使用时可能会污染被黏结面。黏结隔离物使用在接缝底部的硬的不易变形衬垫材料上，以阻止密封胶黏结到这些材料上，形成有害的三边黏结。软的易变形的开孔衬垫材料不需要黏结隔离物，因为它不会明显地限制密封胶的自由移动。浸油材料、沥青、未硫化的聚合物及类似的材料不能用作黏结隔离物。

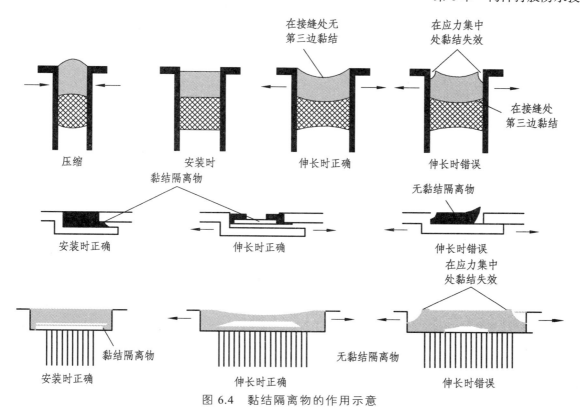

图 6.4　黏结隔离物的作用示意

6.2.2　密封接缝的形状尺寸

接缝的形状尺寸与多种参数有关：包括接缝外观、接缝空间、接缝的预期位移、所使用的密封胶的位移能力、施工方法等，设计接缝尺寸时应综合考虑。建筑接缝密封三种典型的接缝形状，可参照图 6.2。

设计接缝宽度时应充分考虑所使用建材的线膨胀系数、施工的季节和预计使用的极限温度等。建议按以下推荐公式计算：

$$W = \frac{\delta}{\varepsilon} + W_E$$

式中　W——设计胶缝宽度（mm）；

　　　δ——位移（mm）；

　　　ε——硅烷改性聚醚胶设计伸缩率；

　　　W_E——施工误差（mm），可取 5 mm。

　　　其中 δ 的计算公式如下：

$$\delta = \alpha \cdot \Delta T \cdot b\mu$$

式中　α——面板材料的线膨胀系统（1/℃）；

　　　ΔT——部件失效温度差（℃）；

　　　b——计算方向面板边长（mm）；

　　　μ——温度位移降低率（推荐值 0.9）。

例如：4.5 m 混凝土板幕墙（热膨胀系数 1.0×10^{-5}/℃），混凝土板材失效温度差 35 ℃，施工误差 5.0 mm，所使用的装配式建筑专用密封胶的设计伸缩率为 10%。

$$W = \frac{\alpha \cdot \Delta T \cdot b \mu}{\varepsilon} + W_E = \frac{1.0 \times 10^{-5} \times 35 \times 4500 \times 0.9}{10\%} + 5 = 19.2 \, (\text{mm})$$

密封胶的深度与密封胶的宽度有关。密封胶的深度，推荐以下值：

（1）密封胶的宽度与深度的比例一般为 2∶1，最小不能低于 1∶1，见图 6.5。

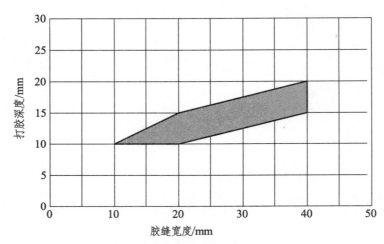

图 6.5　胶缝宽度和厚度关系示意

（2）可参考表 6.2 中经验值。

表 6.2　密封胶的宽度与深度经验值

接缝宽度/mm	打胶深度/mm
10	10
20	10 ~ 15
30	13 ~ 18
40	15 ~ 20

6.3　常用材料与工具设备

施工前，准备好施工所用材料、工具，如图 6.6。主要材料包括 PE 棒、美纹纸等，对于密封胶和底涂液要求密封胶厂家提前做好库存准备和原材料库存。密封胶材料进场时，同步提供检测报告，产品合格证，经甲方人员确认合格方可进场。主要工具包括胶枪、美工刀、刮刀、刷子等打胶相关的工具，同时还包括铲刀、切割机、角磨机、吹风机等用于胶缝清理的工具。

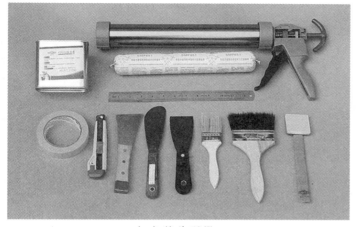

（a）缝处理器

（b）角向磨光机

（c）混凝土切割机

（d）强力吹风机

图 6.6　主要材料和工具

6.4　操作工艺流程与技术

6.4.1　确认接缝

1. 位移接缝

（1）合适的接缝宽度能确保密封胶对位移的承受能力，而且能使密封胶得到充分填充，如图 6.7。

（2）合适的接缝深度能够充分确保密封胶的黏结性、耐久性以及防止未完全固化，并且能够保证密封胶得到充分填充。

（3）可进行两面黏结施工，避免三面黏结。

2. 非位移接缝

（1）合适的接缝宽度能够使密封胶得到充分填充。

（2）合适的接缝深度能够充分确保密封胶的黏结性、耐久性以及防止未完全固化，并且能够保证密封胶充分得到填充。

（3）可进行三面黏结施工。

图 6.7　确认接缝

6.4.2　清扫施工面

（1）接缝的被黏结面要求没有缺损，无突起物，平坦且牢固。被黏结面有缺损或者突起的地方，会造成密封胶产生不均一的应力，从而阻碍施工、影响黏结，还会使密封胶固化后即使是很小的位移也会造成结构材料破损从而造成渗水，所以需要确认被黏结面是良好的。

（2）为了防止被黏结面吸附的油分、水分、锈、灰尘等物质导致黏结不良，对于混凝土和预制混凝土板基材，在完全干燥后，用钢丝刷或砂纸进行第一道清扫，清除脆弱部分；如灰尘很多，可用鼓风机进行吹扫，然后用毛刷进行第二道清扫，清除灰尘，如图 6.8。

图 6.8　清扫施工面

（3）实际现场可能会出现胶缝被水泥浆料堵塞的现象，此时需要先对胶缝进行切割处理，然后鼓风机和毛刷进行清扫，清除灰尘，如图 6.9。

图 6.9　需要切割的胶缝

6.4.3　填入衬垫材料

（1）衬垫材料如泡沫棒要考虑接缝尺寸的偏差，且泡沫棒的宽度要比胶缝的宽度大 20% ~ 30%。

（2）要考虑密封胶填缝深度以及达到图纸指定尺寸后进行填装。接缝深度的确认必须用量尺测量。确认之后，施工人员对衬垫材料进行填装，如图 6.10。

（3）衬垫材料填装好后遇到降水、降雪的场合，要进行再次填装或进行充分干燥。

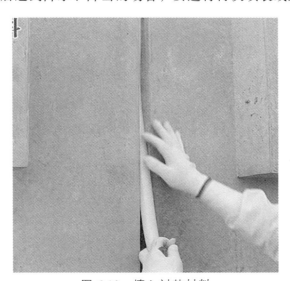

图 6.10　填入衬垫材料

6.4.4 安装排水管

（1）由于接缝内部容易产生积水，从而造成内墙漏水，安装排水管则可避免上述问题的发生，并且即使密封胶发生断裂也可防止漏水的发生，如图6.11。

（2）最理想的状态是每3层设置一个排水管，或在维持此基准的基础上根据现场情况可探讨具体的施工个数及位置。

（3）安装衬垫材料，根据接缝尺寸选择合适衬垫材料，使其贴合内墙；泡沫棒高度控制在30～50 cm，角度控制在20°以上以保证水可以自然流出，图6.11（a）。

（4）清洁接缝，涂刷底涂，施胶，修整，图6.11（b）。

（5）设置排水管。确认排水管可通水，直径要求在8 mm以上；安装时保证排水管突出外墙在5 mm以上；排水管的颜色的选择须慎重，图6.11（c）。

（6）再次安装衬垫材料。衬垫材料和密封胶之间须留出一定距离以便积水能够自然流出。

（7）涂刷底涂，施胶，修整，后处理，图6.11（d）。

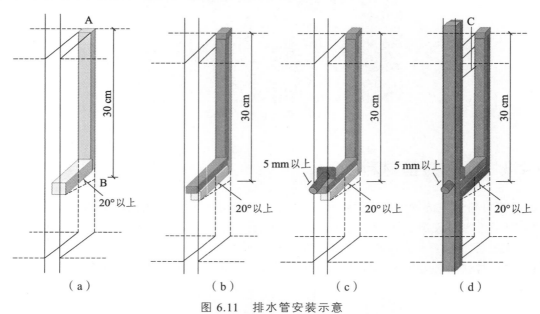

图6.11 排水管安装示意

6.4.5 粘贴美纹纸

（1）美纹纸是在施工中为了防止周边污染和方便修饰中起到美观作用时所使用，如图6.12。
（2）在所选定的位置上涂刷底涂前进行粘贴。
（3）美纹纸的粘贴仅限于当天施工范围内的作业中使用，打完胶后立刻将其摘除。

6.4.6 底涂处理

（1）建议使用密封胶生产厂家生产的装配式建筑专用密封胶配套专用底涂液。
（2）为了充分与各被黏结物体进行黏结，要充分理解施工横截面的图解后方可进行涂刷底涂；涂刷前将底涂液倒入小塑料杯中，用小毛刷蘸湿后，涂刷被粘表面，涂刷时应保持均匀，如图 6.13。

（3）底涂涂刷好后，须涂层干燥后方可进行密封胶施工，且应在底涂涂刷后 8 h 内完成。施工完成后，如果有脏东西或灰尘被黏附时，要将异物除去后再次进行涂刷。如遇到密封胶施工顺延到第 2 天时，需要再次进行涂刷底涂的操作。

（4）一般条件下，底涂涂刷后的干燥时间在 30 min 以内。

图 6.12　粘贴美纹纸

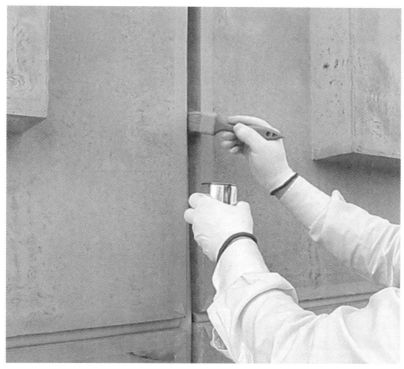

图 6.13　涂刷底涂

6.4.7　双组分混胶

（1）把定量包装好的固化剂、色料添加到主剂桶中。

（2）将主剂桶放置在专用的混胶机器上，扣上固定卡扣，安装好搅拌桨。

（3）旋动旋钮设置搅拌时间 15 min，启动电源开关，按设定的程序自动进行混胶（图 6.14）；建议不要分多次搅拌，不要使用手动搅拌机，以防止气泡混入。

图 6.14　搅拌混胶

（4）混胶结束后，可通过蝴蝶试验来判断混胶是否均匀，如胶样无明显的异色条纹，可认为混胶均匀，如图 6.15。

（5）取出搅拌桨时将附着在桨上的胶刮入桶内，取出主剂桶在地上垂直震击数次。

（6）已混好的胶应尽快使用，并且避免阳光照射。

（7）已混好后的胶须用专用的胶枪抽取并施胶

（a）对折处挤注密封胶　（b）叠合挤压纸面　（c）未均匀混合（有白色条纹）　（d）均匀混合的密封胶

图 6.15　蝴蝶试验示意

6.4.8　填充密封胶

（1）密封胶的挤注动作应连续进行，使胶均匀地连续地以圆柱状从注胶枪嘴挤出，而枪嘴的直径应小于注胶接缝宽度，以便枪嘴能伸入其 1/2 深度。枪嘴应均匀缓慢地移动，确保接口内充满密封胶，防止枪嘴移动过快而产生气泡或空穴，如图 6.16。

（2）交叉的接缝以及边缘处，填充时要特别注意防止气泡产生。

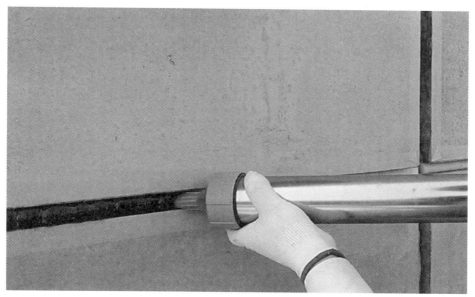

图 6.16　填充密封胶

6.4.9　修饰接缝

打胶完成后，首先对着打胶的反方向用专用刮刀进行 1 次按压，之后反方向按压，如图 6.17。

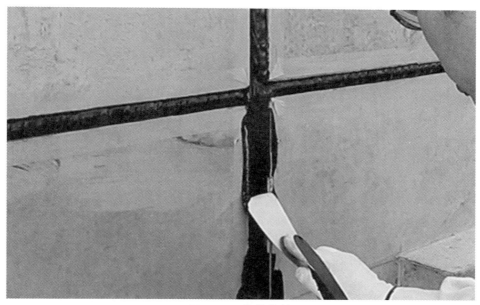

图 6.17　修饰接缝

6.4.10　后处理

修饰完成后应立刻去除美纹纸（图 6.18）。施工场所黏附的胶样要趁其在固化之前用溶剂进行去除，并对现场进行清扫。

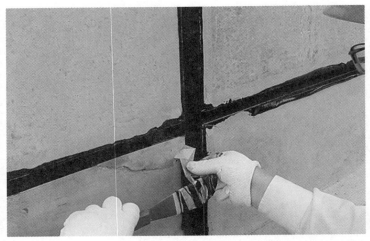

图 6.18　后处理

6.4.11　施工注意事项

（1）密封胶应在温度 4 ~ 40 ℃，相对湿度 40% ~ 80%的清洁环境下施工，下雨、下雪时不能施工。环境温度过低会降低密封胶的黏结性，因为密封胶的表面润湿性降低，并且在低温的基材上可能形成霜和冰，影响密封胶的黏结性。因此，密封胶的安全使用温度应大于 5 ℃。高的环境温度对密封胶也有不良影响，在过高的环境温度且阳光直射的建筑物表面上，基材表面的实际温度可能比环境温度高很多。由于高温的影响，密封胶的抗下垂性会变差、固化时间会加快、使用时间和修整时间会缩短，同时容易产生气泡。相对湿度过低会使密封胶的固化速度变慢，过高的相对湿度可能会在基材表面上形成冷凝水膜，影响密封胶与基材的黏结性，也可能使密封胶形成气泡。

（2）浅色或特殊颜色密封胶应避免与酸性或碱性物质接触（比如外墙清洗液等），否则可能导致密封胶表面发生变色。

（3）单组分密封胶可用手动或气动施胶枪直接从塑料筒或香肠型包装中挤出施工，或用单组分打胶机施工。

（4）施胶后 48 h 内密封胶未完全固化，密封接缝不允许有大的位移，否则会影响密封效果。

（5）对于多孔性基材无需使用清洗液清洗。对于无孔性基材的清洗液应使用黏结性试验报告中注明的溶剂，在未指明时可使用干净的异丙醇（IPA），甲乙酮（MEK）或二甲苯（XYLENE）等溶剂，其中后者毒性较大，使用前两者更为合适。由于所用清洗液属于易燃易爆物品，并具有一定的毒性，所以使用它们的地方必须具有良好的通风条件，严禁烟火，并采取必要的安全防护措施。

（6）注意装配式建筑专用密封胶的配套底涂液的化学活性极强，遇水易湿气固化，开封后应尽快使用；底涂液属易燃易爆物品，并有一定毒性，使用者必须采取必要的防护措施，工作场所必须有良好的通风条件，严禁烟火。

（7）施工过程中，打注密封胶时，应按设计要求保证足够的注胶厚度，切勿出现注胶尺寸不符合设计要求。

（8）施工者在施工过程中必须具有完整的记录，包括施工时的温度、湿度、施工日期、时间、产品牌号、生产日期、批号、是否使用底涂、清洁程序及施工者姓名等内容。

6.5　质量检查

装配式混凝土建筑的质量检查主要涉及以下几个方面，即材料检查，黏结性、相容性、污染性检查，割胶试验，淋水试验等。

1. 材料检查

密封胶材料进场时，密封胶产品的包装、品牌标识、型号规格，颜色、数量等应符合订货要求。

检查数量：全数检查

检查方法：对照设计文件、采购合同检查

2. 黏结性、相容性、污染性检查

装配式混凝土建筑预制构件接缝密封胶正式施工前应检查密封胶与基材的黏结性、相容性、污染性。

检查数量：以同一品种、同一型号、同一级别的产品每个工程检验一次。

检查方法：检查抽样复检报告。

3. 割胶试验

装配式混凝土建筑预制构件接缝注胶完成且固化后应进行现场割胶试验，以检查密封胶与基材的黏结效果及胶缝宽度和深度能否符合设计要求。

检查数量：每不超过 300 延米长的胶缝划分为一个检验批，每个检验批割胶一次，长度为 0.5 m。

检查方法：密封胶固化后，采用现场手拉剥离试验方法检查密封胶与基材黏结性，检测方法采用国家标准《建筑用硅酮结构密封胶》GB 16776—2005 附录 D 中的方法 A；采用尺量检查胶缝宽度和深度。

4. 淋水试验

装配式混凝土建筑外墙应进行淋水试验，以检查密封胶防水密封效果。

检查数量：装配式混凝土建筑外墙（含窗）按面积将每 1000 m² 划分为一个检验批，不足 1000 m² 时也划分为一个检验批；每个检验批至少抽查一处，抽查部分为相邻两层 4 块墙板形成的水平和竖向十字接缝区域，面积不得少于 10 m²。

检查方法：按现行行业标准《建筑防水工程现场检测技术规范》JGJ/T 299 的有关规定进行。

6.6　打胶防水注意事项及安全管理

1. 接缝处理注意事项

1）选择适合的接缝材料

在进行装配式建筑接缝处理时，首先需要选择适合的接缝材料。根据不同部位和功能要求，选择相应的材料进行处理。

2）保证基层平整牢固

在进行装配式建筑接缝处理之前，确保基层平整牢固非常重要。如果基层不平整或者松动，会导致接缝材料无法附着在基层上，从而影响接缝的质量。因此，在进行接缝处理之前，应该对基层进行必要的检查和维护工作。

3）确保接缝的密封性

在进行装配式建筑接缝处理时，最重要的就是保证接缝的密封性。为了保证密封性，首先需要选择合适的接缝材料；其次，在施工过程中要确保接缝材料与周围结构物紧密粘结；最后，还应定期检查接缝处是否存在损坏或老化情况，并及时进行修复和更换。

4）注意温度和湿度控制

在施工过程中，应注意控制好温度和湿度。高温和高湿度条件易使得接缝材料难以干燥固化，影响施工周期和质量，低温则可能导致冻胀变形等问题。因此，在施工期间要根据材料特点选择合适的施工环境，并进行必要的温湿度控制，以确保接缝材料能够正常固化。

5）定期检查和维护

在装配式建筑完工后，还应定期进行接缝处的检查和维护。由于外界环境的影响以及建筑物自身使用等原因，接缝处可能会发生老化、变形和损坏等问题，因此，定期检查并及时进行维护十分必要。

2. 施工安全管理

（1）装配式混凝土建筑构件接缝密封作业应在预制构件吊装结束，连接部位固定后进行。

（2）装配式混凝土建筑构件接缝作业严禁在雨天及五级风以上时作业。

（3）装配式混凝土建筑构件接缝作业使用的作业机具设备(举升机、擦窗机、吊篮等)应保养良好、功能正常、操作方便、安全可靠；每次使用前都应对安全装置进行检查。

（4）接缝作业人员应经过相关培训且合格后方可上岗，并应按相应的安全、质量要求进行作业。

（5）装配式混凝土建筑构件接缝作业应符合现行行业标准《建筑施工高处作业安全技术规范》JGJ80的有关规定，施工时应采取可靠的安全防护措施。

第7章 装配式轻质隔条板安装

7.1 轻质隔墙种类概述

7.1.1 蒸压加气混凝土条板

蒸压加气混凝土条板（图7.1）是指以水泥、砂、粉煤灰、生石灰等为主要原材料，根据结构要求配置一定数量经防腐处理的钢筋或网片，以铝粉（膏）为发气剂，经过蒸压养护制成的构造断面为实心的板材制品，具有良好防火、隔声、保温等性能。

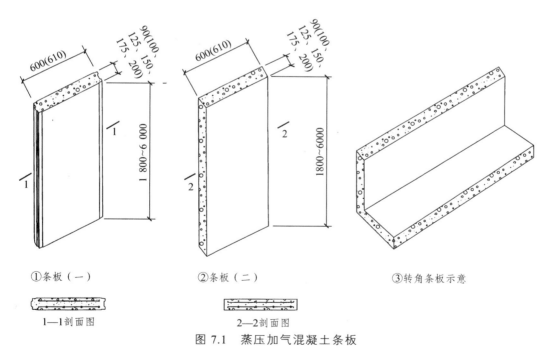

①条板（一）　　　　②条板（二）　　　　③转角条板示意

1—1剖面图　　　　2—2剖面图

图7.1　蒸压加气混凝土条板

7.1.2 灰渣混凝土空心条板

灰渣混凝土空心条板（图7.2）是指以水泥、灰渣（粉煤灰、煤矸石、建渣、矿渣、陶粒等）

为主要原材料，根据特定成型工艺制成的构造断面为空心的板材制品，具有良好防火、隔声等性能。

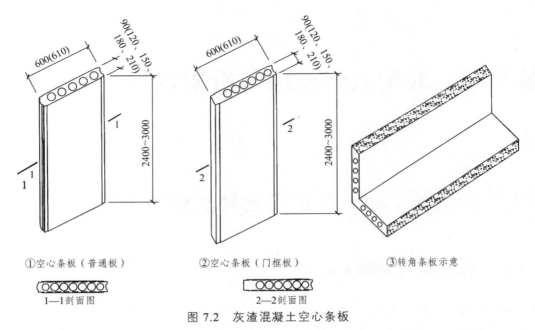

①空心条板（普通板）　　②空心条板（门框板）　　③转角条板示意

1—1剖面图　　　　　　　　2—2剖面图

图 7.2　灰渣混凝土空心条板

7.1.3　聚苯颗粒水泥夹芯复合条板

聚苯颗粒水泥夹芯复合条板（图 7.3）是指以水泥、聚苯颗粒等为主要原材料，条板大面两侧有（无）纤维水泥平板、纤维增强硅酸钙板、石膏板等复合而成的，根据特定成型工艺制成的构造断面为实心的板材制品，也称保温复合条板，具有良好防火、隔声、保温等性能。

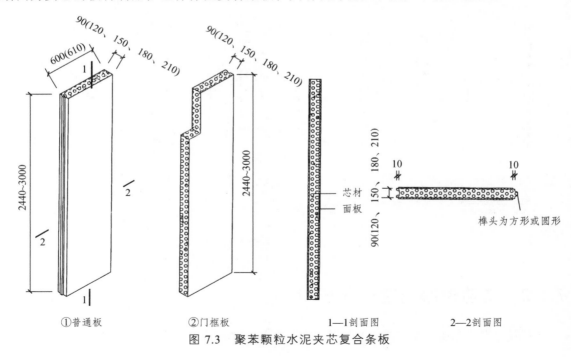

①普通板　　　　②门框板　　　　1—1剖面图　　　　2—2剖面图

图 7.3　聚苯颗粒水泥夹芯复合条板

7.1.4　改性石膏轻质条板

改性石膏轻质条板（图 7.4）是指以工业副产石膏为主要原材料，加入改性外加剂、纤维材料等，根据特定成型工艺制成的构造断面为空心或实心的板材制品，具有良好防火、隔声等性能。

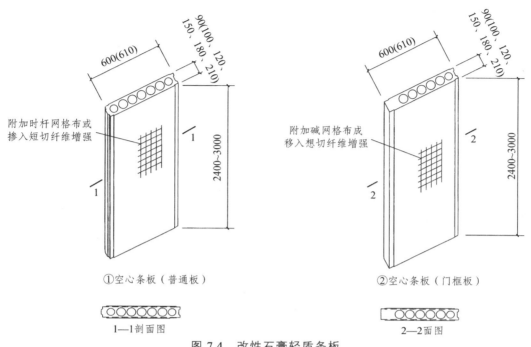

①空心条板（普通板）　　　　　　　　②空心条板（门框板）

1—1剖面图　　　　　　　　　　　　　2—2面图

图 7.4　改性石膏轻质条板

7.2　常用隔墙安装材料与工具概述

7.2.1　常用隔墙安装材料

1. 黏结剂、填缝剂

（1）蒸压加气混凝土条板、灰渣混凝土条板、聚苯颗粒水泥夹芯复合条板采用水泥基黏结剂（填缝剂），原材料应满足《预拌砂浆》GB/T 25181 的相关规定，性能应符合表 7.1 的规定。其他类型黏结剂（填缝剂）应符合现行国家标准的有关规定。

表 7.1　黏结剂（填缝剂）性能指标

项目	性能指标	试验方法
拉伸粘结强度（与水泥砂浆）/MPa	≥0.6	JGJ/T 70
抗压强度/MPa	≥8.0	GB/T 17671
抗折强度/MPa	≥4.0	

项目	性能指标	试验方法
收缩率/%	≤0.20	JGJ/T 70
可操作时间/h	≥1.5	GB/T 29906
柔韧性	直径100mm，无裂纹	JG/T 157
保水率/%	≥99	JGJ/T 70

（2）改性石膏轻质条板用黏结剂（填缝剂）的原材料应符合《建筑石膏》CB/T 9776、《黏结石膏》JC/T 1025 等有关标准的规定，性能应满足表7.2的规定。

表7.2　黏结剂（填缝剂）性能指标

项　目		性能指标	试恰方法
凝结时间/min	初凝	≥30	
	终凝	≤120	JC/T 1025
抗压强度/MPa		≥10.0	
抗折强度/MPa		≥5.0	
拉伸黏结强度/MPa		≥0.5	

2. 耐碱玻纤网格布

条板接缝用耐碱玻纤网格布原材料应符合《耐碱玻璃纤维网布》JC/T 841 的有关规定，宜选用普通型耐碱玻纤网格布，性能应符合表7.3的规定。

表7.3　耐碱玻纤网格布性能指标

项目	性能指标	试验方法
单位面积质量/（g/m²）	≥100	GB/T9914.3
可燃物含量（涂塑量）/%	≥12	GB/T9914.2
耐碱断裂强力（经向、纬向）/（N/50 mm）	≥750	JCJ 144
耐碱断裂强力保留率（经向、纬向）/%	≥50	

3. 其他材料

（1）条板接缝处采用无纺布、钢丝网作为抗裂增强材料时，其性能应符合国家有关标准的规定。

（2）条板连接用钢卡、角码、锚固件、销钉、预埋件等，其材质应符合《钢结构设计标准》GB 50017 等建筑用钢材的有关标准规定。钢卡应采用镀锌钢卡，厚度不应小于 1.8 mm，材质应采用 Q235，热浸镀锌层质量不宜小于 175 g/m³。

（3）结构连接部位采用的柔性或弹性材料如喷涂聚氨酯、橡塑制品、胶垫块等应符合国家有关标准的规定。

7.2.2　常用隔墙安装工具介绍

常用隔墙安装工具介绍具体工具参照表7.4所示。

表 7.4　常用隔墙安装工具

序号	工具	用途
1	扫帚	地面清理
2	电锤	地面清理
3	墨线盒	测量放线
4	钢尺	测量放线
5	垂准仪	测量放线
6	手持锯	板材切割
7	射钉枪	钢卡固定
8	撬棍	条板安装
9	手锤	条板安装
10	木楔	条板安装
11	剪刀	网格布/钢丝网裁剪
12	软毛刷	板缝处理
13	抹子	板缝处理
14	水桶	材料容器
15	运板小车	材料转运
16	脚手架	操作面
17	2M 靠尺	质量检查

说明：本节安装工具可根据安装工艺不同，进行调整。

7.3　安装识图

7.3.1　装配式轻质隔条板安装示意

1. 抗震设计要求

抗震设防烈度为 6、7 度时，竖向连接件间距 $h \leq 1$ m，且距顶部（底部）间距 $h < 0.4$ m。抗震设防烈度为 8 度时，竖向连接件间距 $h \leq 0.6$ m，且距顶部（底部）间距 $h < 0.4$ m。

2. 接板安装要求

如图 7.5，接板安装高度超过下列高度限值时，须另行设计并采取加固措施：

（1）90 mm、100 mm 厚的条板，接板安装高度不大于 3.0 m。

（2）120 mm 厚的条板，接板安装高度不大于 3.9 m。

（3）140 mm、150 mm 厚的隔墙条板，接板安装高度不大于 4.5 m，抗震设防烈度为 8 度时，不大于 3.9 m。

（4）180 mm、200 mm、210 mm 厚的条板，接板安装高度不大于 4.5 m，抗震设防烈度为 8 度时，不大于 4.2 m。

（5）其他厚度条板的接板安装高度，在满足结构安全可靠的前提下，应根据工程具体情况进行专门设计。

（6）竖向接板时应错缝连接，错缝应大于 300 mm。

（7）单层条板隔墙高度在 3000 mm 以下时竖向接板不宜超过 1 次。

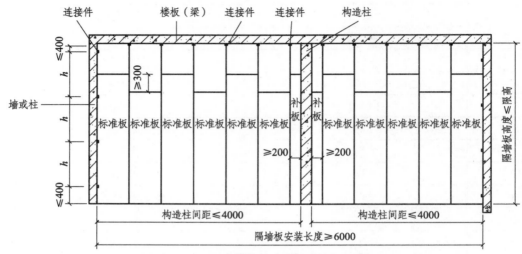

图 7.5　装配式轻质隔条板安装示意

7.3.2　装配式轻质隔条板安装门洞示意

1.连接方式

如图 7.6，条板隔墙的板与板之间可采用榫接、平接、双凹槽对接方式，并应根据不同材质、不同构造、不同部位的隔墙采取下列防裂措施：

（1）应在板与板之间对接缝隙内填满、灌实黏结材料，企口接缝处应采取抗裂措施；

（2）条板隔墙阴阳角处以及条板与建筑主体结构结合处应作专门防裂处理。

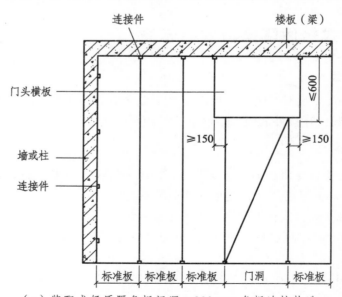

（a）装配式轻质隔条板门洞≤900 mm 条板连接构造

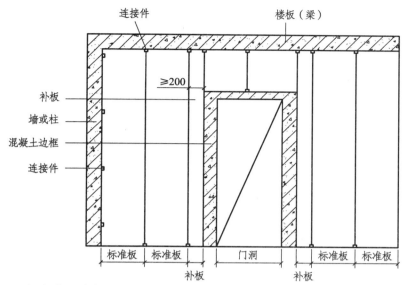

（b）装配式轻质隔条板 900 mm<门洞≤1500 mm 条板连接构造

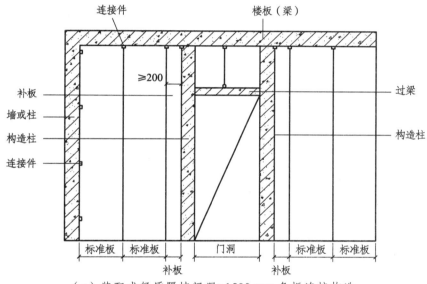

（c）装配式轻质隔墙门洞>1500 mm 条板连接构造

图 7.6　装配式轻质隔条板连接构造

2. 门洞处理布置

（1）确定条板隔墙上预留门、窗洞口位置时，应选用与隔墙厚度相适应的门、窗框。当采用空心条板作门、窗板时，距板边 150 mm 不得有空心孔洞，可将空心条板的第一孔用细石混凝土灌实。

（2）工厂预制的门、窗框板靠门、窗框一侧宜设置固定门、窗的预埋件。施工现场切割制作的门、窗框板可采用胀管螺钉或其他加固件与门、窗框固定；固定点数量和位置应根据门窗的尺寸、荷载、重量的大小和不同开启方式、着力点等情况确定，且每侧的固定点不应少于 3 个，并符合现行门窗标准的有关规定。

（3）门、窗洞上部墙体高度大于 600 mm 或门、窗洞口宽度超过 1.5 m 时，当采用配有钢筋的过梁、型钢或采取其他加固过梁时，过梁两端支承长度不应小于 240 mm。

7.4 安装工艺流程和技术

7.4.1 安装工艺流程

安装工艺流程如图 7.7 所示。

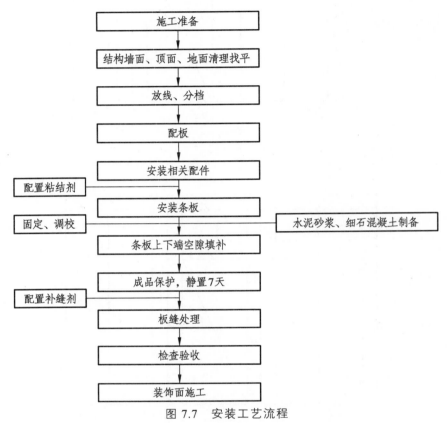

图 7.7 安装工艺流程

7.4.2 安装工艺技术

1. 施工条件

（1）有一定范围的轻质隔墙材料；

（2）有吊运轻质隔墙的施工电梯（物料提升机、塔吊），且尺寸能满足吊运条板要求（长度 > 3.3 m），提升能力能满足轻质隔墙安装进度的要求；

（3）施工层结构已做好，建筑模板、垃圾等杂物已全部清理，有作业面，并经上下道工序交接、办理文字移交清单，轻质隔墙方可进场施工；

（4）必须有供安装轻质隔墙的墙体定位线、标高线和控制线；

（5）施工用水、电方便，并提供接头；

（6）涉水房间（厕所、卫生间）墙体下部设高 200 mm C20 细石混凝土防水反坎，并且墙垫宽度小于条板宽度 10 ~ 15 mm（待轻质隔墙施工完后墙垫施工单位用水泥砂浆加抗裂网格布抹平），防水墙垫高度误差在 20 mm 以内，否则轻质隔墙无法安装并有可能因此而导致轻质条板直立不稳倒下伤人。

2．施工要求

（1）条板安装前，施工单位应按设计技术文件资料编制条板隔墙分项工程施工技术文件。文件应包含以下内容：

① 条板排版图（包含立面、平面图）。排版图中应标明条板种类、规格尺寸，门、窗等预留洞口的位置、尺寸，预埋件及钢板卡件位置、数量、规格种类等。

② 条板安装构造图及相关技术资料，包括条板与条板间的连接构造，条板隔墙与梁板、顶板、止水带等连接做法，条板隔墙与主体墙、柱的连接做法，条板隔墙门、窗洞口处的构造做法，钢板卡件、预埋件做法，条板内暗埋管线及吊挂重物的加固构造和修补加强措施，构造柱的设置等。

③ 条板的具体施工方案，包括施工安装人员、机械机具的组织调配，条板产品的运输、储存，辅助材料的制备，墙体的安装工艺要求、安装顺序、安装质量、安全措施要求，工期进度要求，墙体安装各工序的检查、验收及整改措施

（2）板安装前，应对条板安装人员进行培训并进行技术交底，安装人员应掌握并熟悉施工图及相关的技术文件。

（3）条板安装工程应在做地面找平层之前进行。条板工程施工前，宜先做样板墙，并应经有关方确认后再进场施工。

（4）条板施工作业前，应先清理基层，使其具备安装隔墙的施工作业条件对需要处理的作业面应进行凿毛处理，按照安装排版图放线，标出每块条板安装位置、门窗洞口位置等。放线应清晰，位置应准确，并应经检查无误后方可进行下道工序施工。

（5）施工前准备工作应符合下列规定：

① 条板和配套材料进场时，应进行验收，并应提供产品合格证和有效检验报告。

② 条板和配套材料应按不同种类、规格分别在相应的安装区域堆放，条板下部应放置垫木，并宜侧立堆放，且堆放高度不应超过 2 m；现场存放的条板不得被水冲淋和浸湿，露天堆放时，应做好防雨雪、防潮、防暴晒措施。

③ 现场使用的增强抗裂材料、配制的嵌缝、黏结材料等应附有使用说明书，并应提供检测报告。

④ 钢卡、铆钉等安装辅助材料进场时，应提供产品合格证，配套的安装工具、机具应能正常使用。

（6）条板施工前，应制定安全施工技术措施，加强劳动保护。搬运条板时，宜采用侧立的方式，重量较大的条板宜使用轻型机具辅助施工安装。

3．测量放线

（1）图纸甲方、监理确认签字后清扫场地，查找轴线、控制线等基准线；

（2）先放基准线、再加密，后内墙线；先长线，后短线；先放平行线，后放垂直线，交叉线；最后确定门洞位置线；

（3）与墙、梁、柱边平齐相接时，注意留 15～20 mm 厚度抹灰层（未抹灰时）（根据总包现场技术交底确定）；如需要结构内抹的墙面应根据房间方正度打出灰饼（5～15 mm 厚）建议全部放线，以线为准。

（4）按照所要求的不同厚度的条板，放不同宽度的位置线；

（5）结构不同的楼层放线后，必须报验给甲方，批准同意无误后，方可进行全面铺开放线，并移交下道工序（条板安装）。

4．条板堆放

（1）在指定的、离垂直运输机械较近的位置卸板、堆放，板材堆放距临边 2 m 以上。

（2）堆放轻质隔墙应下设垫木堆放，两横向垫木应在板端 1/4 处放置，凹槽朝下侧立堆放，堆码高度不得超过 3 层。禁止堵塞通道。

（3）条板堆放要整齐，用彩条布遮盖，有材料标识牌，加警示带。

（4）条板吊运时，用专用小车把条板推入施工电梯或吊笼里，每辆小车装板不超过 2 块，每吊不超过 4 块条板，应放置稳固，以免板倒下、断裂.

（5）工作面的条板应堆放在指定的区域（应考虑放置在结构梁上或剪力墙、柱附近），按不同规格堆放整齐，便于操作并且避免集中堆放，分散荷载，以免造成结构损伤。

7.4.3 装配式轻质隔条板安装

（1）拌制粘结胶浆：将成品砂浆与水按比例均匀拌和，干湿适中。

（2）与其他墙、柱接触处预留伸缩缝，伸缩缝在精装/内抹进场前再进行二次填补，伸缩缝收口越晚越好，减少因结构沉降/结构变形造成的裂缝。

（3）有预留管线处应在条板上先切割管槽。为防止顶面胶浆掉入孔中，预先用泡沫棒堵条板上端孔（亦可用宽网格布薄抹灰），增大胶浆接触面从而增强顶面与梁板的黏结力。

（4）安装一板到顶（$H \leqslant 3$ m）的条板安装方法：

① 采用上楔法：由两人将条板扶正就位，一人拿撬棒。就位后，由一人在一侧推挤，准确对线。一人用撬棒将条板撬起，下部放入一块石材垫片边撬边挤，并通过撬棒的移动，使条板移在线内，使黏结胶浆均匀填充接缝（以挤出浆为宜），一人准备 PVC 管，拿好铁锤，待对准线的时候，用 PVC 管打入顶部固定，铁锤敲紧。（石材垫片厚度 1 cm，宽度 ≤7 cm，建议使用石材垫片）。

② 采用下楔法：由两人将条板扶正就位，一人拿撬棒。就位后，由一人在一侧推挤，准确对线。一人用撬棒将条板撬起，边撬边挤，并通过撬棒的移动，使条板移在线内，使黏结胶浆均匀填充接缝（以挤出浆为宜），一人准备木楔，拿好铁锤，待对准线的时候，撬棒撬起条板不动，用木楔固定，铁锤敲紧。木楔两个为一组，每块条板底脚打两组，固定条板时用铁锤（约 1.8 kg）在板底两边徐徐打入木楔，木楔位置应选择在条板实心肋位处，以免造成条板破损，为便于调校应尽量打在条板两侧。木楔紧固后替下撬棒便可松手（顶部砂浆必须挤出来）。由于条板对线就位为粗调校，加上木楔紧固时稍有微小错位，一般需重新调校即微调（一般在 5 mm 以内的平整度调整），可通过锤打木楔/PVC 管使之调整在允许偏差范围以内。调校时一人手拿靠尺紧靠条板面测垂直度、平整度，另一手拿铁锤击打木楔。调整条板顶部不平处，一人拿靠尺，另一人拿木方靠在条板上，用铁锤在木方上轻轻敲打校正（严禁用铁锤直接击打条板）。重复检查平整度、垂直度，直至达到要求为止（检查垂直度时铝合金靠尺上吊挂线锤），校正后用刮刀将挤出的胶浆刮平补齐，然后安装下一块条板，直至整幅条板装完毕。一般安装下一块条板时，对上一块或前几块条板都有一定错位，整幅条板安装完毕后，必须重新检查，消除偏差后方可填充细石混凝土或进行下道工序。

（5）条板安装完毕后 4 小时内，轻质隔墙下端与楼地面结合处宜预留安装空隙，且预留空隙在 40 mm 及以下的宜填入 1 : 3 水泥砂浆，40 mm 以上的宜填入干硬性细石混凝土。板下填充前，清除板下杂物并湿水。

（6）对于厨房、卫生间等有防水墙垫及接板安装的墙体，采用上楔法施工，即下部坐浆，上部用 PVC 管固定。

（7）条板安装黏结胶浆：采用专用的隔条板黏结砂浆。

（8）轻质隔墙应按施工图安装，要从一端向另一端按顺序安装；有门洞时，应从门洞向两端安装，尽量保证门边板为整板。当条板宽度不足一块整板需补板时，按尺寸切割好拼入墙体中，补板宽度≥200 mm。ALC 蒸压加气混凝土条板安装样板如图 7.8 所示。

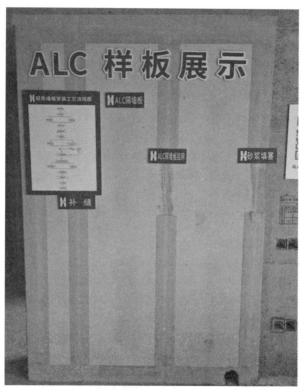

图 7.8　蒸压加气混凝土条板安装样板

7.4.4　门窗洞口隔条板安装

（1）在门、窗处按图纸尺寸标出洞口位置。

（2）按轻质隔墙安装顺序先安装门、窗边板，也可用标准板替代，门框三边保证临边孔洞实心。门边隔墙可直接用实心门边板安装，或横装做门头板。

（3）门头板在门框板安装 2～3 d（条板安装稳定后）安装，门头板架在门框板上，座浆且四周胶浆挤压密实，灰缝为 10～20 mm 并在表面粘贴一道防裂玻璃纤维网格布。

（4）门头板一端与剪力墙相接、无承托时，采用 L 形角钢固定，角钢通过混凝土射钉或膨胀螺栓固定在剪力墙上，门头板支撑在角钢上，角钢需经防锈处理并连接牢固。

（5）紧靠结构墙柱或隔条板侧面且宽度小于 200 mm 的门垛宜同主体施工或相邻隔条板孔洞一道现浇。

7.4.5　阴阳角条板安装

对于应力集中的阴角、阳角及丁字墙，容易出现开裂情形。

（1）住宅项目：T字墙、直角转角（阳角）宜采用异形构件减少裂缝。

（2）商业项目（超高）：需现场拼装，安装时应特别注意拼装质量，砂浆必须一次成活且饱满，使之成为整体，即可保证不出现开裂。一般先从阳角、阴角板开始安装。

7.4.6　条板驳接安装

商业项目因楼层过高（3 m 以上）或因垂直运输设备原因整块条板无法运至作业面，一般在现场采取驳接方式，即接板拼接方式安装（竖向接板不宜超过一次）。

（1）选定条板长度差大于或等于 300 mm 的两种不同长度的条板。

（2）用座浆法安装下部条板，一长一短间接安装条板，座浆厚度 10～12 mm（下部用石材垫片控制座浆厚度）。

（3）待胶浆达到一定强度（两天）再用脚手架安装上部条板。注意相邻两块条板必须错缝300 mm 以上，且拼缝处接口顺直，便于稳固和嵌缝。

（4）上下两块板接口处，板孔用泡沫棒或其他纤维、纸等物堵孔，胶浆厚度为 5～10 mm，保证接口处砂浆柱作用。

（5）条板顶部用木楔/PVC 管紧固，板顶与梁（板）底接触处用黏结砂浆填充密实，空孔用泡沫棒等物堵孔，注意板顶收光顺直，阴角线条美观。

7.4.7　双层条板安装

双层条板隔墙的安装应先安装好一侧条板，确认墙体外表面平整、墙面板与板之间接缝处黏结处理完毕后，再按设计要求安装另一侧条板，两侧墙面的竖向接缝错开距离不应小于 200 mm。

7.4.8　嵌　　缝

（1）条板安装 7 d 以后（一般在条板装饰以前），待条板静置期过后，应力释放以后才能嵌缝；

（2）嵌缝前用胶浆补平条板拼缝之间的企口缝，便于嵌缝胶浆黏结牢固；

（3）为防止条板开裂，在条板与条板的拼缝处粘贴 5 cm 玻璃纤维网格布，板与剪力墙或梁接缝处粘贴 20 cm 玻璃纤维网格布，门头板搭接位置应粘贴网格布；

（4）嵌缝必须用专用抗裂砂浆；

（5）板与结构拼缝处理：安装时先对结构进行凿毛发水，板与结构交接位置预留 10 mm～15 mm 伸缩缝（伸缩缝内 50～70 mm 为实心），待交付精装前用专用黏结砂浆进行二次填补收口，表层粘贴 20 cm 网格布。

（6）网格布重量 ≥100 g/m²。

7.4.9 细部处理

（1）对于条板局部凹陷，平整度达不到要求时（深约 3~5 mm），可在条板凹陷处用 1：2 水泥腻子抹平，其做法如下：先用配好的胶液（配比 1：2）在需抹平处用 6 寸毛刷涂刷数遍直至湿润，用拌好 1：2 水泥腻子抹平，并随手压光。

（2）条板面局部凸起（超过验收标准），其超出板面部分用利斧砍平或用角磨机磨平，再抹平、压光。

（3）对于条板安装时出现的缺棱掉角、破损、鼓起，其突出板面部分用凿子清除，并用安装时的黏结胶浆或碎石混凝土补起，至少两遍成型，底层应凹进板面约 3~5 mm，第二遍用胶浆压平收光。

7.4.10 裂缝防治措施

（1）进场条板必须满足《灰渣混凝土空心隔条板》GB/T 23449—2009 行业标准，饱和水蒸养，到养护期、含水率达到要求后才能出厂到工地安装（自然养护 28 d）；

（2）条板安装必须胶浆饱满，使用的胶浆必须是成品砂浆；

（3）条板安装 7 d 内（静置期内）禁止在条板上作业和敲打，防止松动开裂；

（4）安装上墙的轻质隔墙必须稳定和充分收缩后（一般 7 d），才能补缝；

（5）安装上墙的轻质隔墙应防止雨淋，避免湿胀干缩；

（6）条板板与板之间的拼缝以及不同材质的交接处粘贴防裂网格布。

（7）板与结构位置预留伸缩缝，待主体沉降/形变稳定后用发泡剂/专用黏结砂浆填补，表面用 20cm 网格布粘贴。

7.4.11 水电管线施工

（1）条板隔墙埋设管、线、箱盒应符合下列规定：

① 单层条板隔墙内不宜设置暗埋的配电箱、控制柜，空心条板、厚度小于 180 mm 的实心条板构成的单层隔墙内不应设置暗埋配电箱、控制柜，宜采取明装或局部加强的方式设置。配电箱、控制柜宜选用薄型箱体，严禁打洞、凿槽穿透墙体安装

② 空心条板构成的隔墙，竖向管线宜沿孔洞穿行。空心条板和实心条板不宜横向开槽。

③ 当条板上设电器暗线、暗管、开关盒时，水平开槽长度不应大于隔墙板宽度的 1/2，开槽深度不宜大于 1/3 墙厚。

④ 条板两侧不应在同一部位开槽，开槽间距应错开不小于 150 mm，条板上开洞时，洞口间距不应小于 150 mm。

⑤ 单层条板内不宜横向暗埋水管，宜采用明装或局部加强的方式。当横向暗埋水管时，单层条板内局部暗埋水管的余板厚度不宜小于 150 mm，并应采取防渗漏和防裂措施。

（2）条板安装完成 14 d 后再进行开槽开洞。

① 按设计要求，水电安装须在已安装好的墙体上划出水电管线、线盒埋设位置误差不超过5 mm。

② 用手提切割机根据划线锯出槽（孔）位，用凿子轻轻凿出线槽。

③ 线管埋设好，待检查无误（水管应试压）后，填塞 C20 以上细石混凝土，面层用专用砂浆抹平压光并粘贴大网，线盒用水泥砂浆镶固，注意必须二遍成活，可以确保不开裂。

④ 水电安装后应注意封堵混凝土、砂浆不要高出条板面。

⑤ 由于轻质条板比一般墙体薄，且有孔洞，所以管线安装时一定要细心，所有暗线应尽量沿孔洞方向布置。

⑥ 单层轻质隔墙内不宜横向暗埋水管，当需要敷设水管时，宜局部设置附墙或采用双层轻质隔墙或明装。

⑦ 当需要在单层条板内局部暗埋水管时，隔墙厚度不应小于 120 mm，开槽长度不大于条板宽度 1/2 为宜。如需双面开槽埋设，必须封堵好一面槽后，再在另一面开槽，两面开槽部位高差不小于 150 mm，以免整幅墙松动。不得在隔墙两侧同一部位开槽、开洞。

⑧ 槽孔封堵时，板孔必须用泡沫棒或其他纤维等物堵孔，否则封堵不密实，不牢固。

⑨ 条板上如需吊挂重物如空调等，应在安装部位（膨胀螺栓或钉处）先凿孔，孔内用混凝土填实，待 7d 后混凝土达到强度即可安装膨胀螺栓或钉，其他与砖墙施工无二。

⑩ 单层轻质隔墙内不宜设置暗埋的配电箱、控制柜，配电箱、控制柜不得穿透隔墙。

⑪ 水电点位的修补注意事项：a、清理切割浮灰；b、建议用隔墙专用黏结砂浆；c、建议贴一层网格布。

7.4.12 超高墙体做法

当安装高度超过规范高度，需要增加圈梁二次接板时，应在施工过程中注意相关安全措施。以下为参考做法，也可采用其他安全可靠的措施及机械：

（1）圈梁浇筑完成拆模 3~4 d 方可进行施工；

（2）搭设脚手架：脚手架必须符合高宽比，脚手架应有斜撑措施，脚手架操作平台部分必须有防护措施；禁止使用木凳木梯。

（3）电葫芦：电葫芦应固定在钢管架上；

（4）安全绳：高空作业必须穿戴安全绳，安全绳一端应固定在稳固支架上；

（5）安装：超高墙体隔条板采用电葫芦吊装，圈梁上座浆，然后将板吊到圈梁部位后，用撬棍调整垂平度；垂平度满足后，顶部先用一组木楔固定，固定后在顶部打入钢卡，顶部缝隙用专用黏结砂浆填补。如图 7.9 条板安装吊装支撑架示意。

（6）未施工完毕区域应及时拉警示带。

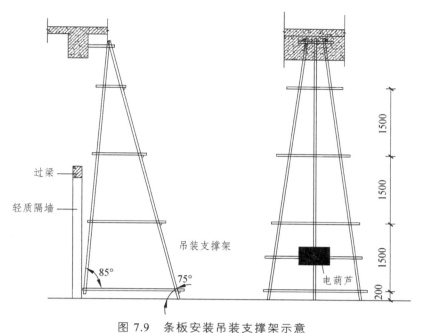

图 7.9 　条板安装吊装支撑架示意

7.4.13 　成品保护

1. 条板运输及安装工具

条板运输及安装宜采用轻便工具，立板、拼板应按规定操作并分组进行。竖立条板应两人以上操作，防止下端滑移发生条板倾倒、折断伤人。

2. 条板施工过程成品保护

安装过程应注意各工序有效衔接条板施工过程和工程验收前，应采取防护措施，不得对已完成工序的成品、半成品造成破坏，且不应受到施工机具碰撞，并应符合下列规定

（1）安装后的条板 7 d 内不得承受侧向作用力，施工梯架、工程用的物料等不得支撑、顶压或斜靠在墙体上。

（2）条板的接缝处理应在门窗框、管线安装完毕 7 d 后进行。接缝处理前，应检查所有的板缝，清理接泽部位，补满破损孔隙，清洁墙面。条板填缝完毕后 24 h 内不得碰撞，不得进行下一道工序施工，并对条板进行必要的保护。

7.5 　质量检查

7.5.1 　外观质量要求

（1）蒸压加气混凝土条板的外观质量应符合《蒸压加气混凝土板》GB 15762 的规定。蒸压加气混凝土条板的尺寸及偏差应符合表 7.5 的规定，其他规格尺寸可由供需双方商定。

表7.5 蒸压加气混凝土条板规格尺寸及偏差

项　目	规格尺寸	尺寸偏差	试验方法
长度 L/mm	1800～6000	±5	JG/T 169
宽度 B/mm	600	±2	
厚度 T/mm	90～210	±1	
对角线差/mm	—	≤6	
侧向弯曲/mm	—	≤L/1000	
板面平整度/mm	—	≤2	

（2）灰渣混凝土空心条板的外观质量应符合《灰渣混凝土空心隔墙板》GB/T 23449 的规定。灰渣混凝土空心条板规格尺寸及偏差应符合表7.6的规定，其他规格尺寸可由供需双方商定

表7.6 灰渣混凝土空心条板规格尺寸及偏差

项　目	规格尺寸	尺寸偏差	试验方法
长度 L/mm	1800～3300	±5	GB/T 23449
宽度 B/mm	600	±2	
厚度 T/mm	90～210	±1	
对角线差/mm	—	≤6	
侧向弯曲/mm	—	≤L/1000	
板面平整度/mm	—	≤2	

（3）聚苯颗粒水泥夹芯复合条板的外观质量应符合《建筑用轻质隔墙条板》GB/T 23451 或《建筑隔墙用保温条板》GB/T 23450 的规定。聚苯颗粒水泥夹芯复合条板规格尺寸及偏差应符合表7.7 的规定，其他规格尺寸可由供需双方商定。

表7.7 聚苯颗粒水泥芯复合条板规尺寸及偏差

项　目	规格尺寸	尺寸偏差	试验方法
长度 L/mm	2400～3000	±5	GB/T 23450
宽度 B/mm	600（610）	±2	
厚度 T/mm	90～210	±1	
对角线差/mm		≤6	
侧向弯曲/mm		≤L/1000	
板面平整度/mm		≤2	

（4）改性石膏轻质条板的外观质量应符合《石膏空心条板》JC/T 829 或《建筑用轻质隔墙条板》GB/T 23451 的规定。改性石膏轻质条板规格尺寸及偏差应符合表7.8的规定，其他规格尺寸可由供需双方商定。

表 7.8 改性石膏轻质条板规格尺寸及偏差

项　目	规格尺寸	尺寸偏差	试验方法
长度 L/mm	2500~2950	±5	
宽度 B/mm	600（610）	±2	
厚度 T/mm	90~200	±1	GB/T 23451
对角线差/mm		≤6	
侧向弯曲/mm		≤L/1000	
板面平整度/mm		≤2	

7.5.2　质量检查标准

质量检查标准见表 7.9。

表 7.9　检查标准

序号	项目	允许偏差/mm	检验方法
1	表面平整	4	用 2 m 靠尺和楔形塞尺检查
2	立面垂直	4	用 2 m 托线板和尺检查
3	接缝高差	3	用直尺和楔形塞尺检查
4	阴阳角方正	3	用 200 mm 方尺和楔形塞尺检查

7.5.3　质量验收要求

（1）条板隔墙的施工质量控制和验收，应根据不同条板的特点，严格执行现行国家、行业标准《建筑工程施工质量验收统一标准》GB 50300、《建筑装饰装修工程质量验收标准》GB 50210、《建筑轻质条板隔墙技术规程》JCJ/T 157 等有关规定。

（2）条板施工质量验收应具有施工图、设计说明文件、施工记录、重大技术问题处理记录、隐蔽工程验收记录、相关工程变更记录等资料。

（3）条板施工过程中应对下列隐蔽工程项目进行验收：

① 隔墙中预埋件、吊挂件、拉结筋等的安装、固定记录。

② 相关设备、管线开槽、敷设、安装现场记录。

③ 防潮或防水层以及防火、隔声、保温隔热材料的设置记录。

④ 必要的影像资料。

⑤ 其他有关的证明资料和文件等。

（4）条板隔墙工程检验批的划分应符合下列规定：

① 每品种的轻质隔墙工程每 3 层或 50 间（大面积房间和走廊按轻质隔墙的墙面面积每 30 m ㎡为一间）划分为一个检验批，不足 50 间的应划分为一个检验批。

② 检验批的划分也可根据与施工流程相一致、方便施工与验收的原则，由施工单位与监理（建设）单位共同商定。

（5）民用建筑条板隔墙工程的隔声性能应符合现行国家标准《民用建筑隔声设计规范》GB 50118 的有关规定；一般工业建筑条板隔墙工程的隔声性能应符合国家相关标准和设计文件的有关规定。

（6）条板的品种、规格、性能、外观应符合设计要求。有隔声、保温、防火、防潮等特殊要求的墙体工程，条板应有满足相应性能等级的证明资料。检查方法：观察；检查产品合格证书、进场验收记录和性能检测报告。

（7）条板及主要配套材料进场时，应对下列性能指标进行复检，复验应为见证取样送检。

① 条板的抗压强度、含水率、软化系数、干燥收缩值及放射性核素限量（针对 B 类和 D 类条板）。

② 耐碱玻纤网格布的单位面积质量、耐碱断裂强力保窗率。

③ 黏结剂（填缝剂）和抹面材料的拉伸黏结强度、可操作时间（凝结时间）、保水率、柔韧性。

检查数量：同一厂家、同一类型、同一规格抽样不得少于 1 次。

检验方法：观察；检查产品合格书、进场验收记录、进场复验报告和性能检测报告。

（8）条板墙体工程安装所需预埋件、连接件位置、规格、数量及连接方法应符合设计要求。

检查方法：观察；尺量检查；检查隐蔽工程验收记录。

（9）条板之间、条板与建筑结构之间结合应牢固、稳定，连接方法应符合设计要求。

检查方法：观察；手扳检查。

（10）条板墙体安装所用拼缝材料品种和接缝方法应符合设计要求。

检查方法：观察；检查产品合格证书和施工记录。

（11）条板拼缝位置、开槽位置及门窗洞口周边的防裂处理应符合设计要求。

检查方法：观察检查。

（12）条板安装后的允许偏差应符合《四川省装配式混凝土建筑轻质条板隔墙技术标准》DBJ51/T 114 的规定。

检查方法：尺量检查。

7.6　安全管理

7.6.1　安全管理要求

条板施工时，应加强以下安全隐患的防护：

（1）严格按条板操作规程施工，不得在楼层追逐打闹，禁止野蛮作业；

（2）所有机具必须按操作说明，严禁违章操作，使用完后必须关掉电源并放置在安全处，一切用电必须安全接地，各种机械不得带病作业；

（3）卸车时必须车停稳后 并有防止条板从车上倒下措施，堆放条板必须选择平整场地且有临时防护措施，防止条板倒下伤人；

（4）安装条板人数每组不得少于二人，条板竖起后必须有人扶住条板，木楔固定后才能离人，防止条板倒下伤人；

（5）安装门头板必须有可靠的安全措施，防止门头板掉下砸伤人，安装门头 板必须同时有二人，并且力量均衡，并检查站立的楼梯是否牢靠；

（6）注意脚下模板上的钉子、预留孔洞、楼层临边洞口，如确因需要揭开楼层孔洞必须及时盖好防止他人掉入孔洞；

（7）禁止作业人员乘坐物料提升机和吊篮上下；

（8）高空作业严禁使用自制木凳/木梯，必须严格按照要求搭设脚手架，脚手架应符合高宽比，操作层必须有防护措施；

（9）工人高空作业必须佩戴安全绳，安全绳 的一端必须固定在稳固物件上。

不能一板到顶的隔墙应将条板中部（2/3 高处 ）钻孔打入钢筋，钢筋两端用木方斜撑保证稳定，施工区域未完成前应拉警戒线及其他警示措施。条板临时加固立面示意如图 7.10。

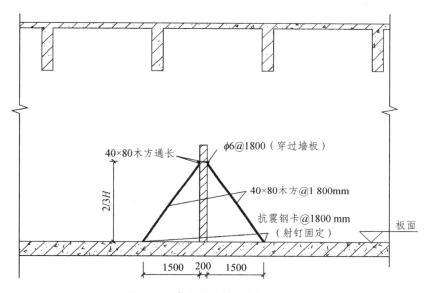

图 7.10　条板临时加固立面示意

7.6.2　文明施工要求

（1）进入施工现场戴好安全帽、佩戴好帽带，穿好劳动保护用品，衣冠整洁，禁止穿拖鞋进入工地。

（2）严格按照操作规程施工，禁止野蛮作业。

（3）施工作业垃圾及时清理、归堆、并放置在指定的地点，做到工作面的工完场清，保持清洁卫生，不造成人为浪费。

（4）做好成品保护工作，不随意乱涂乱画，保护好自己的成品，不损坏其他单位的物品。

（5）严禁高空抛落物料。

（6）施工材料堆放整齐，保证场地有序，道路畅通。

（7）与其他专业多协调沟通和密切配合，未经许可，不准随意乱动其他专业的物品。

（8）夜间作业取得许可后，严禁噪声扰民。

（9）禁止酒后进入施工现场，禁止在施工现场吃饭。

7.6.3 文明施工措施

1. 防污染措施

轻质条板施工过程中，拌制砂浆时必须在桶里，使用完后及时清理并用水清扫，防止污染楼面；在切割条板时，必须在锯片上喷水，防止粉尘扩散，切割工人必须戴防尘口罩，保护工人身体健康；爱护好自己的条板，严禁在条板上乱涂乱画，污染墙面。

2. 防噪声措施

轻质条板施工过程中，不使用大功率设备，只有 1 kW 以内的小型切割机，且切割时间较短，一般在白天不会产生噪声。夜间施工取得许可后，施工电梯尽量在晚上 11 点以前使用，避免电梯升降噪声扰民。

第8章 装配式装修施工介绍

8.1 装配式装修概述及特征

8.1.1 装配式装修概述

装配式装修主要采用干式工法，是将工厂生产的内部部品、设备管线等在现场进行组合安装的装修方式。

判定一种装修方式是否是装配式装修，主要看其具备以下三个特征，也是装配式建造方式与传统装修方式最大不同之处。

干式工法装配干式工法规避以石膏腻子找平、砂浆找平、砂浆黏结等湿作业的找平与连接方式，通过锚栓、支托、结构胶粘等方式实现可靠支撑构造和连接构造，是一种加速装修工业化进程的装配工艺。干式工法至少能带来四个方面的好处：一是彻底规避了不必要的技术问题，缩短了装修工期；二是从源头上杜绝了湿作业带来的开裂、脱落、漏水等质量通病；三是摒弃了贴砖、刷漆等传统手艺，替代成技能相对通用化、更容易培训的装配工艺；利于摆脱传统手艺人青黄不接、技术参差不齐的窘境；四是有利于翻新维护，使用简单的工具即可快速实现维护，重置率高，翻新成本低。

管线与结构分离这是一种将设备与管线设置在结构系统之外的方式，在装配式装修中，设备管线系统是内装有机构成分布，填充在装配式空间六个面与支撑结构之间的空腔内。设备管线与结构分离至少有三个方面的好处：一是有利于建筑主体结构的长寿化，不会因为每十年轮回装修对墙体结构进行剔凿与修复；二是设备管线与结构分离，可以降低对于结构拆分与管线预埋的难度，降低结构建造成本；三是可以让设备管线系统与装修成为各自一个完整的使用功能体系，翻新改造成本更低。

部品集成定制工业化生产方式有效解决了施工生产尺寸误差和模数接口问题，并且实现了装修部品之间的系统集成和规模化、大批量定制。部品系统集成是将多个分散的部件、材料通过特定的制造供应集成为一个有机体，性能提升的同时实现干式工法、易于交付和装配。部品定制是强调装配式装修本身就是定制式装修，通过现场放线测量、采集数据，进行容错分析与归尺处理之后，工厂按照每个装饰面来生产各种标准和非标准的部品部件，从而实现施工现场不动一刀一锯、规避二次加工的目标。在保证制造精度与装配效率的同时杜绝现场二次加工，有利于减少现场废材，更大程度上从源头避免了噪声、粉尘、垃圾等环境污染。

但凡具备以上三个特征的装修都属于装配式装修，在此之前，包括以前传统装修行业的工业化生产整装套装门、复合地板、整体橱柜、整体卫生间等一些即便是离散的、未成体系的部品，也是装配式装修，只不过是局部的装配式装修。本培训课程是从内装的墙、顶、地六个面与水暖电等系统协同配置的角度、来概述全屋集成装配式装修，确保装修效果更可靠、更舒适、更耐久，体现系统性的整体解决方案。

8.1.2 装配式装修常用概念与要求

部品→部件→配件是指将多种配套的部件或复合产品以工业化技术集成的功能元素，构成部品元素从大至小依次是部品、部件、配件。若干个配件组合成为某一个部件；若干个部件组合而成某一部品。

集成设计装配式装修设计是建立在部品选用基础上的产品设计，结构与内装、内装与外围护、内装与设备及管线、设备及管线之间关系紧密且相互影响，通过集成化设计全面考虑几者之间相互关系，避免冲突，并形成各专业之间连贯与融合，实现一张蓝图绘到底。

装配式装修设计前置、前移装配式装修出于标准化部品部件选用最大化原则，需要将后段工作提前，以避免不必要的空间、时间浪费、工序制约和设计环节的反复修改。常规做法是将内装设计提前到与土建施工图并行，并且将定制部件和成品选用内容同步加入其中，将此种设计方式也称为多专业关联设计。

装配式装修施工介入装配式装修，对于施工界面与主体结构划分必须清晰，更加有利于穿插施工。同一主体结构内，划分不同施工段，跟随主体结构共同施工，可基本实现与主体结构同期竣工。装配式装修介入时间应具备相应的装配施工条件及相应的验收报告：装配施工区域内外门窗安装完毕、给排水点位到位、强弱分配电箱安装到位、地暖分水器安装到位、设备管线穿墙穿管安装到位及相应封堵措施安全可靠、消防暖通燃气的设备或点位到位等并形成验收报告，同时施工界面与主体结构及不同施工段划分必须清晰明确等。

8.2 装配式装修常用材料与设备工具

8.2.1 装配式装修常用材料必须具备特点

装配式装修材料是以装配式部品、部件和配件的形式呈现。

（1）装配式部品尺寸是定尺生产；

（2）装配式部品是工厂化生产；

（3）装配式部品是定制化、批量化生产；

（4）装配式部品严禁在装配式装修施工现场二次切割加工。

8.2.2　装配式装修常用材料以及燃烧等级

装配式装修常用材料以及燃烧等级见表 8.1。

表 8.1　装配式装修常用材料以及燃烧等级

材料类别	等级	材料举例
各部位材料	A	花岗石、大理石、水磨石、水泥制品、混凝土制品、石膏板、石灰制品、黏土制品、玻璃、瓷砖、马赛克、钢铁、铝、铜合金、天然石材、金属复合板、纤维水泥板、玻镁板、硅酸钙板等
墙面材料	B1	纸面石膏板、纤维石膏板、水泥刨花板、矿棉板、玻璃棉板、珍珠岩板、难燃胶合板、难燃中密度纤维板、防火塑料装饰板、难燃双面刨花板、多彩涂料、难燃墙纸、难燃墙布、难燃仿花岗岩装饰板、氯氧镁水泥装配化墙板、难燃玻璃钢平板、难燃 PVC 塑料护墙板、阻燃模压木质复合板材、彩色难燃人造板、难燃玻璃钢、复合铝箔玻璃棉板等
墙面材料	B2	各类天然木材、木制人造板、竹材、纸质装饰板、装饰微薄木贴面板、印刷木纹人造板、塑料贴面装饰板、聚酯装饰板、复塑装饰板、塑纤板、胶合板、塑料壁纸、无纺贴墙布、墙布、复合壁纸、天然材料壁纸、人造革、实木饰面装饰板、胶合竹夹板等
顶面材料	B1	纸面石膏板、纤维石膏板、水泥刨花板、矿棉板、玻璃棉装饰吸声板、珍珠岩装饰吸声板、难燃胶合板、难燃中密度纤维板、岩棉装饰板、难燃木材、铝箔复合材料、难燃酚醛胶合板、铝箔玻璃钢复合材料、复合铝箔玻璃棉板等
地面材料	B1	硬 PVC 塑料地板、水泥刨花板、水泥木丝板、氯丁橡胶地板、难燃羊毛地毯等
地面材料	B2	半硬质 PVC 塑料地板、PVC 卷材地板等
其他装饰装修材料	B1	难燃聚氯丁烯塑料、难燃酚醛塑料、聚四氟乙烯塑料、难燃脲醛塑料、硅树脂塑料装饰型材、经难燃处理的各类
其他装饰装修材料	B2	经阻燃处理的聚乙烯、聚丙烯、聚氨酯、聚苯乙烯、玻璃钢、化纤织物、木制品等
填充材料	A	岩棉、玻璃棉、泡沫玻璃等

8.2.3　设备工具

装配式装修安装施工设备工具也有相应特点：无需大型机具；无需精密仪器；无需大型脚手架。通常装配式装修安装施工设备工具有冲击电锤、充电手枪钻、红外线水平仪、卷尺、结构胶/枪、人字梯、手套、切割机等。

8.3　施工识图

装配式装修施工图是设计阶段的最终成果，主要表达室内设施的平面布置，以及地面、墙面、顶棚的造型、细部构造、装饰材料与做法等内容，是用于指导装饰施工的技术文件，也是进行造价管理、工程监理等工作的主要技术文件。

装配式装修施工图一般包括施工工艺说明（装饰构造做法表）、平面布置图、地面铺装图、顶棚平面图、立面图、详图、大样图等。当然，一套完整的施工图通常还有图纸目录、效果图、主材表等。

建筑装饰制图相关规定：①常用图例；②图线；③尺寸标注；④标高，标高标注时以本层室内地坪装饰装修完成面为基准点±0.000；⑤剖切符号；⑥索引符号，图样中的某一局部或构件需另见详图时，以索引符号标注；⑦详图符号，当详图与被索引出的图样不在同一张图纸时，用细实线在详图符号内画一水平直径，上半圆中注明详图的编号，下半圆注明被索引图纸的编号（当详图与被索引出的图样在同一张图纸时，在详图符号内用阿拉伯数字注明该详图编号）；⑧引出线；⑨对称符号。

识读施工图的一般顺序如下：阅读图纸目录→阅读施工工艺说明→通读图纸→精读图纸。

8.4 装配式装修安装工艺流程与技术

8.4.1 装配式墙面部品

1. 装配式墙面施工

1）技术准备

熟悉施工图与现场、做好技术、环境、安全交底。

2）材料准备、要求

（1）采用自饰面复合墙板，板材侧面开槽以满足板间缝铝型材密拼插接使用，标准板宽，长度根据设计图纸核实。

（2）板间缝铝型材、阳角条应有产品质量合格证书、外观应表面平整、棱角挺直、过渡角及切边不允许有裂口和毛刺，表面不得有严重的污染、腐蚀和机械损伤。

（3）辅助材料：大小燕尾螺丝、磷化自攻螺丝钉、结构胶等。

（4）施工工具：充电手枪钻、红外线水平仪、卷尺、结构胶/枪、人字梯、手套、切割机等。

（5）作业条件：隔墙、水电等隐蔽工程已验收完毕，地面模块铺设完毕。

3）基层龙骨安装工程

（1）施工流程。

工艺流程弹线→打孔→调平组件安装→红外线第一次调平→安装结构墙横向龙骨→红外线二次调平。

（2）操作工艺。

① 弹线、分档：在隔墙与上、下及两边基体的相接处，应按龙骨的宽度弹线找方正。弹线清楚，位置准确。按设计要求，结合罩面板的长、宽分档，以确定横撑、加固板、附加龙骨的位置。

② 安装调平组件：根据横向龙骨排布规则和固定螺栓间距在结构墙面上弹十字线，在交点处打孔，孔深不小于 30 mm，孔距横向不大于 400 mm，竖向不大于 600 mm。根据墙面高度先将龙

骨两端头固定，而后再打依次固定中间部分。采用红外线找平，调平组件垂直插入，插入深度不小于 30 mm；安装后螺丝调平角距离墙板完成面 13 mm。

③ 安装结构墙横向龙骨：龙骨采用专用配套螺丝固定，龙骨完成面距离墙板完成面 10 mm。龙骨安装按照施工图纸进行安装，安装完成后采用红外线调平，调平要求，垂直度误差 2 mm，平整度误差 3 mm。平整度用 2 m 铝合金靠尺检查。横向龙骨不应少于 5 排，每排间距不应大于 600 mm（从地面完成面起 50～100 mm，天棚完成面起 50～100 mm 距离作为墙面安装有效距离），固定螺栓间距不应大于 400 mm，龙骨连接牢固无松动。

④ 门、窗口应采用双排竖向龙骨加固，双排竖向龙骨采用口对口并列形式。壁挂空调、电视、热水器、吊柜、集分水器、散热器、油烟机、门顶等安装位置根据设计图纸进行加固。

4）墙板安装工程

安装墙板：必须按照设计图纸排版要求进行安装。墙板平面接缝处采用板间缝型铝型材、阳角处采用阳角条型铝型材，使用小头燕尾螺丝与横向龙骨连接，螺丝头要沉入横龙骨凹槽内，以免影响下一块墙板安装。竖向铝型材间距大于 300 mm 时，需采用结构密封胶与既有墙体或横向龙骨黏结，将基层清理干净，无尘土，无油渍后开始点涂结构胶。黏结点之间或者黏结点与铝型材之间的水平间距不大于 300 mm，竖向黏结点间距不大于 600 mm。

5）墙板安装注意事项

铺设前应根据图纸要求按墙板编号依次铺设。无阳角时，有门、窗、主题墙、造型口等特殊位置时，以门、窗、主题墙、造型口等特殊位置两侧左右排布。

（1）插槽清理：侧面开槽式墙板，安装前须使用壁纸刀清理槽口内杂质及毛刺。

（2）面层开孔：安装涂装板按照设计图纸排版及现场已布置完成的各水电预留（如水龙头、线盒等）的位置及大小在墙板表面使用电动曲线锯或开孔器进行开孔。

（3）墙板安装：先从阳角位置，门边，窗边开始安装，最后收口相交处是在阴角位置。

（4）表面清理：用软布擦拭表面，注意检查有无漏胶情况。表面若有漏胶情况，在结构胶凝固后再清理，清理时注意保护好面层材料不被损伤。

6）技术要求

装配式墙面技术要求见表 8.2

表 8.2　装配式墙面技术要求

项　目	技术要求/mm
立面垂直度	≤3
表面平整度	≤3
阴阳角方正度	≤3
压条直线度	≤2
接缝直线度	≤2
接缝高低差	≤1

2. 装配式墙面测量放线

对应国家职业标准《装配式建筑施工员》（职业编码：6-29-01-06）中"四级/中级工—4.部品安装—4.4 装配式内装施工—技能要求；4.4.2 能对楼墙面进行装配式装修放线及安装"。

1）人员要求

（1）施工各专业班组须配备放线员（可由施工员和班组长兼任），放线员须初级以上职称，有从业资格证，有丰富的工程经验。

（2）放线员必须熟练使用水准仪、经纬仪、激光放线仪等测绘仪器，熟悉施工现场测量工作及操作规程。

（3）放线员必须熟悉并全面了解装修图纸及图纸中各种标示及图例，对图纸问题做到充分认识，并能发现图纸与现场不相符的问题，及时汇总提交。

2）操作要点

（1）技术负责人负责进场后与土建施工单位的交接，施工员、放线员陪同；各种原始线水平线、轴线等，必须办理相关交接，并作书面手续各方签字后存档。

（2）装修工程水平线的索引，每层必须为同一个原始点，严禁直接使用土建在各处的弹线；每次水平放线后必须复核原始点，做到放线封闭。

（3）使用红外线仪器时，注意红外线的投影，当线宽超过 1 mm 时，必须移动主机，减少与放线点的距离。

（4）放线前仔细清理需要放线部位的垃圾和杂物，使其露出实际基层；若有大宗材料要提前通知材料的所有单位，让其自行搬运，严禁私自搬运和乱扔乱放。

（5）分工明确，注意安全，高空放线时必须采取必要的防护措施。

（6）放线内容：

① 控制轴线：黑墨线弹线，线宽不超过 1.5 mm，两头用绿色自喷漆及标准模板标示，地面（两边各距离墙面 200 mm）、原顶面（两边各距离墙面 200 mm）、墙面（由距地面 500 mm 弹至距吊顶天花 500 mm）；

② 水平线：黑墨线弹线，线宽不超过 1.5 mm，每 10 m 用红色自喷漆及标准模板标示，各墙面（距离地面完成面 1000）；

③ 墙面完成面线：黑墨线弹线，线宽不超过 1.5 mm，每 2 m（卫生间为 1 m）用黄色自喷漆、及标准模板标示，弹线位置为：地面（按实际尺寸及形状）、原顶面（按实际尺寸及形状）；

④ 墙面结构龙骨线：黑墨线弹线，线宽不超过 1.5 mm，弹线位置为：墙面（按实际龙骨尺寸）；

⑤ 墙面造型投影线：黑墨线弹线，线宽不超过 1 mm，弹线位置为：墙面（按实际造型尺寸及形状）；

⑥ 墙面面饰分格线：黑墨线弹线，线宽不超过 1 mm，弹线位置为：墙面（按实际面饰分格尺寸）；

⑦ 墙面安装点位线：黑墨线，线宽 2 mm，弹线位置为：墙面（按实际位置及尺寸）。

（7）弹线完成后，用白色自喷漆及标准字体模板，在线右上方 50 mm 处标注，同样线形，标注一处即可。

（8）放线完毕后须复核，水平线、轴线须技术负责人或施工员复核。

3. 装配式墙面测量放线后安装

装配式墙面部品施工工艺流程；自饰面墙板预排版→确认起铺点→打胶→铺设自饰面墙板→插入板间缝卡压金属条→固定板间缝卡压金属条→依次铺设墙板。

装配式墙面部品施工工艺：

（1）根据排版图整理好材料，了解安装技术要求和安装质量要求。按图纸编号，从小到大编号依次安装墙板，整理材料时也应从小到大依次整理好墙板，并核对尺寸；

（2）查墙板两边拉槽内是否有异物堵塞，若有堵塞应用美工刀疏通插槽；

（3）从一侧安装墙板，从一个房间内阳角位置（如无阳角则从阴角位置）、门边、窗边开始安装第一块墙板，墙板平面接缝采用板间缝卡压金属条，阳角处采用阳角金属条，使用小头燕尾螺丝与横向龙骨连接，螺丝头要沉入横向龙骨凹槽内，以免影响下一块墙板安装。安装墙板时，先检查墙板需要安装的位置是否有水电预埋口，如有需要在该位置开好相应的孔洞。确认安装位置尺寸合适后，按照水平方向间隔 300 mm、同一块墙板最少两个点位、垂直方向每根横向龙骨均打上的原则打好结构胶，每个胶点预计 5 ~ 8 g（膏体挤出 20 ~ 25 mm）。

（4）扣上板间缝卡压金属条，把背面长翼留在外面。贴好墙板，确认好和上一块墙板的缝隙严密后，在竖边垂直的情况下用十字平头燕尾螺丝把板间缝卡压金属条长翼固定在横向龙骨上；

（5）清理：用软布擦拭墙板表面，注意有无打胶到外面的情况，并清理干净。

8.4.2　装配式吊顶部品

1. 装配式吊顶施工

1）技术准备

熟悉施工图与现场，做好技术、环境、安全交底。

（1）材料准备、要求。

天花阴角铝合金龙骨、顶板板间缝铝合金龙骨、吊顶自饰面复合顶板（A 级防火）。

（2）施工工具。

卷尺、铅笔、3 级配电箱、切 45°角锯、人字梯、平板锉、手套等。

（3）作业条件

① 隐蔽验收合格。

② 设备固定吊架安装完毕。

③ 灯位、通风口位置确定。

④ 墙板安装完毕，墙板与墙体之间空隙必须采用隔声材料 A 级防火板封堵后才进行吊顶安装工作。

2. 施工流程

1）工艺流程

沿吊顶自饰面复合顶板上口安装边龙骨→隐蔽验收→铺设起始吊顶自饰面复合顶板→安装板间缝龙骨→铺设后续吊顶自饰面复合顶板及板间缝龙骨→灯具等设备收口→吊顶自饰面复合顶板调整→收边清理。

2）操作工艺

① 根据吊顶设计标高在墙面板上固定阴角铝合金边龙骨，边龙骨与墙面板应固定牢固。

② 边龙骨阴阳角处应切割 45°拼接，接缝应严密。

③ 两块吊顶自饰面复合顶板之间采用板间缝铝合金龙骨固定，板间缝龙骨与边龙骨应接缝整齐，吊顶自饰面复合顶板安装应牢固，平稳。

④ 根据吊顶自饰面复合顶板的平面及标高位置，在结构基层上明确绘出灯具、风口等平面及标高位置，确保设备安装过程中预留到位。

⑤ 带有设备的板在安装前，必须用专用机具固定板体，用开孔器或曲线锯按设备尺寸（灯具、风口等）开孔。

⑥ 吊顶自饰面复合顶板安装要一次成活，一次成优，忌反复拆改。

注意事项：为了确保天花阴角铝型材能够安装，所有墙板上沿必须水平一致，自饰面复合顶板安装要一次成活，一次成优，忌反复拆改。

3）技术要求

装配式顶板技术要求见表 8.3。

表 8.3 装配式顶板技术要求

项目	技术要求/mm
水平度	≤2
接缝直线度	≤3
接缝高低差	≤1

2. 吊顶进行测量放线

1）人员要求

（1）施工各专业班组须配备放线员（可由施工员和班组长兼任），放线员须初级以上职称，有从业资格证，有丰富的工程经验；

（2）放线员必须熟练使用水准仪、经纬仪、激光放线仪等测绘仪器，熟悉施工现场测量工作及操作规程；

（3）放线员必须熟悉并全面了解装修图纸以及图纸中各种标示及图例，对图纸问题做到充分认识，并能发现图纸与现场不相符的问题，及时汇总提交。

2）操作要点

（1）技术负责人负责进场后与土建施工单位的交接，施工员、放线员陪同；各种原始线水平线、轴线等，必须办理相关交接，并作书面手续各方签字后存档；

（2）装修工程水平线的索引，每层必须为同一个原始点，严禁直接使用土建在各处的弹线；每次水平放线后必须复核原始点，做到放线封闭；

（3）使用红外线仪器时，注意红外线的投影，当线宽超过 1 mm 时，必须移动主机，减少与放线点的距离；

（4）放线前仔细清理需要放线部位的垃圾和杂物，使其露出实际基层；若有大宗材料要提前通知材料的所有单位，让其自行搬运，严禁私自搬运和乱扔乱放；

（5）分工明确，注意安全，高空放线时必须采取必要的防护措施；

（6）放线内容：

① 装配式内装天花板，其下底水平线目前以该地方的测位下底为标高线，标高为基准，根据这个原则，放出的水平控制线高度为测位下底与装饰成型完成地面的高度；

② 对照天花施工图，按照天花造型图在地面放出天花造型线，根据施工图纸标高，提升至水平控制线为测位下底与装饰成型地面的高度对应应对标高高度，逐步完成天花造型及相应标高；

③ 根据施工图纸上灯具、暖通设备风口、消防设备点位、新风设备点位以及监控设备点位等相应落位于完成的天花造型及相应标高上；

3. 吊顶进行测量放线后安装

装配式吊顶部品施工工艺流程：自饰面顶板预排时按图复刻编码→安装顶板靠墙边金属条→安装自饰面顶板→安装顶板板间缝金属条→依次安装。

装配式吊顶部品施工工艺：

（1）切割靠墙边金属条：根据房间净尺寸，靠墙边金属条阴角部位切割 45°。切割部位如有毛刺，可用平板锉轻轻把毛刺清除。角要密拼严密，不得出现高低不平现象。顶板板间缝金属条切割尺寸比净空尺寸短相应尺寸（靠墙边金属条厚度有关）为准；

（2）安装靠墙边金属条：靠墙边金属条安装要牢固到位，45°角要对接严密；

（3）靠墙边金属条安装完毕后，开始安装自饰面顶板和板间缝金属条。第一块自饰面顶板一边搭接在靠墙边金属条上，另一边插入板间缝金属条槽内，依次类推。安装自饰面顶板时，装配工人要戴手套，防止把自饰面顶板摸脏；

（4）安装完毕后，要仔细检查靠墙边金属条和板间缝金属条、板间缝金属条和自饰面顶板的搭接是否严密。

8.4.3　装配式一体化楼地面模块部品

1. 装配式地面施工

1）技术准备

熟悉施工图与现场、做好技术、环境、安全交底。

2）材料准备、要求

（1）标准模块：根据产品选型，不同的产品尺寸无法统一，但必须遵循建筑模数尺寸要求、安全可靠、绿色环保、符合现行规范要求等。

（2）非标准模块：长度、宽度均可为非标准，运至现场非标准板，保护板已经固定好。

（3）模块专用调整地脚分平地脚部分（中间部位用）和斜边地脚部分（边模块用）两种，架空高度因产品选型不同而不同且必须安全可靠地脚底部均设置橡胶垫，橡胶垫具有防滑和隔声功能，安装时不能遗失。

（4）连接件扣件及螺丝（ϕ4 mm × 16 mm）.

（5）安装辅料：安装时需匹配发泡剂、布基胶带、米字纤维固定螺丝等。

（6）地板：自饰面复合地板部品，板材侧面开槽以满足板间缝铝型材密拼插装使用，标准板宽有 300 mm、600 mm，长度可根据设计图纸定制。

（7）板间缝铝型材：应有产品质量合格证书，外观应表面平整，棱角挺直，过渡角与切边不允许有裂口和毛刺，表面不得有严重污染、腐蚀和机械损伤。

（8）地脚线：采用自饰面地脚线，应有产品质量合格证书，外观应表面平整，切边不允许有裂口和毛刺，表面不得有严重污染、腐蚀和机械损伤。

（9）施工工具：3 级配电箱、水平仪、墨盒、切割锯、（金属切割片、石材切割片）、充电手枪钻、胶枪（结构胶）、卷尺、中号记号笔、螺丝刀等。

3）作业条件

吊顶湿作业完成；隔墙竖龙骨完成；地面水电管安装完成；排水安装完成。

4）施工流程

清理工作面→标记水平高度→整理地面找平模块→模块敷设→模块调平→孔隙封堵→按图复核地面装饰板编码及型号→地面装饰板预排→铺设地面装饰板→安装地脚线→清理。

5）操作工艺

（1）清理房间。用扫把和吸尘器清理地面，确保地面干净整洁、地面及墙面无孔洞。

（2）复核房间地面完成线准确度。按设计标高要求，一米水平线向下 1000 mm 来复核一体化地面模块完成线高度。复核完毕，将地面完成线向下加 10 mm（按照面层材质厚度要求）为一体化地面模块装配高度。

（3）按图纸排布铺设一体化地面模块。按照图纸复核编号及尺寸，按序号排列。

（4）安装调整地脚，调节螺栓根据地面平整度来取决于长度，不能过短或过长。模块初步调整水平度，模块的上平要稍微低于墙面弹好的模块完成面，这样对最后大面积调平创造快速的条件。

（5）地脚应参照图纸及规定设置，间距不大于 400 mm。如地面有管道或其他障碍物可左右适当移动。如地脚间距超过 400 mm，可在中间部分补加。

（6）安装架空模块连接扣件并用螺丝和地脚拧紧。为防止边模块翘起，扣件螺钉不要上得过紧。

（7）架空模块铺好后，检查房间四周离墙距离是否符合设计图纸要求。

（8）模块全部铺完用红外水平仪再精确调整水平，用 2 m 靠尺仔细检查是否平整，达到验收标准。

（9）检测无误后，墙面四周缝隙用发泡胶间接填充，防止模块整体晃动。模块缝隙用布基胶带封好。

6）注意事项

码放物品时不得超过架空模块部品每平米静荷载极限值。

7）技术要求

装配式一体化楼地面架空模块技术要求见表 8.4。

表 8.4　装配式一体化楼地面架空模块技术要求
（参照和能企业试验的架空地面模块极限值 1.0 t/m²）

项目	技术要求/mm
地脚部件间距	符合设计技术要求
架空系统	符合设计技术要求
板件缝隙宽度	±0.5
表面平整度	≤2
地板面缝隙平直度	≤2
地脚线上口平齐	≤2
相邻板材高差	≤0.5

2. 装配式采暖架空地面部品安装施工

1）装配式采暖地面部品施工工艺流程

按图复核编码→预排→安装调平组件→安装地暖模块连接扣件→铺设采暖管/盖保护板→模块精准调整水平→墙面四周缝隙填充→模块间缝隙粘贴布基胶带→采暖管打压试验。

2）装配式采暖地面部品施工工艺

（1）清理房间：用扫把和吸尘器清理地面，确保地面干净整洁；

（2）复核房间内 1 m 水平线准确度，按设计标高要求，1 m 水平线向下量出地暖模块完成面尺寸（1000 mm 加地板厚度），在墙上画好点位并弹出模块完成面线。测定所需调平组件高度尺寸及数量；

（3）如墙板或墙板其它材料已完成，应用防护材料保护好墙板；

（4）按图纸排布铺设地暖模块，按照图纸复核编号及尺寸，按序号排列；

（5）安装调平组件，根据地面平整度来确定调平组件高度，不能过高或过低。模块初步调整水平度，模块上平面要略低于墙面弹好的模块完成面，这样给最后大面积调平创造快速条件；

（6）调平组件应参照图纸及规定设置，间距不大于 400 mm。可调节调平组件应按设计要求的位置进行布设，间距允许偏差为 ±5 mm。如地面有管道或其他障碍物，可左右适当移动。如调平组件间距超过 400 mm，可在中间部分补加。地面架空高度应符合设计要求，高度允许偏差为 ±5 mm；

（7）安装地暖模块连接扣件并用螺丝和调平组件拧紧。为防止边模块翘起，扣件螺丝不要上得过紧；

（8）地暖模块铺好后，检查房间四周离墙距离是否符合设计图纸要求；

（9）按设计图纸走向铺设暖气管，接入分集水器位置留长度充足；每路管都应做好区域和供回水标记，以便接集分水器。地暖加热管管径、间距和长度应符合设计要求，间距允许偏差为 ±10 mm；

（10）每个模块暖水管过渡位置都应放置 15 cm 长的波纹管对地暖管给予保护；

（11）铺设采暖管时应按照先里后外、逐步铺向集分水器的原则。随铺随盖保护板，并用专用金属卡卡牢。平衡板与地暖模块应黏结牢固、表面平整、接缝整齐。

（12）每路主管从架空层下穿过其他区域到达集分水器位置。接入分集水器的管路穿波纹管保护。地暖分集水器型号、规格及公称压力应符合设计要求，分集水器中心距地面不小于 300 mm。

（13）架空模块全部安装完毕用红外线水平仪再精准调整水平，用 2 m 靠尺仔细检查是否平整，达到验收标准。

（14）检测无误后，墙面四周缝隙用发泡胶间接填充，防止架空模块整体晃动。模块缝隙用布基胶带封好。

（15）铺设自饰面地板前应连接分集水器且进行打压试验，打压试验验收合格并做好隐蔽验收记录后方能铺设面层自饰面地板。

3. 楼地面进行装配式架空地面部品进行测量放线

1）人员要求

（1）施工各专业班组须配备放线员（可由施工员和班组长兼任），放线员须初级以上职称，有从业资格证，有丰富的工程经验；

（2）放线员必须熟练使用水准仪、经纬仪、激光放线仪等测绘仪器，熟悉施工现场测量工作及操作规程；

（3）放线员必须熟悉并全面了解装修图纸及图纸中各种标示及图例，对图纸问题做到充分认识，并能发现图纸与现场不相符的问题，及时汇总提交。

2）操作要点

（1）技术负责人负责进场后与土建施工单位的交接，施工员、放线员陪同；各种原始线水平线、轴线等，必须办理相关交接，并作书面手续各方签字后存档；

（2）装修工程水平线的索引，每层必须为同一个原始点，严禁直接使用土建在各处的弹线；每次水平放线后必须复核原始点，做到放线封闭；

（3）使用红外线仪器时，注意红外线的投影，当线宽超过 1 mm 时，必须移动主机，减少与放线点的距离；

（4）放线前仔细清理需要放线部位的垃圾和杂物，使其露出实际基层；若有大宗材料要提前通知材料的所有单位，让其自行搬运，严禁私自搬运和乱扔乱放；

（5）分工明确，注意安全，高空放线时必须采取必要的防护措施；

（6）放线内容：

① 控制轴线：黑墨线弹线，线宽不超过 1.5 mm，两头用绿色自喷漆及标准模板标示，地面（两边各距离墙面 200 mm）、原顶面（两边各距离墙面 200 mm）、墙面（由距地面 500 mm 弹至距吊顶天花 500 mm）；

② 水平线：黑墨线弹线，线宽不超过 1.5 mm，每 10 m 用红色自喷漆及标准模板标示，各墙面（距离地面完成面 1000 mm）；

③ 地面面饰分格线：黑墨线弹线，线宽不超过 1 mm，（地面架空层控制尺寸，石材、地砖等饰面线两头用橘红色自喷漆及标准模板标示）弹线位置为：地面（按实际造型尺寸及形状）、原顶面（重要控制线）；

（7）弹线完成后，用白色自喷漆及标准字体模板，在线右上方 50 mm 处标注，同样线形，标注一处即可；

（8）放线完毕后须复核，水平线、轴线须技术负责人或施工员复核。

4. 楼地面进行装配式架空地面部品进行测量放线后安装

1）装配式架空地面部品安装施工

清理工作面→标记水平高度→整理架空模块→架空模块精调→按图复核自饰面地板编码→自饰面地板预排→铺设自饰面地板→安装自饰面地脚线→清理。

2）装配式架空地面部品施工工艺

（1）清理工作面，对要施工的工作面进行清理，不堆放与施工无关的材料和物品，并对土建施工楼板和室内地面进行清扫和清理，建议用吸尘器除尘；

（2）用红外线水平仪对水平线进行标注，减去自饰面地板等地面铺设高度后确认模块施工完成面的高度（现场勘测时应对地面平整度和完成面高度等数据进行采集）；

（3）按图纸和编号分区域，编号顺序整理好架空模块，地面应按图纸要求顺序进行铺设；

（4）将架空模块边模块调平组件调平安装好后，从边部开始铺设模块，支撑另一边时先调好模块两端和中间一个共三个调平组件调平。其他调平组件参照执行，整体托起架空模块。此时调整规则应略低于预期目标线 0.5 mm 左右；

（5）铺设时核对室内净空尺寸是否与图纸标示相符，然后根据图纸的编号核对管道，通过缺口相对应的规则依次铺设模块，铺设此模块时，架空模块后应紧接着用模块连接扣件固定此模块和上一模块连接边，用螺丝锁定，然后再铺设下一模块；

（6）将该区域最后一块模块安装好，并仔细调整好水平高度；

（7）水平高度调整好后，使用布基胶带封堵孔隙；

（8）使用吸尘器对施工工作面进行清理，施工工作面没有不相干材料和其他部品。对已完成部品采取有效保护措施；

（9）依据图纸进行自饰面地板预排版，核对部品编号、规格等信息；

（10）铺设自饰面地板，每块自饰面地板铺设前应当使用美工刀清理自饰面地板两侧凹槽，防止有杂物落入。在自饰面地板背面使用少量硅酮结构胶打点，保证自饰面地板四角及中心有胶点，按预排部位黏结在基础面上；

（11）在自饰面地板板间缝金属条背面间隔 300 mm 使用硅酮结构胶设置胶点，插入自饰面地板侧边凹槽内；

（12）自饰面地板铺设完成后，铺设自饰面地脚线。自饰面地脚线背面间隔 150 mm 设置胶点，黏结在墙板上，在阴角、阳角处使用专用自饰面地脚线阴角套和阳角套连接。

8.4.4　装配式门窗部品

本节以集成套装门及内窗套施工为例介绍。

（1）复合内窗套技术准备：熟悉施工图与现场、做好技术、环境、安全交底。

（2）复合内窗套材料准备、要求：窗体加工制作型号、编号、数量及加工质量必须符合设计要求，有出厂合格证。

（3）复合内窗套施工工具：充电手枪钻，红外线水平仪、榔头、发泡胶/枪、结构胶/枪、卷尺、中号记号笔等。

（4）复合内窗套作业条件：墙板安装完毕并验收合格；外门/窗安装完毕并验收合格。

（5）复合内窗套施工流程：清理工作面→核对洞口尺寸→组装窗套→固定窗套。

（6）施工要点步骤：

① 对应施工工作面进行整理，施工工作面无不相干材料和其他部品，清理窗洞口内阻碍安装的残余水泥或其他建筑残渣，检查外窗是否有渗漏现象。

② 核对洞口尺寸与测量尺寸是否有偏差，测量部件建材是否具备安装空间。

③ 把各部件（横竖窗套）在地面按安装位置围拢并组装好，在洞口试装，然后在两侧板和地板下打结构胶，在空挡位置打上发泡胶，横头处打发泡胶，拼装加固窗套。

④ 对于安装跨度超出 1000 mm 洞口的窗户，其中间部位需临时增设支撑构件，防止窗套中间位置下垂，待结构稳定后拆除临时支撑构件。

（7）室内复合内套装门技术准备：熟悉施工图与现场、做好技术、环境、安全交底。

（8）室内复合内套装门材料准备、要求：门体加工制作型号、编号、数量及加工质量必须符合设计要求，有出厂合格证书。

（9）墙体中用于固定门框预埋件和其他连接件符合设计要求：小五金及其配件种类、规格、型号必须符合图纸要求，并与门框相匹配，产品质量必须优质。

（10）复合内套装门施工工具：充电手枪钻，红外线水平仪、榔头、发泡胶/枪、卷尺、中号记号笔等。

（11）复合内套装门作业条件：

① 墙板安装完成；建议地板安装完成后再安装户内套装门。

② 门框进入施工现场前必须进行检查验收。门框和扇安装前应先检查型号、尺寸是否符合要求，有无窜角、翘扭、弯曲、劈裂，如有以上情况应先进行修复。

（12）复合内套装门施工流程：安装准备→立框安装→上框安装→门扇安装→泡沫填充→五金安装→门顶安装→打胶收口

（13）施工要点步骤

① 立框安装：首先将连接件固定于横立框连接处，之后确定方向后，先将钢框上端入墙，随后顺序将下端推入墙内，注意不要划伤墙板。另一边做法同上。

② 上框安装：立框完成且成 V 字形，保证框间宽度上大下小，之后将横框上推到位，推框时避免划伤饰面，横框到位后随即每边双钉固定于连接块上。

③ 门扇安装：三边门框完成后初调方正垂直，每边 2 钉临时固定。然后安装门扇，调整四边门缝到要求数值。

④ 泡沫填充：上述工作完成后，开始发泡填充，填充由压边条下圆孔注入，填充量根据第一堂试装结果及发泡参数确定，填充部位要均匀且两侧同时操作，充完后关闭门扇再次检查各项安装参数，无误后静置 3 h，切除多余的发泡胶后粘贴密封条。

⑤ 五金安装：锁具开箱后检查外观是否完好，配件是否齐全，无误后安装。完成后闭门检查契合度，如有晃动调整锁孔，使其紧密贴合。

⑥ 门顶安装：为防止门扇执手碰撞墙面，于踢脚板上 30 mm 净距，于门扇边向内 30 mm 中定位安装门顶，门顶位置应有预埋板，用不锈钢螺钉贯入预埋板 10 mm。

⑦ 打胶收口：室内门框于卫生间地面缝隙处与墙地阴角一同施胶（防霉密封胶），胶宽 5 mm。

（14）集成套装门及窗安装技术要求见表 8.5。

表 8.5　集成门窗安装技术要求

项目		允许偏差/mm	检验方法
锚固脚片	中心线位置	5	钢尺检查
	外露长度	+5，0	钢尺检查
门窗框位置		2	钢尺检查
门窗框高、宽		±2	钢尺检查
门窗框对角线		±2	钢尺检查
门窗框平整度		2	靠尺检查

8.4.5　集成卫生间

集成卫生间包含集成吊顶系统、集成墙面系统、地面架空系统、集成套装门及内窗套部品、防水防潮系统、薄法排水系统、设备及管线、其他部品部件。其他部品部件包括块料地面安装、卫生间洁具安装、卫生间龙头、浴室柜及五金安装等。

集成吊顶系统、集成墙面系统、地面架空系统、集成套装门及内窗套部品、防水防潮系统、薄法排水系统、设备及管线参照相应的章节。

1. 复合防水底盘

（1）复合防水底盘技术准备：熟悉施工图与现场、做好技术、环境、安全交底。

（2）复合防水底盘材料准备、要求：

① 复合防水底盘。

② 专用地漏。

③ 配套专用胶。

④ 复合防水底盘必须有产品出厂合格证书。

（3）复合防水底盘施工工具：沙袋、盒尺、十字螺丝刀、吸尘器。

（4）复合防水底盘作业条件：

① 如设计有地暖的卫生间，地暖管敷设完毕，打压验收完成。

② 打胶时施工环境温度不应低于 5 ℃。

③ 黏结基层应保证设置有足够的排水坡度。

（5）复合防水底盘施工流程：清理基层→预铺设底盘校验→地面打胶→铺设防水底盘→与同层排水系统连接。

（6）复合防水底盘施工步骤：

① 在黏结前应清除地面架空模块垃圾、浮灰、附着物，特别是油漆、涂料、油污等有机物必须清除干净。

② 复合防水底盘预铺，复核尺寸。铺设完成后复合防水底盘边沿应当在墙板完成面内，距墙板完成面不小于 15 mm，预留孔洞与专用地漏底座尺寸、位置无偏差。

③ 复合防水底盘铺设，在基层表面间隔 100 mm 使用专业结构胶设置胶点，按照预铺结果将复合防水底盘黏结在基层面上，保证预留孔洞上下吻合。

④ 使用螺丝连接专用地漏底座与复合防水底盘，安装地漏。

⑤ 将沙袋均匀布置在复合防水底盘上压实，做闭水试验，过 24 h 后检查是否漏水。

（7）复合防水底盘注意事项：防水底盘预留孔洞与同层排水专用地漏底座不得有偏移。防水底盘是在工厂依据定尺尺寸一次性整体加工而成的，现场不得随意裁切、开孔。

（8）复合防水底盘技术要求：防水底盘外观无破损、毛刺、固化不良、变形等缺陷，防水无渗漏。

2. 防水防潮材料

（1）防水防潮材料技术准备：熟悉施工图与现场、做好技术、环境、安全交底。

（2）防水防潮系统准备、要求：

① 防水防潮系统：符合质量要求，无明显缺陷。

② 安装铺设：调平组件，防水止水胶垫等。

③ 防水防潮系统必须有产品出厂合格证书。

（3）防水防潮材料施工工具：充电手枪钻、红外线水平仪、美工刀、卷尺、扫把、记号笔等。

（4）防水防潮系统作业条件：原建筑墙面或隔墙（条板墙、轻钢龙骨隔墙其中含建筑防水）施工完毕通过验收；一体化架空模块施工完毕。

（5）防水防潮系统施工流程：清理基层→尺寸预排→裁剪防水防潮材料→固定→开孔。

（6）防水防潮系统施工步骤：

① 清理墙面基层。

② 测量墙面高度和房屋周长，根据测量所得尺寸裁切防水防潮系统。

③ 在防水防潮系统表面，自上而下使用带有止水胶圈的调平组件（燕尾螺丝）固定横向龙骨，中间横向龙骨要求竖向间距不大于 600 mm，调平组件间距不大于 400 mm，上下横向龙骨距离顶面完成面和距离地面完成面 50～100 mm，固定时要保证防水防潮系统表面平整，安装防水防潮材料。

④ 固定完毕后根据预留门窗洞口，水电点位位置和尺寸在防水防潮系统上开孔洞。

（7）防水防潮系统注意事项：保证防水防潮系统与防水底盘有足够搭接尺寸，使用可靠的黏结措施粘贴在防水底盘内侧壁上；垂直面上，防水防潮系统不允许横向搭接其高度超出吊顶 100 mm。墙面需要开孔的位置，开孔时采用刀片进行十字划开，开孔截面尺寸不超过所需洞口尺寸 5 mm，完成开孔后需要将防水防潮系统与结构墙面使用胶水封闭固定并做好防水措施。

（8）防水防潮系统技术要求：防水防潮系统无破损，表面平整；悬空洗手柜及镜柜技术准备；熟悉施工图与现场、做好技术、环境、安全交底。

3．悬空洗手柜及镜柜

（1）悬空洗手柜及镜柜材料准备、要求：

① 悬空洗手柜及镜柜柜体无损伤等缺陷。

② 悬空洗手柜及镜柜小五金及其配件种类、规格、型号必须符合图纸要求，并与门框扇相匹配，产品质量必须是优质产品并有产品出厂合格证书。

（2）悬空洗手柜及镜柜安装工具：充电手枪钻、红外线水平仪、卷尺、手套。

（3）悬空洗手柜及镜柜安装作业条件：卫浴间吊顶、墙板、地板安装施工完毕。

（4）悬空洗手柜及镜柜安装施工流程：清理墙面→安装镜柜挂件→连接镜柜吊码和挂片→安装悬空洗手柜挂件→连接悬空洗手柜吊码和挂片→安装柜门、把手→安装台面→扯掉悬空洗手柜及镜柜表面保护膜→清扫干净。

（5）悬空洗手柜及镜柜安装注意事项：

① 安装悬空洗手柜及镜柜时应做好墙面、地面成品保护，避免造成损伤。

② 有给排水口、插座等需开孔时，柜体及台面开孔套割吻合并做好防水及漏电措施，若发现错漏、移位等请及时修改。

③ 检查墙面是否有加固板（A 级防火加固板）或相应的加固措施，并安全可靠、牢固稳妥。

（6）悬空洗手柜及镜柜安装技术要求见表 8.6。

表 8.6　悬空洗手柜及镜柜安装技术要求

项次	项目	允许偏差/mm
1	外形尺寸	3
2	立面垂直度	2
3	门与框架平行度	2

8.4.6　集成厨房

1．集成厨房部品施工

集成厨房包含部品：集成吊顶系统、集成墙面系统、地面架空系统、集成套装门及内窗套部品、薄法排水系统、设备及管线、橱柜部品部件安装。

集成吊顶系统、集成墙面系统、地面架空系统、集成套装门及内窗套部品、薄法排水系统、设备及管线参照相应的章节。

（1）橱柜安装技术准备：熟悉施工图与现场、做好技术、环境、安全交底。

（2）橱柜安装材料准备、要求：

① 橱柜柜体无损伤等缺陷；

② 橱柜小五金及其配件种类、规格、型号必须符合图纸要求，并与门框扇相匹配，产品质量必须是优质产品并有产品出厂合格证书。

（3）橱柜安装工具：充电手枪钻、红外线水平仪、卷尺、手套。

（4）橱柜安装作业条件：厨房吊顶、墙板、地板安装施工完毕。

（5）橱柜安装施工流程：清理墙面→安装吊柜挂件→连接吊柜吊码和挂片→安装地柜挂件→连接地柜吊码和挂片→安装柜门、把手→安装台面→龙头、台盆及其他台面设备安装→安装地脚线→扯掉橱柜表面保护膜→清扫干净→收胶→交付。

（6）橱柜安装注意事项：

① 安装橱柜时应做好墙面、地面成品保护，避免造成损伤。

② 有给排水口、插座等需开孔时，柜体及台面开孔套割吻合并做好防水及漏电措施，若发现错漏、移位等请及时修改。

③ 检查墙面是否有加固板（对应吊柜、A 级防火加固板）或相应的加固措施，并安全可靠、牢固稳妥。

（7）橱柜安装技术要求见表 8.7。

表 8.7　橱柜安装技术要求

项次	项目	允许偏差/mm
1	外形尺寸	3
2	立面垂直度	2
3	门与框架平行度	2

2．厨房部品部件进行测量放线

1）人员要求

（1）施工各专业班组须配备放线员（可由施工员和班组长兼任），放线员须初级以上职称，有从业资格证，有丰富的工程经验；

（2）放线员必须熟练使用水准仪、经纬仪、激光放线仪等测绘仪器，熟悉施工现场测量工作及操作规程；

（3）放线员必须熟悉并全面了解装修图纸以及图纸中各种标示及图例，对图纸问题做到充分认识，并能发现图纸与现场不相符的问题，及时汇总提交。

2）操作要点

（1）技术负责人负责进场后与土建施工单位的交接，施工员、放线员陪同；各种原始线水平线、轴线等，必须办理相关交接，并作书面手续各方签字后存档；

（2）装修工程水平线的索引，每层必须为同一个原始点，严禁直接使用土建在各处的弹线；每次水平放线后必须复核原始点，做到放线封闭；

（3）使用红外线仪器时，注意红外线的投影，当线宽超过 1 mm 时，必须移动主机，减少与放线点的距离；

（4）放线前仔细清理需要放线部位的垃圾和杂物，使其露出实际基层；若有大宗材料要提前通知材料的所有单位，让其自行搬运，严禁私自搬运和乱扔乱放；

（5）分工明确，注意安全，高空放线时必须采取必要的防护措施；

（6）放线内容：

① 装配式内装天花板，其下底水平线目前以该地方的测位下底为标高线，标高为基准，根据这个原则，放出的水平控制线高度为测位下底与装饰成型完成地面的高度；

② 对照天花施工图，按照天花造型图在地面放出天花造型线，根据施工图纸标高，提升至水平控制线为测位下底与装饰成型地面的高度对应应对标高高度，逐步完成天花造型及相应标高；

③ 根据施工图纸上灯具、暖通设备风口、消防设备点位、新风设备点位以及监控设备点位等相应落位于完成的天花造型及相应标高上

④ 装配式内装修墙面，从该墙面的墙体轴线引出，测出装饰墙面完成面装饰线，同时确认施

工图纸中装饰墙面完成面与原建筑墙体墙面线之间尺寸，应符合装配式装修架空龙骨尺寸要求，注意门窗边口和窗台收口方式并引出放线尺寸；

⑤ 根据施工图纸上立面开关、插座、给排水等相应落位于立面上（开关、插座、给水）及相应标高上，排水口相应落位于平面上（排水）及相应标高上

⑥ 厨房地柜、吊柜、电气设备等从平面墙面完成面引出平面放线尺寸，从立面标高完成面引出立面放线尺寸。

⑦ 根据施工图纸上地面面饰分格线，分别将地面架空层，地砖或石材等自身厚度层、粘贴层引出在落位于立面上并追查原建筑防水层及防水保护层和找平层等相关数据。

3. 厨房部品部件进行测量放线后安装

集成厨房包含部品：集成吊顶系统、集成墙面系统、地面架空系统、集成套装门及内窗套部品、薄法排水系统、设备及管线、橱柜部品部件安装。

集成吊顶系统、集成墙面系统、地面架空系统、集成套装门及内窗套部品、薄法排水系统、设备及管线参照相应的章节。

1）集成厨房部品施工工艺流程

清理墙面→安装吊柜挂件→连接吊柜吊码与挂片→测量预开洞尺寸（给排水洞口尺寸、预开炉台洞口尺寸和预开菜星盘洞口尺寸）→柜体开洞口（给排水洞口尺寸、炉台洞口尺寸和预菜星盘洞口尺寸）→安装地柜柜体→安装门板、拉手→安装台面→安装地脚线。

2）集成厨房部品施工工艺

（1）在施工前应将有橱柜安装的墙面、地面清扫干净；

（2）根据预留位置安装吊柜挂件；

（3）连接吊柜吊码与挂件，安装吊柜前，在对应天花位置开好烟机抽排风口孔洞并预留安装好专用抽排气管道；

（4）安装地柜，安装地柜前，在对应柜体位置开好给排水孔洞并套割吻合给排水点位，方便连接及预留施工工具必要操作空间。

8.4.7 装配式设备与管线部品

1. 设备及管线安装施工

1）设备及管线安装技术准备

熟悉施工图与现场、做好技术、环境、安全交底。

2）设备及管线安装材料准备、要求

（1）设备及管线主体材料无损伤等缺陷。

（2）设备及管线主体材料所需辅助材料及其配件种类、规格、型号必须符合图纸要求，并与其主体材料相匹配，且主体材料及辅助必须有出厂合格证书。

3）设备及管线安装施工工具

（1）强电安装施工工具：三级配电箱、冲击钻配钻头、充电手枪钻、红外线水平仪、卷尺、角磨机、万用表、绝缘摇表、试电笔、钳子、电工刀、管子剪、剥线钳、扳手、电工专用锤、手套；

（2）弱电安装施工工具：三级配电箱、冲击钻配钻头、充电手枪钻、钳子、电工刀、管子剪、专用剥线钳、试电笔、万用表、测寻仪、水晶头压线锤、红外线水平仪、扳手、电工专用锤、手套；

4）给排水安装所需工具

三级配电箱、冲击钻配钻头、管子剪、PP-R 熔接器（融合器）、套丝机、管子钳、垂直吊线器、钉锤、试压泵、手套、试验浮球。

5）设备及管线安装作业条件

（1）强弱电安装作业条件：墙面龙骨安装完成未封墙板之前；吊顶龙骨完成未封吊顶板之前；土建卫生间防水层和保护层完成。

（2）给排水安装作业条件：墙面龙骨安装完成未封墙板之前；吊顶龙骨完成未封吊顶板之前；土建卫生间防水层和保护层完成；排水立管完成（批量可作为施工内容）。

6）设备及管线安装施工流程

（1）强电安装施工流程：设备定位→布管布线→线路测试→电气设备灯光安装→设备调测→完成交付。

（2）弱电施工流程：设备定位→布管布线→线路测试→设备安装→设备调测→完成交付。

7）户内管线施工说明

顶面墙面地面管线安装时，应安装在装配体系空腔部位内，按规范、设计要求进行明装，无须开槽及预先预留预埋。

2. 电气管线规格、型号识别方法

（1）电线管规格、型号用英文字母加数字。

① PVC 管——PC20；

② 焊接钢管——SC20；

③ 扣压式镀锌薄壁电线管——KBG20；

④ 紧定式镀锌薄壁电线管——JDG20；

⑤ SC——焊接钢管；

⑥ MT——电线管；

⑦ PC——PVC 塑料硬管；

⑧ FPC——阻燃塑料硬管；

⑨ CT——桥架。

（2）常用电线电缆规格、型号识别方法。

电线电缆中有 BV、BLV、BVVB、BVR、RV、RVS、RVV、QVR、AVVR、VV、VLV、KVV 等诸多型号。

① 第一组由一个到二个字母组成，表示导线类别用途。

如：A—安装线、B—布电线、C—船用电缆、K—控制电缆、N—农用电缆、R—软线、U—矿用电缆、Y—移动电缆、JK—绝缘电缆、M—煤矿用、ZR—阻燃型、N—耐火、ZA—A 级阻燃、ZB—B 级阻燃、ZC—C 级阻燃、WD—低级无卤型。

② 第二组是一个字母，表示导体材料材质。

如：T—铜芯导线、（大多数时候省略）、L—铝芯导线。

③ 第三组是一个字母，表示绝缘层。

如：V—PVC 塑料、YJ—XLPE 绝缘、Y—聚乙烯料、F—聚四氟乙烯。

④ 第四组是一个字母，表示护套。

如：V—PVC 套、Y—聚乙烯料、P—铜丝编织屏蔽、P2—铜带屏蔽、Q—铅包。

⑤ 第五组是一个字母，表示特征。

如：B—扁平型、R—柔软、C—重型、Q—轻型、H—电焊机用、S—双绞型。

⑥ 第六组是一个数字，表示铠装行（下小脚表）。

如：2—双钢带、3—细圆钢丝、4—粗圆钢丝。

一般常用规格：0.5 mm^2、1 mm^2、1.5 mm^2、2.5 mm^2、4 mm^2、6 mm^2、10 mm^2、16 mm^2、25 mm^2、35 mm^2、50 mm^2、70 mm^2、95 mm^2、120 mm^2、150 mm^2、185 mm^2、240 mm^2 等，10 mm^2 以下一般叫电线，10 mm^2 以上一般叫电缆。

8.5 质量检查

8.5.1 一般规定

（1）装配式装修工程质量验收应按现行国家标准《建筑工程施工质量验收统一标准》GB 50300 规定的原则进行，室内环境验收应符合《民用建筑工程室内环境污染控制规范》GB 50325 中的规定。

（2）装配式装修工程具备穿插施工条件时可提前进行主体工程验收。

（3）装配式装修工程所用材料、部品规格、性能参数等应符合设计要求及现行国家、地方及相关行业规范的标准，并应进场检验；涉及安全、节能、环境保护和主要使用功能的重要材料和部品，应进行复检、组批原则。

（4）质量验收应以施工前采用相同部品、材料和工艺制作的样板房作为依据。

（5）装配式装修工程不得存在擅自破坏原结构保护层，损坏原结构主体的现象。

（6）装配式装修工程质量验收可按下列规定划分验收单元：

① 以一个单元或楼层作为分部工程的验收单元；

② 墙面系统、吊顶系统、楼地面系统等作为组成分部工程的分项；

③ 通风与空调、建筑电气、智能化等系统作为设备管线分部工程下的子分部工程，其系统安装工序作为验收分项；

④ 户箱以后的强电、弱电管线及设备，水表以后的给水管线及设备，主立管以后的排水管道及设备，作为管线设备系统的子分部工程进行验收；

⑤ 公共建筑室内装配式装修工程质量按主要功能空间、交通空间和设备空间进行分阶段质量验收；

（7）室内装配式装修工程质量分户、分阶段验收应符合下列规定：

① 工程质量分户验收前应进行室内环境检测；

② 每一检验单元计量检查项目中，主控项目全部合格，一般项目应合格；当采用计数检测时，至少应有85%以上检查点合格，且检查点不得有影响使用功能或明显影响装饰效果的缺陷，其中有允许偏差的检查项目，最大偏差不超过允许偏差的1.2倍。

（8）装配式装修工程设备管线安装及调试应在饰面层施工前完成，设备管线施工质量验收应符合现行国家标准《建筑给水排水及采暖工程施工质量验收规范》GB 50242、《通风与空调工程施工质量验收规范》GB 50243、《建筑电气工程施工质量验收规范》GB 50303 等的规定。

（9）隐蔽工程验收应有记录，记录应包含隐蔽部位照片和隐蔽部位施工过程影像；对组批检验的验收应有现场检查原始记录。

（10）装配式装修工程验收中所有检验文件应汇总并入总体验收报告，并将相关资料提供给房屋使用方和物业管理方作为运营维护的基本资料。

8.5.2　墙面验收

同一类型的装配式墙面工程每层或每 100 间应划分为一个检验批，不足 100 间也应划分为一个检验批，大面积房间和走廊可按装配式墙面面积 30 m² 计为 1 间。每个检验批应至少抽查 20%，并不得少于 4 间，不足 4 间时应全数检查。

装配式墙面工程应对装配式装修所涉及的下列隐蔽工程项目进行验收：

（1）预埋件（后置埋件）；

（2）龙骨防火、防腐处理；

（3）连接件及其连接节点；

（4）防潮、防水、防火节点；

（5）龙骨安装；

（6）加固部位构造.

1．主控项目

（1）装配式墙面饰面板的品种、规格、颜色、性能和燃烧等级、甲醛释放量、放射性等应符合设计要求和现行国家标准的规定。

检验方法：观察；检查产品合格证书、进场验收记录和性能检测报告。

（2）装配式墙面的管线接口位置，墙面与地面、顶棚装配对位尺寸和界面连接应符合设计要求。

检验方法：查阅设计文件、产品检测报告；观察检查；尺量检查。

（3）装配式墙面的饰面板应连接牢固，龙骨间距、数量、规格应符合设计要求，龙骨和构件应符合防腐、防潮及防火要求，墙面板块之间的接缝工艺应封闭，材料应防潮、防霉变。

检验方法：手扳检查；检查进场验收记录、后置埋件现场拉拔检测报告、隐蔽工程验收记录和施工记录。

2．一般项目

（1）装配式墙面表面应平整、洁净、色泽均匀，带纹理饰面板朝向应一致，不应有裂痕、磨痕、翘曲、裂缝和缺损，墙面造型、图案颜色，排布形式和外形尺寸应符合设计要求。

检验方法：观察、查阅设计文件、尺量检查。

（2）装配式墙面饰面板嵌缝应密实、平直，宽度和深度应符合设计要求，嵌填材料色泽应一致。

检验方法：观察、尺量检查。

装配式墙面的允许偏差和检验方法应符合表 8.8 规定。

表 8.8　装配式墙面安装允许偏差和检验方法

项次	项目	允许偏差/mm				检验方法
		石材	瓷砖	软包	软饰膜复合板	
1	立面垂直度	2.0	2.0	3.0	2.0	用 2 m 垂直检测尺检查
2	表面平整度	2.0	2.0	3.0	1.0	用 2 m 靠尺和塞尺检查
3	阴阳角方正	2.0	2.0	3.0	2.0	用直角检测尺检查
4	接缝直线度	2.0	2.0	2.0	2.0	拉 5 m 线，不足 5 m 拉通线，用钢直尺检查
5	压条直线度	2.0	2.0	2.0	2.0	
6	接缝高低差	1.0	1.0	1.0	1.0	用钢直尺和塞尺检查
7	接缝宽度	1.0	1.0	1.0	1.0	用钢直尺检查

8.5.3　吊顶验收

同一类型的装配式吊顶工程每层或每 100 间应划分为一个检验批，不足 100 间也应划分为一个检验批，大面积房间和走廊可按装配式墙面面积 30 m² 计为 1 间。

每个检验批应至少抽查 20%，并不得少于 4 间，不足 4 间时应全数检查。

装配式吊顶工程应对装配式装修所涉及的下列隐蔽工程项目进行验收：

（1）吊顶内机电管线、设备的安装及水管试压、风管严密性检验；

（2）龙骨防火、防腐处理；

（3）埋件；

（4）吊杆安装；

（5）龙骨安装；

（6）加固部位构造。

1. 主控项目

（1）装配式吊顶标高、尺寸、造型应满足设计要求。

检验方法：观察；尺量检查。

（2）装配式吊顶所用材料的质量、规格、性能、安装间距、连接方式及加强处理应符合设计要求，金属表面应镀锌防腐处理。

检验方法：观察、尺量检查、检查产品合格证、进场验收记录和隐蔽工程验收记录。

（3）装配式吊顶工程所用饰面板的材质、品种、图案颜色、燃烧性能等级及污染物浓度检测报告应符合设计要求及现行国家相关标准的规定。潮湿部位应采用防潮材料并有防结露、滴水、排放冷凝水等措施。

检验方法：观察、手扳检查、尺量检查。

（4）装配式吊顶饰面板的安装应稳固严密，当饰面板为易碎或重型部品时应有可靠的安全措施。

检验方法：观察、手扳检查、尺量检查。

（5）重型设备和有振动荷载的设备严禁安装在装配式吊顶工程的连接构件上。

检验方法：观察检查。

2．一般项目

（1）装配式吊顶饰面板的表面应洁净、边缘应整齐、无色差，不得翘曲、裂缝及缺损。饰面板与连接构造应平整、吻合，压条应平直、宽窄一致。

检验方法：观察，尺量检查。

（2）饰面板上的灯具、烟感、温感、喷淋头、风口等相关设备的位置应符合设计要求，与饰面板的交接处应严密。

检验方法：观察。

装配式吊顶的允许偏差和检验方法应符合表 8.9 规定

表 8.9　装配式吊顶的允许偏差和检验方法应符合

项次	项目	允许偏差/mm	检验方法
1	表面平整度	2.0	用 2 m 垂直检测尺检查，各平面四角处
2	接缝直线度	3.0	拉 5 m 线，不足 5 m 拉通线，用钢直尺检查，各平面抽查两处
3	接缝高低差	1.0	用钢直尺和塞尺检查，同一平面检查不少于 3 处

8.5.4　楼地面验收

同一类型的装配式楼地面工程每层或每 100 间应划分为一个检验批，不足 100 间也应划分为一个检验批，大面积房间和走廊可按装配式墙面面积 30 m² 计为 1 间。

每个检验批应至少抽查 20%，并不得少于 4 间，不足 4 间时应全数检查。

装配式楼地面工程应对装配式装修所涉及的下列隐蔽工程项目进行验收：

（1）地面架空层内机电管线、设备安装及水管试压；

（2）阳台等有防水要求的地面防水。

（3）埋件；

（4）承重构件；

（5）龙骨安装。

1．主控项目

（1）装配式楼地面系统所用可调节支撑、基层衬板、面层材料的品种、规格、性能应符合设计要求。

检验方法：观察检查；查阅设计文件；检查合格证书等。

（2）装配式楼地面所用可调节支撑的防腐性能和支撑强度，面层材料的耐磨、防潮、阻燃、耐污染及耐腐蚀等性能，应符合设计要求和现行国家标准《建筑地面工程施工质量验收规范》GB 50209 的相关规定。

检验方法：观察检查；检查产品合格证、性能检测报告和进场验收记录。

（3）装配式楼地面面层的安装应牢固、无松动、无振动异响。

检验方法：观察检查；行走检查。

2．一般项目

（1）装配式楼地面面层的排列应符合设计要求，表面洁净、接缝密闭、缝格均匀顺直；无裂纹、划痕、磨痕、掉角、缺棱等现象。

检验方法：观察检查，查阅设计文件。

（2）装配式楼地面的找平层表面应平整、光洁、不起灰，抗压强度不得小于 1.2MPa。

检验方法：回弹法检测或检查配合比、通知单及检测报告。

（3）装配式楼地面基层和构造层之间、分层施工的各层之间，应结合牢固、无裂缝。

检验方法：观察；用小锤轻击检查。

（4）装配式楼地面与其他面层连接处、收口处和墙边、柱子周围应顺直、压紧。

检验方法：观察检查。

（5）配式楼地面面层与墙面或地面突出物周围套割应吻合，边缘应整齐。与踢脚板交接应紧密，缝隙应顺直。

检验方法：观察检查；尺量检查。

（6）地面辐射供暖的安装应在辐射区与非辐射区、建筑物墙体、地面等结构交界处部位设置侧面绝热层，防止热量渗出。地面辐射供暖管线的安装应符合现行行业标准《辐射供暖供冷技术规程》JGJ 142 的规定。

检验方法：观察检查；尺量检查。

（7）架空地板的铺设、安装应符合现行国家标准《建筑地面工程施工质量验收规范》GB 50209 的规定。

检验方法：观察检查；尺量检查。

装配式楼地面的允许偏差和检验方法应符合表 8.10 规定。

表 8.10　装配式楼地面安装允许偏差和检验方法

项次	项目	允许偏差/mm	检验方法
1	表面平整度	2.0	用 2 m 靠尺和塞尺检查
2	接缝高低差	0.5	用钢直尺和塞尺检查
3	表面拼缝平直	2.0	拉 5 m 线，不足 5 m 拉通线，用钢直尺检查
4	踢脚线上口平直	2.0	
5	踢脚线与面层接缝	1.0	用钢直尺检查
6	板块间隙宽度	0.5	用游标卡尺检查

8.5.5　集成厨房验收

同一类型的集成厨房每 10 间应划分为一个检验批，不足 10 间也应划分为一个检验批。

每个检验批应至少抽查 30%，并不得少于 3 间，不足 3 间时应全数检查。

集成厨房安装过程应对装配式装修所涉及的下列隐蔽工程项目进行验收：

（1）机电管线、设备的安装及检测及水管试压；

（2）各类接口孔洞位置；

（3）防水、防潮、防霉措施；

（4）加固部位构造。

1. 主控项目

（1）集成厨房的功能、配置、布置形式、使用面积及空间尺寸、部件尺寸应符合设计要求和国家、行业现行标准的有关规定。厨房门窗位置、尺寸和开启方式不应妨碍厨房设施、和家具的安装与使用。

检验方法：观察、尺量检查。

（2）集成厨房所用部品部件、橱柜设施设备等的规格、型号、外观、颜色、性能、使用功能应符合设计要求和国家和四川省现行标准的有关规定。

检验方法：观察、手试、检查产品合格证、进场验收记录和性能检测报告。

（3）集成厨房部品部件之间安装应严密，不得松动，连接方式应符合设计要求。与轻质隔墙连接时应采取加强措施，满足厨房设施设备固定的荷载要求。

检验方法：观察；手试；检查隐蔽工程验收记录和施工记录。

（4）集成厨房给排水、燃气管、排烟、电气等预留接口、孔洞的数量、位置、尺寸应符合设计要求。

检验方法：观察；尺量检查；检查隐蔽工程验收记录和施工记录。

（5）集成厨房给排水、燃气、排烟等管道接口和涉水部位连接处的密封应符合要求，不得有渗漏现象。

检验方法：观察；手试。

2．一般项目

（1）集成厨房的表面应平整、洁净、光滑、色泽一致，无变形、鼓包、毛刺、裂纹、划痕、锐角、污渍或损伤。

检验方法：观察检查；手试。

（2）橱柜与吊顶、墙面等处的交接应嵌合严密，交接线应顺直、清晰、美观。

检验方法：观察检查。

（3）管线与厨房设施接口应匹配，并应满足厨房使用功能的要求。

检验方法：观察检查。

集成厨房部品部件、设备安装的允许偏差和检验方法应符合表 8.11 规定。

表 8.11　集成厨房部品部件、设备安装允许偏差和检验方法

项次	项目	允许偏差/mm			检验方法
		吊顶	墙面	楼地面	
1	表面平整度	2.0	2.0	2.0	用 2 m 靠尺和塞尺检查
2	接缝直线度	1.5	2.0	1.0	拉 5 m 线，不足 5 m 拉通线，用钢直尺检查
3	接缝高低差	1.0	1.0	1.0	用钢直尺和塞尺检查
4	接缝宽度	—	1.0	1.0	用钢直尺检查
5	立面垂直度	—	2.0	—	用 2 m 垂直检测尺检查
6	阴阳角方正	—	2.0	—	用直角检测尺检查

8.5.6　集成卫生间验收

同一类型的集成卫生间每 10 间应划分为一个检验批，不足 10 间也应划分为一个检验批。

每个检验批应至少抽查 30%，并不得少于 3 间，不足 3 间时应全数检查。

集成卫生间安装过程应对装配式装修所涉及的下列隐蔽工程项目进行验收：

（1）机电管线、设备的安装及检测及水管试压；

（2）各类接口孔洞位置；

（3）防水底盒；

（4）防水、防潮、防霉措施；

（5）加固部位构造。

1．主控项目

（1）集成卫生间的功能、配置、布置形式及内部尺寸应符合设计要求和国家现行标准的有关规定。

检验方法：观察；尺量检查。

（2）集成卫生间表面应光洁平整，无破损、裂纹，同一色号的不同墙体的颜色应无明显差异，阴阳角处搭接完整，无破损、破脚等，板块拼缝平直、光滑，填嵌连续、密实。

检验方法：观察检查、尺量检查。

（3）集成卫生间所用材料的规格、型号、外观、颜色、性能等应满足设计要求和国家现行有关标准的规定。

检验方法：观察检查；检查产品合格证、性能检测报告、产品说明书、安装说明书、进场验收记录和性能检验报告。

（4）集成卫生间部品部件、设施设备的连接方式应符合设计要求，安装应牢固严密，不得松动。设备设施与轻质隔墙连接时应采取加强措施，满足荷载要求。

检验方法：观察检查；手试；检查隐蔽工程验收记录和施工记录。

（5）集成卫生间安装完成后应做满水和通水试验，满水后各连接件不渗不漏，通水试验给、排水畅通；各涉水部位连接处的密封应符合要求，不得有渗漏现象；地面坡向、坡度正确，无积水。

检验方法：观察检查；尺量检查；检查隐蔽工程验收记录和施工记录。

（6）集成卫生间给水排水、电气、通风等预留接口、孔洞的数量、位置、尺寸应符合设计要求，不偏位错位，不得现场开凿。

检验方法：目测检查；尺量检查；检查隐蔽工程验收记录和施工记录。

（7）集成卫生间配电线路、电器设备等安装应符合现行国家标准《建筑电气工程施工质量验收规范》GB 50303 的规定，应进行通电测试以及绝缘电阻测试。

检验方法：万用表测量。

（8）集成卫生间的防水盘底盘的安装位置应准确，与地漏孔、排污孔等预留孔洞位置对正，连接良好。

检验方法：观察检查、手试检查、查阅施工记录。

2．一般项目

（1）集成卫生间部品部件、设施设备表面应平整、光洁、色泽一致，无变形、毛刺、裂纹、划痕、锐角、污渍；金属的防腐措施和木器的防水措施到位。

检验方法：观察检查、手试检查。

（2）集成卫生间内的灯具、风口和检修口等设备设施的位置应合理，与面板的交接应吻合、严密，交接线应顺直、清晰、美观。

检验方法：观察检查，查阅隐蔽工程验收记录、施工记录。

集成卫生间安装的允许偏差和检验方法应符合表 8.12 规定。

表 8.12　集成卫生间安装允许偏差和检验方法

项次	项目	允许偏差/mm			检验方法
		防水盘	壁板	顶板	
1	内外设计标高差	2.0	—	—	用钢直尺检查
2	阴阳角方正	—	3.0	—	用 200 mm 直角检测尺检查
3	立面垂直度	—	3.0	—	用 2 m 垂直检测尺检查
4	表面平整度	—	3.0	3.0	用 2 m 靠尺和塞尺检查
5	接缝高低差	—	1.0	1.0	用 2 钢直尺和塞尺检查
6	接缝宽度	—	1.0	2.0	用钢尺检查

8.5.7　管线与设备验收

1. 电气管线预留预埋检查内容

（1）电气装置安装施工及验收，应符合消防、环保等现行的有关标准、规范的规定。

（2）电气安装工程验收时，应对下列项目进行检查：

① 漏电开关安装正确，正常运行。

② 各回路的绝缘电阻应大于等于 0.22 mΩ 保护地线（PE 线）与非带电金属部件连接应可靠。

③ 电气器件、设备的安装固定应牢固、平整；

④ 电器通电试验、灯具试亮及灯具控制性是否良好；

⑤ 开关、插座、终端盒等器件外观良好，绝缘器件无裂纹，安装牢固、平整，安装方式符合规定；

⑥ 并列安装的开关、插座、终端盒的偏差，暗装开关、插座、终端盒的面板、盒周边的间隙符合规定；

⑦ 弱电系统功能齐全，满足使用要求，器具安装牢固、平整。

（3）工程交接验收时宜向用户提交下列资料：

① 配线竣工图，图中应标明暗管走向（包括高度）、导线截面积和规格型号；

② 漏电开关、灯具、电器设备的安装使用说明书、合格证、保修卡等；

③ 弱电系统的安装使用说明书、合格证、保修卡、调试记录等。

2. 电气管线预留预埋铺设与安装工程验收

（1）管线、管件质量应符合现行国家标准。

（2）管线、开关、配电设备等安装横平竖直且垂直，标高与设计标高相符，应符合现行国家标准，如靠近管线、开关、配电设备等管卡不大于 200 mm，线管中间区域管卡不大于 800 mm。

（3）经通过专业仪器表检测，线路无漏电异常，开关、配电设备等能正常运行，无跳闸断电异常。

3. 给水管预留预埋检查内容

（1）管道工程应根据用户要求安装，完工后应试压、检验合格，方可进行其他装饰工程；

（2）选用的管道、管件质量应符合现行国家标准的规定；

（3）管道的安装，必须横平竖直。排水管道必须畅通；

（4）安装的各种阀门位置应正确，便于使用和维修；

（5）经通水试压所有接头，阀门与管道连接处不得有渗水、漏水现象；

（6）镀锌管道端头接口螺纹必须有八牙以上，进管必须有五牙以上，不得有"爆牙"，生料带必须5圈以上，方可接管绞紧，绞紧后，不得朝相反方向回较。安装完毕后，应用清漆涂刷接口并应及时用勾钉固定。管道与管件或阀门之间不得有松动；

（7）塑料（PVC）管道、管件，应严格按产品说明书规定安装；

（8）热水器（电热水器）进水口前应安装阀门；

（9）洗面器的冷热水接头应安装在洗面器下方，龙头连接应冷水在右，热水在左；

（10）给水口应对准浴缸闸口处不得感觉使用时造成不适，并做好密封，严禁使用塑料软管连接。淋浴龙头应安装在下水口的同一边，冷水在右、热水在左，龙头位置端正，碗形护罩紧贴墙面。

工程交接验收时宜向用户提交下列资料：

（1）管线竣工图，图中应标明暗管走向（包括高度）、导线截面积和规格型号；

（2）热水器、马桶、小便器、洗面台盘等设备的安装使用说明书、合格证、保修卡等；

（3）热水器、马桶、小便器、洗面台盘等设备安装完毕后试运行记录，并由记录运行登记表存档方便查验。

8.6　安全管理

装配式装修施工项目安全管理实质就是落实到安全生产管理制度上，"安全第一，预防为主"的安全生产方针。逐步推行安全生产管理制度落实到人。

1. 安全生产目标计划

安全是装配式装修施工项目中永恒的主题，在工程施工过程中，我们的宗旨：安全—质量—进度—经济效益，在确保施工安全的境况下，才有质量、文明施工、进度、经济效益。没有安全，一切都无从说起

安全生产目标：杜绝死亡及重伤事故，月安全事故频率控制在1.5‰以内。

2. 安全生产责任制

工程施工过程中，将运用科学的管理手段和模式，以安全为中心，建立以保证安全生产为目的安全生产体系。安全生产体系由安全生产责任制、安全生产责任制度和安全生产网络管理组成。

第9章 专业技能人员管理要求

为落实住房和城乡建设部等部门《关于加快培育新时代建筑产业工人队伍的指导意见》（建市〔2020〕105号），指导各地做好施工现场技能工人配备标准（以下简称配备标准）制定工作，强化施工现场技能人才配备，减少工程质量安全隐患，提升工程质量品质，2021年5月，住房和城乡建设部发布《关于开展施工现场技能工人配备标准制定工作的通知》，推进各地区开展施工现场技能工人配备标准制定工作，要求新建、改建、扩建房屋建筑与市政基础设施工程建设项目，均应制定相应的施工现场技能工人配备标准。

2025年，力争实现在建项目施工现场中级工占技能工人比例达到20%、高级工及以上等级技能工人占技能工人比例达到5%。

2035年，力争实现在建项目施工现场中级工占技能工人比例达到30%、高级工及以上等级技能工人占技能工人比例达到10%。

为进一步加快培育建筑产业工人，规范房屋建筑工程与市政基础设施工程施工现场技能工人配备工作，提升施工人员整体素质，保障工程质量与安全生产，制定本标准。2022年6月，四川省住房和城乡建设厅关于发布《房屋建筑工程与市政基础设施工程施工现场技能工人配备标准》等3项四川省工程建设推荐性地方标准，对我省房屋建筑工程与市政基础设施工程施工现场配备的技能工人，在工种类别、职业等级、配备要求、从业资格等方面做出了相关要求，见表9.1、表9.2。

表 9.1 房屋建筑工程项目施工现场技术工人配置标准

序号	工程规模	项目实施阶段（主要工种）	中级工占比	高级工占比	特种作业人员持证率
1	大型项目	地基与基础（防水工、钢筋工、模板工、混凝土工等）	20%	8%	100%
		主体结构（砌筑工、抹灰工、防水工、钢筋工、模板工、混凝土工等）	25%	8%	
		建筑装饰装修、给排水、采暖、电气、智能化、通风空调、电梯、建筑节能等（抹灰工、装饰装修工等）	30%	8%	
2	中型项目	地基与基础（防水工、钢筋工、模板工、混凝土工等）	20%	5%	100%
		主体结构（砌筑工、抹灰工、防水工、钢筋工、模板工、混凝土工等）	25%	5%	

序号	工程规模	项目实施阶段（主要工种）	中级工占比	高级工占比	特种作业人员持证率
2	中型项目	建筑装饰装修、给排水、采暖、电气、智能化、通风空调、电梯、建筑节能等（抹灰工、装饰装修工等）	30%	5%	
3	小型项目	地基与基础（防水工、钢筋工、模板工、混凝土工等）	20%	5%	100%
		主体结构（砌筑工、抹灰工、防水工、钢筋工、模板工、混凝土工等）	20%	5%	
		建筑装饰装修、给排水、采暖、电气、智能化、通风空调、电梯、建筑节能等（抹灰工、装饰装修工等）	30%	5%	

表 9.2　市政基础设施工程施工现场技术工人配置标准

序号	工程规模	项目实施阶段	中级工占比	高级工占比	特种作业人员持证率
1	大型项目	前期实施阶段（如：道路基础施工阶段、桥跨下部结构施工阶段、基坑围护开挖阶段、土方地形整理施工）	20%	5%	100%
		中期实施阶段（如：道路面层施工阶段、桥跨主体结构施工阶段、主体结构施工阶段、绿化施工）	25%	8%	
		后期实施阶段（如：配套附属工程施工阶段、桥面构造施工阶段、水电装修等附属工程施工阶段、铺装及附属施工）	20%	5%	
2	中型项目	前期实施阶段（如：道路基础施工阶段、桥跨下部结构施工阶段、基坑围护开挖阶段、土方地形整理施工）	20%	5%	100%
		中期实施阶段（如：道路面层施工阶段、桥跨主体结构施工阶段、主体结构施工阶段、绿化施工）	20%	5%	
		后期实施阶段（如：配套附属工程施工阶段、桥面构造施工阶段、水电装修等附属工程施工阶段、铺装及附属施工）	20%	5%	
3	小型项目	前期实施阶段（如：道路基础施工阶段、桥跨下部结构施工阶段、基坑围护开挖阶段、土方地形整理施工）	20%	5%	100%
		中期实施阶段（如：道路面层施工阶段、桥跨主体结构施工阶段、主体结构施工阶段、绿化施工）	20%	3%	
		后期实施阶段（如：配套附属工程施工阶段、桥面构造施工阶段、水电装修等附属工程施工阶段、铺装及附属施工）	20%	5%	

9.1　专业技能人员分类

一般技术工人等级分为初级工、中级工、高级工、技师、高级技师；工种类别包括砌筑工、钢筋工、模板工、混凝土工等，具体设置参照《住房城乡建设部办公厅关于印发住房城乡建设行业职业工种目录的通知》（建办人〔2017〕76 号）执行。各地可结合行业发展产生的新工种适时进行调整。结合装配式建筑发展要求，装配工、灌浆工、构件制作工、预埋工等新工种也纳入其中。

文件提到要加强行业职业技能培训规范管理，为职业技能等级认定打好基础。根据《国家职业资格目录》的管理要求和我部关于职业技能鉴定工作的统一部署，组织人员对《住房城乡建设行业职业工种目录》中列入国家职业资格目录清单的职业工种开展培训、鉴定，做好鉴定承接工作，同时，完善管理制度，实现培训鉴定工作有序运转。对其他未列入《国家职业资格目录》的职业工种，要参照《住房城乡建设部关于加强建筑工人职业培训工作的指导意见》建人〔2015〕43 号文件要求，做好本地区住房城乡建设行业从业人员技能培训工作。指导培训机构、企业培训中心（统称培训考核机构）依据职业技能标准，开展从业人员安全生产、职业道德、理论知识和操作技能培训，并按有关要求核发职业培训合格证。

《住房城乡建设行业职业工种目录》涵盖了历年来编修的职业技能标准、职业分类大典及相关规定中所列工种名称，并将工种内涵相同或者相近的职业工种进行了适当合并。并将根据行业发展和实际培训需求适时更新、调整《住房城乡建设行业职业工种目录》，见表 9.3。

表 9.3　住房城乡建设行业工种目录

序号	职业（工种）名称	代码
1	砌筑工（建筑瓦工、瓦工）	010
2	窑炉修筑工	011
3	钢筋工	020
4	架子工	030
5	附着升降脚手架安装拆卸工	031
6	高处作业吊篮操作工	032
7	高处作业吊篮安装拆卸工	033
8	混凝土工	040
9	混凝土搅拌工	041
10	混凝土浇筑工	042
11	混凝土模具工	043
12	模板工（混凝土模板工）	050
13	机械设备安装工	060
14	通风工	070
15	安装起重工（起重工、起重装卸机械操作工）	080
16	安装钳工	090
17	电气设备安装调试工	100
18	管道工（管工）	110

序号	职业（工种）名称	代码
19	变电安装工	120
20	建筑电工	130
21	弱电工	131
22	司泵工	140
23	挖掘铲运和桩工机械司机	150
24	推土（铲运）机驾驶员（推土机司机）	151
25	挖掘机驾驶员（土石方挖掘机司机）	152
26	桩工（打桩工）	153
27	桩机操作工	160
28	起重信号工（起重信号司索工）	170
29	建筑起重机械安装拆卸工	180
30	装饰装修工	190
31	抹灰工	191
32	油漆工	192
33	镶贴工	193
34	涂裱工	194
35	装饰装修木工	195
36	室内装饰设计师	196
37	室内成套设施安装工	200
38	建筑门窗幕墙安装工	210
39	幕墙安装工（建筑幕墙安装工）	211
40	建筑门窗安装工	212
41	幕墙制作工	220
42	防水工	230
43	木工	240
44	手工木工	241
45	精细木工	242
46	石工（石作业工）	250
47	电焊工（焊工）	270
48	爆破工	280
49	除尘工	290
50	测量放线工（测量工、工程测量员）	300
51	质检员	305
52	线路架设工	310
53	古建筑传统石工（石雕工、砧细工）	320

序号	职业（工种）名称	代码
54	古建筑传统瓦工（砖刻工、砌花街工、泥塑工、古建瓦工）	330
55	古建筑传统彩画工（彩绘工）	340
56	古建筑传统木工（木雕工、匾额工）	350
57	古建筑传统油工（推光漆工、古建油漆）	360
58	金属工	380
59	水暖工	401
62	沥青混凝土推铺机操作工	404
63	沥青工	405
64	筑炉工	406
65	工程机械修理工	407
66	道路巡视养护工（道路养护工）	408
67	桥隧巡视养护工	409
68	中小型机械操作工	410
69	管涵顶进工	411
70	盾构机操作工	412
71	筑路工	413
72	桥隧工	414
73	城市管道安装工	415
74	起重驾驶员（含塔式、门式、桥式等起重机驾驶员）	416
76	试验工	418
77	中央空调系统运行操作员	419
78	智能楼宇管理员	420
79	电梯安装维修工	421
80	建筑模型制作工	422
81	接触网工	423
82	物业管理员	424
83	房地产经纪人	425
84	房地产策划师	426
85	雕塑翻制工	427
86	司钻员	428
87	描述员	429
88	土工试验员	430
89	建筑外墙保温安装工	431
90	仪表安装调试工	432
91	空调安装调试工	433

序号	职业（工种）名称	代码
92	安装铆工	434
93	消防安装工	435
94	防腐保温工	436
95	构件装配工	437
96	构件制作工	438
97	预埋工	439
98	灌浆工	440
99	绿化工（园林绿化工）	501
100	花卉工（花卉园艺工）	502
101	园林植保工	503
102	盆景工	504
103	育苗工	505
104	展出动物保育员（观赏动物饲养员）	506
105	假山工	507
106	花艺环境设计师	508
107	保洁员	601
108	机动清扫工（道路清扫工）	602
109	垃圾清运工	603
110	垃圾处理工	604
111	环卫垃圾运输装卸工	605
112	环卫机动车修理工	606
113	环卫化验工	607
114	环卫公厕管理保洁工	608
115	环卫船舶轮机员	609
116	环卫机动车驾驶员	610
117	液化石油气罐工	701
118	液化石油气机械修理工	702
119	液化石油气钢瓶检修工	703
120	液化石油气库站运行工	704
121	液化石油气罐区运行工	705
122	燃气压力容器焊工	706
123	燃气输送工	707
124	燃气管道工	708
125	燃气用具修理工	709
126	燃气净化工	710

序号	职业（工种）名称	代码
127	燃气化验工	711
128	燃气调压工	712
129	燃气表装修工	713
130	燃气用具安装检修工	714
131	燃气供应服务员/供气营销员	715
132	管道燃气客服员	716
133	瓶装气客服员	717
134	燃气储运工	718
135	液化天然气储运工	719
136	燃气管网运行工	720
137	燃气用户安装检修工	721
138	压缩天然气场站运行工	722
139	燃气输配场站运行工	723
140	配煤工	724
141	焦炉调温工	725
142	炼焦煤气炉工	726
143	热力司炉工	727
144	热力运行工	728
145	焦炉维护工	729
146	机械煤气发生炉工	730
147	煤焦车司机	731
148	胶带机输送工	732
149	冷凝鼓风工	733
150	水煤气炉工	734
151	生活燃煤供应工	735
152	煤制气工	736
153	重油制气工（油制气工）	737
154	锅炉操作工	738
155	供热管网系统运行工	739
156	热力管网运行工	740
157	供热生产调度工	741
158	热力站运行工	742
159	中继泵站运行工	743
160	变配电运行工	801
161	泵站机电设备维修工	802

序号	职业（工种）名称	代码
162	水生产处理工	803
163	自来水生产工	804
164	水质检验工	805
165	水井工	806
166	供水调度员	807
167	供水管道工	808
168	供水泵站运行工	809
169	供水营销员	810
170	供水仪表工	811
171	供水稽查员	812
172	供水客户服务员	813
173	供水设备维修钳工	814
174	水表装修工	815
175	排水管道工	816
176	排水巡查员	817
177	排水调度工	818
178	排水泵站运行工	819
179	排水客户服务员	820
180	排水仪表工	821
181	城镇污水处理工（污水处理工）	822
182	排水化验检测工	823
183	污泥处理工	824
184	白蚁防治工	901

注：1. 所列工种名称包括老标准、新标准、在编标准、职业分类大典及相关规定中出现的工种名称。
　　2. 工种名称以职业技能标准为主。
　　3. 同一编码下，培训证书原则上采用不加括号工种名称，取得培训证书的人员视同具备括号内工种
　　　所需技能要求。

9.2　专业技能人员要求

（1）装配式混凝土建筑技术工人均应按本标准培训合格后方可持证上岗。

（2）装配式混凝土建筑技术工人既包括部分现浇混凝土建筑工，同时又有其本身的特殊性，增加部分工种工人。

① 现浇混凝土建筑工包括八大普通工种（模板工、油漆工、钢筋工、混凝土工、架子工、防

水工、抹灰工、砌筑工）和特殊工种（如：电工、架子工、脚手架升降工、桩工、各类建筑机械操作工、建筑起重司索信号工、电梯安装维修工、钢筋预应力机械操作工、爆破工），其职业资格要求、技能标准、考核标准按四川省住房和城乡建设厅岗位培训相关文件要求执行。

② 增加工种包括两类：一类是施工现场工种包括装配工、灌浆工、墙板组装工、打胶工；二类是构件加工车间工种包括构件制作工、预埋工。该部分建筑技术工人职业技能要求、标准、考核宜按本章要求执行。

（3）装配式混凝土建筑技术工人的职业技能等级分为五个等级：职业技能五级、职业技能四级、职业技能三级、职业技能二级和职业技能一级。

（4）装配式混凝土建筑技术工人职业技能各等级应符合以下相应的要求：

① 职业技能五级（初级工）：能运用基本技能独立完成本职业的常规工作；能识别常见的工程材料；能够操作简单的机械设备并进行例行保养。

② 职业技能四级（中级工）：能熟练运用基本技能独立完成本职业的常规工作；能运用专门技能独立或与他人合作完成技术较为复杂的工作；能区分常见的工程材料；能操作常用的机械设备及进行一般的维修。

③ 职业技能三级（高级工）：能熟练运用基本技能和专门技能完成较为复杂的工作，包括完成部分非常规性工作；能独立处理工作中出现的问题；能指导和培训初、中级技工。能按照设计要求，选用合适的工程材料，能操作较为复杂的机械设备及进行一般的维修。

④ 职业技能二级（技师）：能熟练运用专门技能和特殊技能完成复杂的、非常规性的工作；掌握本职业的关键技术技能，能独立处理和解决技术或工艺难题；在技术技能方面有创新；能指导和培训初、中、高级技工；具有一定的技术管理能力；能按照施工要求，选用合适的工程材料；能操作复杂的机械设备及进行一般的维修。

⑤ 职业技能一级（高级技师）：能熟练运用专门技能和特殊技能在本职业的各个领域完成复杂的、非常规性工；熟练掌握本职业的关键技术技能；能独立处理和解决高难度的技术问题或工艺难题；在技术攻关和工艺革新方面有创新；能组织开展技术改造、技术革新活动；能组织开展系统的专业技术培训；具有技术管理能力。

（5）装配式混凝土建筑技术工人申报各等级的职业技能评价，应符合下列条件之一：

① 职业资格五级（初级工）：

· 具有初中文化程度，在本标准所列工种的岗位工作（见习）1 年以上；

· 具有初中文化程度，本标准所列工种学徒期满。

② 职业资格四级（中级工）：

· 取得本职业技能五级证书，从事本标准所列工种范围内同一工种工作 2 年以上；

· 具有本标准所列工种中等以上职业学校本专业毕业证书。

③ 职业资格三级（高级工）：

· 取得本职业技能四级证书后，从事本标准所列工种范围内同一工种工作 3 年以上；

· 取得高等职业技术学院本标准所列工种本专业或相关专业毕业证书；

· 取得本标准所列工种中等以上职业学校本专业毕业证书，从事本标准所列工种范围内同一工种工作 2 年以上。

④ 职业资格二级（技师）：

· 取得本职业技能三级证书后，从事本标准所列工种范围内同一工种工作 3 年以上；

· 取得本职业技能三级证书的高等职业学院本专业或相关专业毕业生，从事本标准所列工种范围内同一工种工作 2 年以上。

⑤ 职业资格一级（高级技师）：

· 取得本职业技能二级证书后，从事本标准所列工种范围内同一工种工作 3 年以上。

（6）本标准未规定的装配式混凝土建筑生产、施工等过程所需技术工人的职业技能标准应符合国家及四川省现行职业技能标准的规定。

（7）各等级工种职业技能鉴定包括理论知识和操作技能两部分，理论知识和操作技能（或专业能力）在鉴定中所占的比例应符合表 9.4 的规定：

（8）职业技能分为理论知识和操作技能两个模块，职业技能对理论知识的目标要求由高到低分为掌握、熟悉、了解三个层次，对操作技能的目标要求分为具备和不具备两种类型。

表 9.4　职业技能权重

项　目	初级工	中级工	高级工	技师	高级技师
理论知识	20%	20%	40%	50%	60%
操作技能	80%	80%	60%	50%	40%
合　计	100%	100%	100%	100%	100%

9.3　专业技能标准

9.3.1　构件装配工职业技能标准

构件装配工应该具备法律法规与标准、识图、材料、工具设备、构件装配技术、施工组织管理、质量检查、安全文明施工、信息技术与行业动态的相关知识，具体应符合表 9.5 的规定。

表 9.5　构件装配工应具备的理论知识

项次	分类	理论知识	初级	中级	高级	技师	高级技师
1	法律法规与标准	1）建设行业相关的法律法规	○	○	■	★	★
		2）与本工种相关的国家、行业和地方标准	○	○	■	★	★
2	识图	3）建筑制图基础知识	○	■	■	■	★
		4）构件装配施工图识图知识	○	■	★	★	★
		5）建筑、结构、安装施工图识图知识	○	■	■	★	★
		6）支撑布置图识图知识	○	■	★	★	★
3	材料	7）预制构件的力学性能	○	○	■	■	★
		8）支撑及限位装置的种类、规格等基础知识	■	■	★	★	★
		9）构件堆放知识	■	■	★	★	★
		10）构件堆放期间及装配后的保护知识	■	■	■	★	★
		11）相关工序的成品保护知识	○	■	★	★	★
4	工具设备	12）构件起吊常用器具的种类、规格、基本功能、适用范围及操作规程	■	■	★	★	★
		13）构件装配常用机具的种类、规格、基本功能、适用范围及操作规程	■	■	■	★	★
		14）各类支撑架的维护及保养知识	○	■	■	★	★

项次	分类	理论知识	初级	中级	高级	技师	高级技师
4	工具设备	15）起重机械基础知识	○	■	■	★	★
		16）安全防护工具的种类、规格、基本功能、适用范围及操作规程	■	■	★	★	★
5	装配技术	17）测量放线基础知识及操作要求	○	■	■	★	★
		18）构件进场验收	○	○	■	★	★
		19）构件吊点选取基础知识	○	○	■	★	★
		20）构件装配前的准备工作	■	★	★	★	★
		21）构件装配的自然环境要求	■	■	★	★	★
		22）构件装配的工作面要求	■	■	★	★	★
		23）构件装配的基本程序	■	■	★	★	★
		24）预埋件、限位装置等的预留预埋	■	■	★	★	★
		25）构件就位的程序及复核方法	○	■	★	★	★
		26）构件干式及湿式连接的操作方法	○	■	★	★	★
		27）支撑与限位装置搭设及拆除知识	■	■	★	★	★
		28）支撑与限位装置复核方法	○	■	★	★	★
		29）支撑与限位装置受力变形及倾覆知识	—	■	★	★	★
6	施工组织管理	30）构件装配方案	—	■	★	★	★
		31）进度管理基础知识	—	○	■	■	★
		32）技术管理基础知识	—	—	○	■	★
		33）质量管理基础知识	—	○	■	■	★
		34）工程成本基础知识	—	—	○	■	★
		35）对低级别工培训的目标和考核	—	○	■	■	★
7	质量检查	36）构件装配工程自检与交接检的方法	○	■	★	★	★
		37）构件装配工程的质量验收与评定	—	○	■	★	★
8	安全文明施工	38）安全生产常识、安全生产操作	○	■	★	★	★
		39）安全事故的处理程序	■	★	★	★	★
		40）突发事件的处理程序	■	★	★	★	★
		41）文明施工与环境保护基础知识	○	■	★	★	★
		42）对职业健康基础知识	★	★	★	★	★
		43）建筑消防安全基础知识	○	○	■	★	★
9	信息技术与行业动态	44）由装配式建筑信息技术的相关知识	○	○	■	■	★
		45）装配式混凝土建筑发展动态和趋势	○	○	■	■	★
		46）构件安装工程前后工序相关知识	○	■	★	★	★

注：表中符号"—"表示不做要求；"○"表示："了解"；"■"表示"熟悉"；"★"表示"掌握"。

构件装配工应具备构件进场、装配准备、施工主持、预留预埋、构件就位、临时支撑搭拆、节点连接、施工检查、成品保护、班组管理、技术创新的相关技能，具体应符合表 9.6 的规定。

表 9.6　构件装配工应具备的操作技能

项次	分类	操作技能	初级	中级	高级	技师	高级技师
1	施工准备	1）能够进行构件进场验收。	—	—	√	√	√
		2）能够进行构件堆放。	√	√	√	√	√
		3）能够进行构件挂钩及试吊辅助。	√	√	√	√	√
		4）能够进行构件堆放方案优化。	—	—	√	√	√
2	装配标准	5）能够根据图纸及构件标识正确识别构件的类型、尺寸和位置。	√	√	√	√	√
		6）能够按构件装配顺序清点构件。	√	√	√	√	√
		7）能够准备和检查构件装配所需的机具和工具、撑架及辅料。	√	√	√	√	√
		8）能够按构件装配要求清理工作面。	√	√	√	√	√
		9）能够按施工要求对已完结构进行检查。	—	√	√	√	√
		10）能够介入设计生产阶段并提出合理优化建议。	—	—	√	√	√
		11）能够进行构件装配工程施工作业交底。	—	—	√	√	√
		12）能够对构件装配方案提出合理优化建议。	—	—	√	√	√
		13）能够编制一般构件安装方案。	—	—	—	√	√
		14）能够参与危险性较大的构件安装专项施工方案的编制。	—	—	—	—	√
		15）能够审核构件安装方案并进行合理优化。	—	—	—	—	√
3	施工主持	16）能够从装配施工的角度出发介入并优化前期方案。	—	—	—	√	√
		17）能够主持一般构件安装作业。	—	—	√	√	√
		18）能够主持危险性较大的构件安装作业。	—	—	—	√	√
4	预留预埋	19）能够按设计及施工要求进行构件、预埋件和限位装置的测量放线。	√	√	√	√	√
		20）能够按设计及施工要求进行预埋件、限位装置等的预留预埋。	—	√	√	√	√
5	构件就位	21）能够进行预埋件与构件预留孔洞的对中。	√	√	√	√	√
		22）能够协助构件吊落至指定位置。	√	√	√	√	√
		23）能够复合并校正构件的安装偏差。	—	√	√	√	√
6	临时支撑搭拆	24）能够选择适宜的斜向及竖向支撑。	—	√	—	√	√
		25）能够按施工要求搭设斜向及竖向支撑。	√	√	√	√	√
		26）能够复核及校正斜向及竖向支撑的位置。	—	√	√	√	√
		27）能够判断临时支撑拆除的时间。	—	—	√	√	√
		28）能够完成临时支撑拆除作业。	√	√	√	√	√

续表

项次	分类	操作技能	初级	中级	高级	技师	高级技师
7	节点连接	29）能够对构件节点进行干式连接。	—	√	√	√	√
		30）能够按湿式连接要求处理湿式连接工作面。	—	√	√	√	√
8	施工检查	31）能够对构件装配工程的材料和机具进行清理、归类、存放。	√	√	√	√	√
		32）能够对构件装配工程进行质量自检。	√	√	√	√	√
		33）能够组织施工班组进行质量自检与交接检。	—	—	√	√	√
9	成品保护	34）能够对前道工序的成果进行成品保护。	√	√	√	√	√
		35）能够对堆放地构件进行包裹、覆盖。	√	√	√	√	√
		36）能够对装配后构件进行成品保护。	√	√	√	√	√
10	班组管理	37）能够对低级别工进行指导与培训。	—	—	√	√	√
		38）能够提出安全生产建议并处理质量事故。	—	—	√	√	√
		39）能够提出构件装配工程安全文明施工措施。	—	—	√	√	√
		40）能够进行构件装配工程的质量验收和检验评定。	—	—	—	√	√
		41）能够处理施工中的质量问题并提出预防措施。	—	—	—	√	√
11	技术创新	42）能够推广应用构件装配工程新技术、新工艺、新材料和新设备。	—	—	√	√	√
		43）能够结合信息技术进行构件装配工程施工工艺、管理手段创新。	—	—	—	—	√
		44）能够对本工种相关的工器具、施工工艺进行优化与革新。	—	—	—	—	√

注：表中符号"—"表示不做要求；"√"表示对应等级技术工人应具备应对技能。

9.3.2 灌浆工职业技能标准

灌浆工应该具备法律法规与标准、识图、材料、工具设备、灌浆技术、施工组织管理、质量检查、安全文明施工、信息技术与行业动态的相关知识，具体应符合表 9.7 的规定。

表 9.7 灌浆工应具备的理论知识

项次	分类	理论知识	初级	中级	高级	技师	高级技师
1	法律法规与标准	1）建设行业相关的法律法规	○	○	■	★	★
		2）与本工种相关的国家、行业和地方标准	○	○	■	★	★
2	识图	3）建筑制图基础知识	○	■	■	■	★
		4）灌浆部位的施工图识图知识	○	○	■	★	★
		5）灌浆作业示意的识图知识	○	■	★	★	★

项次	分类	理论知识	初级	中级	高级	技师	高级技师
3	材料	6）预制构件的力学性能	○	○	■	■	★
		7）灌浆材料的常见种类、性能及适用范围	■	★	★	★	★
		8）灌浆辅料的常见种类、性能及用途	■	★	★	★	★
		9）灌浆料的制备方法	○	○	■	★	★
		10）灌浆部位的保护知识	■	★	★	★	★
		11）相关工序的成品保护知识	○	■	★	★	★
4	工具设备	12）灌浆常用机具的种类、规格、基本功能、适用范围及操作规程	■	★	★	★	★
		13）灌浆常用机具的维护及保养知识	■	★	★	★	★
		14）灌浆质量检测工具的使用方法	○	■	★	★	★
		15）灌浆设备操作规程及故障处理知识	○	■	★	★	★
		16）灌浆作业安全防护工具的种类、规格、基本功能、适用范围及操作规程	■	★	★	★	★
5	灌浆技术	17）灌浆料试件制作及检验	○	■	★	★	★
		18）灌浆材料进场验收	○	○	■	★	★
		19）灌浆前的准备工作	■	★	★	★	★
		20）灌浆的自然环境要求	■	★	★	★	★
		21）灌浆的工作面要求	■	★	★	★	★
		22）灌浆的基本程序	■	★	★	★	★
		23）灌浆泵的操作规程	○	■	★	★	★
		24）灌浆管道铺设的基本方法	○	■	★	★	★
		25）灌浆停止现象的基本特征	■	★	★	★	★
		26）灌浆区域分仓的基本方法	■	★	★	★	★
		27）灌浆封堵的基本方法	■	★	★	★	★
6	施工组织管理	28）灌浆施工方案	—	○	■	■	★
		29）进度管理基本知识	—	○	■	■	★
		30）技术管理基本知识	—	—	○	■	★
		31）质量管理基本知识	—	○	■	■	★
		32）工程成本基本知识	—	—	○	■	★
		33）安全管理基本知识	—	○	■	■	★
		34）对低级别工培训的目标和质量	—	○	■	■	★
7	质量检查	35）灌浆工程质量自检和交接检的方法	○	■	★	★	★
		36）灌浆工程质量验收与评定	—	○	■	★	★
		37）灌浆质量问题的处理方法	—	○	■	★	★

项次	分类	理论知识	初级	中级	高级	技师	高级技师
8	安全文明施工	38）安全生产常识、安全生产操作规程	○	■	★	★	★
		39）安全事故的处理程序	■	★	★	★	★
		40）突发事件的处理程序	■	★	★	★	★
		41）文明施工与环境保护基础知识	○	■	★	★	★
		42）职业健康基础知识	■	★	★	★	★
		43）建筑消防安全基础知识	○	○	■	★	★
9	信息技术与行业动态	44）装配式建筑相关信息技术的知识	○	○	■	■	★
		45）装配式混凝土建筑发展动态和趋势	○	○	■	■	★
		46）灌浆材料、灌浆工艺、灌浆技术的发展动态	○	■	★	★	★
		47）灌浆工程前后工序相关知识	○	■	★	★	★

注：表中符号"—"表示不做要求；"○"表示："了解"；"■"表示"熟悉"；"★"表示"掌握"。

灌浆工应具备施工准备、施工主持、分仓与接缝封堵、灌浆连接、灌浆后保护、施工检查、成品保护、班组管理、技术创新的相关技能，具体应符合表9.8的规定。

表9.8　灌浆工应具备的操作技能

项次	分类	操作技能	初级	中级	高级	技师	高级技师
1	施工准备	1）能够对灌浆材料进行进场验收	—	—	√	√	√
		2）能够准备和检查灌浆所需的机具和工具	√	√	√	√	√
		3）能够对灌浆作业面进行清理	√	√	√	√	√
		4）能够检查钢筋套筒、灌浆结合面并处理异常情况	—	√	√	√	√
		5）能够制作并检验灌浆料试块	—	√	√	√	√
		6）能够正确制备灌浆料	—	√	√	√	√
		7）能够选择合适的灌浆机具和工具	—	√	√	√	√
		8）能够进行灌浆工程施工作业交底	—	√	√	√	√
		9）能够编制灌浆施工方案	—	—	—	√	√
2	施工主持	10）能够主持一般灌浆作业	—	—	—	√	√
		11）能够主持危险性较大的灌浆作业	—	—	—	√	√
3	分仓与接缝封堵	12）能够根据灌浆要求进行分仓	√	√	√	√	√
		13）能够记录分仓时间，填写分仓检查记录表	√	√	√	√	√
		14）能够对灌浆接缝边沿进行封堵	√	√	√	√	√
		15）能正确安装止浆塞	√	√	√	√	√
		16）能够检查封堵情况并进行异常情况处理	—	√	√	√	√

项次	分类	操作技能	初级	中级	高级	技师	高级技师
4	灌浆连接	17）能够对灌浆孔与出浆孔进行检测，确保孔路畅通	√	√	√	√	√
		18）能够按照施工方案要求铺设灌浆管道	—	√	√	√	√
		19）能够正确使用灌浆泵进行灌浆操作	—	√	√	√	√
		20）能够监视构件接缝处的渗漏等异常情况并采取相应措施	—	√	√	√	√
		21）能够进行灌浆接头外观检查并识别灌浆停止现象	√	√	√	√	√
		22）能够进行灌浆作业记录	√	√	√	√	√
		23）能够判断达到设计灌浆强度的时间	—	√	√	√	√
		24）能够根据温度条件确定构件不受扰动时间	—	√	√	√	√
		25）能够采取措施保证灌浆所需的环境条件	—	—	√	√	√
5	施工检查	26）能够对现场的材料和机具进行清理、归类、存放	√	√	√	√	√
		27）能够对灌浆工程进行质量自检	√	√	√	√	√
		28）能够组织施工班组进行质量自检与交接检	—	√	√	√	√
6	成品保护	29）能够对前道工序的成果进行成品保护	√	√	√	√	√
		30）能够对灌浆部位进行保护	√	√	√	√	√
7	班组管理	31）能够对低级别员工进行指导与培训	—	—	√	√	√
		32）能够提出安全生产建议并处理安全事故	—	—	√	√	√
		33）能够提出灌浆工程安全文明施工措施	—	—	√	√	√
		34）能够进行本工作的质量验收和检验评定	—	—	√	√	√
		35）能够提出灌浆工程质量保证措施	—	—	√	√	√
		36）能够进行灌浆工程成本核算	—	—	—	√	√
		37）能够进行本工作的质量验收和检验评定	—	—	√	√	√
		38）能够提出灌浆工程质量保证的措施	—	—	—	√	√
		39）能够处理施工中的质量问题并提出预防措施	—	—	—	√	√
8	技术创新	40）能够推广应用灌浆工程新技术、新工艺、新材料和新设备	—	—	—	√	√
		41）能够结合信息技术进行灌浆工程施工工艺、管理手段创新	—	—	—	—	√
		42）能够根据生产对本工种相关的工器具、施工工艺进行优化与革新	—	—	—	—	√

注：表中符号"—"表示不做要求；"√"表示对应等级技术工人应具备应对技能。

9.3.3 墙板组装工职业技能标准

墙板组装工应该具备法律法规与标准、识图、材料、工具设备、墙板组装技术、施工组织管理、质量检查、安全文明施工、信息技术与行业动态的相关知识，具体应符合表 9.9 的规定。

表 9.9　墙板组装工应具备的理论知识

项次	分类	理论知识	初级	中级	高级	技师	高级技师
1	法律法规与标准	1）建设行业相关的法律法规	○	○	■	★	★
		2）与本工种相关的国家、行业和地方标准	○	○	■	★	★
2	识图	3）建筑制图基础知识	○	■	■	■	★
		4）墙板组装图识图知识	—	○	■	★	★
3	材料	5）墙板主材的常见种类、规格及性能	■	■	★	★	★
		6）墙板辅材的常见种类、用途与性能	■	■	★	★	★
		7）墙板的常见种类、用途与性能	■	■	★	★	★
		8）墙板组装前及组装后的保护知识	■	★	★	★	★
		9）相关工序的成品保护知识	○	■	★	★	★
4	工具设备	10）墙板组装常用机具的种类、规格、基本功能、适用范围及操作规程	■	★	★	★	★
		11）室内脚手架，人字梯的操作知识	■	★	★	★	★
		12）墙板组装作业安全防护工具的种类、规格、基本功能、适用范围及操作规程	■	★	★	★	★
5	墙板组装技术	13）内装测量放线基础知识与操作要求	○	■	★	★	★
		14）墙板及支撑材料进场验收	○	○	■	★	★
		15）墙板组装前的材料及机具准备	■	★	★	★	★
		16）墙板组装的工作面要求	■	■	★	★	★
		17）墙板组装的基本程序	■	■	★	★	★
		18）墙板支撑骨架的搭设及拆除知识	○	■	★	★	★
		19）墙板支撑骨架的检查知识	○	■	★	★	★
		20）墙板防水施工知识	○	■	★	★	★
		21）室内安装部品铺设知识	○	■	★	★	★
		22）墙板的成品保护知识	■	■	★	★	★
6	施工组织管理	23）墙板组装方案	—	○	■	■	★
		24）进度管理基础知识	—	○	■	■	★
		25）技术管理基础知识	—	—	○	■	★
		26）质量管理基础知识	—	○	■	■	★
		27）工程成本基础知识	—	—	○	■	★
		28）对低级别工培训的目标和度量	—	○	■	■	★
7	质量管理	29）墙板组装工程质量自检与交接检的方法	○	■	★	★	★
		30）墙板组装工程质量验收与评定	—	○	■	★	★
8	安全文明加工	31）安全生产常识、安全生产操作规程	○	■	★	★	★
		32）安全事故的处理程序	■	★	★	★	★
		33）突发事件的处理程序	■	★	★	★	★

项次	分类	理论知识	初级	中级	高级	技师	高级技师
8	安全文明加工	34）文明施工与环境保护基础知识	○	■	★	★	★
		35）职业健康基础知识	★	★	★	★	★
		36）建筑消防安全基础知识	○	○	■	★	★
9	信息技术及行业动态	37）装配式建筑相关信息化技术的知识	○	○	■	■	★
		38）装配式混凝土建筑发展动态和趋势	○	○	■	■	★
		39）墙板组装工程前后工序相关知识	○	■	★	★	★

注：表中符号"—"表示不做要求；"○"表示："了解"；"■"表示"熟悉"；"★"表示"掌握"。

墙板组装工应具备施工准备、施工主持、测量放线、管道敷设、支撑搭设、墙板组装、施工检查、成品保护、班组管理、技术创新的相关技能，具体应符合表9.10的规定。

表9.10 墙板组装工应具备的操作技能

项次	分类	操作技能	初级	中级	高级	技师	高级技师
1	施工准备	1）能够正确识别墙板的类型和安装位置	√	√	√	√	√
		2）能够按墙板组装工序准备部品	√	√	√	√	√
		3）能够选择合适的墙板组装机具和工具	—	—	√	√	√
		4）能够准备和检查墙板组装机具和工具	√	√	√	√	√
		5）能够按墙板组装要求清理工作面	√	√	√	√	√
		6）能够进行墙板组装作业交底	—	—	√	√	√
		7）能够参与方案会审并进行合理优化	—	—	—	√	√
		8）能够编制墙板组装方案	—	—	—	√	√
2	施工主持	9）能够主持一般墙板组装作业	—	—	√	√	√
		10）能够主持较为复杂的墙板组装作业	—	—	—	—	√
3	测量放线	11）能够根据施工要求进行墙板组装工程测量放线	—	√	√	√	√
4	管道敷设	12）能够根据设计图纸完成墙板组装铺设工作	—	√	√	√	√
5	支撑搭设	13）能够根据施工方案搭设支撑骨架	√	√	√	√	√
		14）能够复核及校正支撑骨架的位置	—	√	√	√	√
6	内部部品组装	15）能够根据设计图纸完成墙板组装工作	√	√	√	√	√
		16）能够对已完工的墙板进行美化、防水、防腐处理	—	√	√	√	√
		17）能够对已完工的墙板进行成品保护	√	√	√	√	√
7	施工检查	18）能够对现场的材料和机具进行清理、归类、存放	√	√	√	√	√
		19）能够对墙板组装工程进行质量自检	√	√	√	√	√
		20）能够组织施工班组进行质量自检与交接检	—	√	√	√	√

项次	分类	操作技能	初级	中级	高级	技师	高级技师
8	成品保护	21）能够对前道工序的成果进行成品保护	√	√	√	√	√
		22）能够对组装完成后的墙板进行成品保护	√	√	√	√	√
9	班组管理	23）能够对低级别工进行指导与培训	—	—	√	√	√
		24）能够提出安全生产建议并处理一般质量事故	—	—	√	√	√
		25）能够提出墙板组装工作安全施工和文明施工措施	—	—	√	√	√
		26）能够进行构件装配工程成本核算	—	—	—	√	√
		27）能够进行本工作的质量验收和检验评定	—	—	—	√	√
		28）能够提出构件装配工程质量措施	—	—	—	√	√
		29）能够处理施工中的质量问题并提出预防措施	—	—	—	—	√
10	技术创新	30）能够推广应用墙板组装工程新技术、新工艺、新材料和新设备	—	—	—	√	√
		31）能够根据生产对本工种相关的工器具、施工工艺及管理手段进行优化与革新	—	—	—	—	√

注：表中符号"**—**"表示不做要求；"√"表示对应等级技术工人应具备应对技能。

9.3.4 构件制作工职业技能标准

构件制作工应该具备法律法规与标准、识图、材料、工具设备、制作技术、施工组织管理、质量检查、安全文明施工、信息技术与行业动态的相关知识，具体应符合表 9.11 的规定。

表 9.11 构件制作工应具备的理论知识

项次	分类	理论知识	初级	中级	高级	技师	高级技师
1	法律法规与标准	1）建设行业相关的法律法规	○	■	★	★	★
		2）与本工种相关的国家、行业和地方标准	○	■	★	★	★
2	识图	3）建筑制图中常见名称、图例和代号	○	■	■	★	★
		4）构件大样图、配筋图识图知识	○	○	■	★	★
		5）一般建筑制图、结构设计知识	—	—	—	■	★
3	材料	6）常用钢筋、混凝土原材料的种类及适用范围	○	○	■	■	★
		7）钢筋、混凝土原材料的性能	■	★	★	★	★
4	工具设备	8）构件制作常用设备的基本功能及使用方法	■	■	★	★	★
		9）构件制作常用设备的维护及保养知识	—	○	■	★	★
		10）构件制作质量常用实验工具的使用方法	○	■	★	★	★
		11）钢筋、混凝土加工配送生产运输安全防护工具的基本功能及使用方法	■	■	★	★	★

项次	分类	理论知识	初级	中级	高级	技师	高级技师
5	制作技术	12）生产前的准备工作	○	■	★	★	★
		13）生产的基本程序	■	■	★	★	★
		14）钢筋配料表、混凝土配合比知识	○	■	★	★	★
		15）成型钢筋加工过程、混凝土质量控制	■	■	★	★	★
		16）成型钢筋存放的基本方法及出厂检验标准	○	■	★	★	★
		17）构件浇筑、脱模的操作方法及反打一次成型的技术要求	○	■	★	★	★
6	组织管理	18）构件制作方案编制方法	—	■	★	★	★
		19）进度管理与控制的基础知识	—	■	★	★	★
		20）质量管理基础知识	—	■	★	★	★
		21）技术、成本、安全管理基础知识	—	■	★	★	★
7	质量检查	22）构件制作质量自检的方法	○	■	★	★	★
		23）预防和处理质量事故的方法和措施	○	■	■	★	★
8	安全文明加工	24）安全生产操作规程	○	■	■	★	★
		25）安全事故的处理程序	○	■	■	★	★
		26）突发事件的处理程序	○	■	■	★	★
		27）安全生产知识	○	■	■	★	★
		28）职业健康知识	○	■	■	★	★
		29）环境保护知识	○	■	■	★	★
		30）建筑消防安全的基础知识	○	○	■	★	★
9	信息技术及行业动态	31）构件制作技术发展动态和趋势	—	—	○	■	★
		32）生产工艺、生产设备的发展动态	—	—	○	■	★

注：表中符号"—"表示不做要求；"○"表示："了解"；"■"表示"熟悉"；"★"表示"掌握"。

构件制作工应具备制作准备、生产主持、生产制作、生产检查、班组管理、技术创新的相关技能，具体应符合表 9.12 的规定。

表 9.12　构件制作工应具备的操作技能

项次	分类	操作技能	初级	中级	高级	技师	高级技师
1	制作准备	1）能够正确选用常用加工工具	√	√	√	√	√
		2）能够准备和检查制作机具和工具	√	√	√	√	√
		3）能够对原材料进行进场验收	—	√	√	√	√
		4）能够按构件制作工要求清理工作面	√	√	√	√	√
		5）能够对一般钢筋工程进行钢筋优化	—	—	√	√	√
2	生产主持	6）能够主持一般构件生产	—	√	√	√	√
		7）能够主持构件生产	—	—	√	√	√

项次	分类	操作技能	初级	中级	高级	技师	高级技师
3	生产制作	8）能够根据要求对灌浆原材料进行配置、浇筑、检查及养护	√	√	√	√	√
		9）能够使用自动数控设备进行成型钢筋加工	√	√	√	√	√
		10）能够按照构件种类规格就应用项目不同进行分类堆放及标识	√	√	√	√	√
4	生产检测	11）能够对现场的材料和机具进行清理、归类、存放	√	√	√	√	√
		12）能够对构件生产过程进行质量自检	√	√	√	√	√
		13）能够组织生产及运输班组进行质量自检与交接检	—	—	√	√	√
5	班组管理	14）能够对低级别员工进行指导与培训	—	√	√	√	√
		15）能够提出安全生产建议并处理一般安全事故	—	—	√	√	√
		16）能够提出构件制作安全检查和安全文明施工措施	—	—	√	√	√
		17）能够进行构件加工成本核算	—	—	√	√	√
		18）能够进行构件的质量验收和检验评价	—	—	√	√	√
		19）能够提出构件加工质量保证措施	—	—	√	√	√
		20）能够处理生产中的质量问题并提出预防措施	—	—	√	√	√
6	技术创新	21）能够推广应用成构件加工新技术、新工艺、新材料和新设备	—	—	√	√	√
		22）能够结合信息技术进行钢筋、混凝土加工配送	—	—	√	√	√
		23）能够根据生产对本工种相关的工器具进行优化与革新	—	—	√	√	√

注：表中符号"—"表示不做要求；"√"表示对应等级技术工人应具备应对技能。

9.3.5　预埋工职业技能标准

预埋工应该具备法律法规与标准、识图、材料、工具设备、预埋技术、施工组织管理、质量检查、安全文明施工、信息技术与行业动态的相关知识，具体应符合表9.13的规定。

表9.13　预埋工应具备的理论知识

项次	分类	理论知识	初级	中级	高级
1	法律法规与标准	1）建设行业相关的法律法规	○	○	■
		2）与本工种相关的国家、行业和地方标准	○	○	■
2	识图	3）建筑制图基础知识	○	■	■
		4）构件大样图识图知识	○	■	★
		5）预埋工程施工图识图知识	○	■	★

项次	分类	理论知识	初级	中级	高级
3	材料	6）预埋件的常见类型、规格、材质、安装要求	■	★	★
		7）预埋管道的常见类型、规格、材质、安装要求	■	★	★
		8）预埋螺栓的常见类型、规格、安装要求	■	★	★
		9）预制构件、预埋件、预埋管道及预埋螺栓的力学性能	○	■	★
		10）预埋件、预埋管道及预埋螺栓的成品保护知识	■	★	★
		11）相关工序的成品保护知识	○	■	★
4	工具设备	12）预埋工程安装与拆除机具的种类、规格、基本功能、适用范围及操作规程	■	★	★
		13）预埋工程常用机具的维护及保养知识	★	★	★
		14）预埋作业安全防护工具的种类、规格、基本功能、适用范围及操作规程	■	★	★
		15）数控机床的操控知识	—	○	★
5	预埋技术	16）预埋件、预埋管道及预埋螺栓进场验收知识	○	○	■
		17）预埋件、预埋管道及预埋螺栓安装前的准备工作	■	★	★
		18）预埋件、预埋管道及预埋螺栓的定位方法	■	★	★
		19）预埋件、预埋管道及预埋螺栓安装方法及质量控制标准	■	★	★
		20）预埋件、预埋管道及预埋螺栓受力变形与位移的处理办法	○	■	★
6	施工组织管理	21）预埋工程施工方案	—	—	○
		22）进度管理基础知识	—	○	■
		23）技术管理基础知识	—	—	○
		24）质量管理基础知识	—	○	■
		25）工程成本基础知识	—	—	○
		26）安全管理基础知识	—	—	○
		27）对低级别工培训的目标和考核	—	○	■
7	质量检查	28）预埋工程质量自检和交接检的方法	○	■	★
		29）预防和处理预埋工程质量事故的方法及措施	—	—	○
		30）预埋工程质量验收和评定	—	○	■
8	安全文明施工	31）安全生产常识、安全生产操作规程	○	■	★
		32）安全事故的处理程序	■	★	★
		33）突发事件的处理程序	■	★	★
		34）文明施工与环境保护基础知识	○	■	★
		35）职业健康基础知识	■	★	★
		36）工厂消防安全基础知识	○	■	★
9	信息技术及行业动态	37）建筑业信息技术的相关知识	○	○	■
		38）预埋工程的发展动态和趋势	○	■	★
		39）预埋工程前后工序相关知识	○	■	★

注：表中符号"—"表示不做要求；"○"表示："了解"；"■"表示"熟悉"；"★"表示"掌握"。

预埋工应具备施工准备、施工主持、埋件就位、埋件固定、施工检查、成品保护、班组管理、技术创新的相关技能，具体应符合表 9.14 的规定。

表 9.14　预埋工应具备的操作技能

项次	分类	操作技能	初级	中级	高级
1	施工准备	1）能够对预埋件、预埋管道、预埋螺栓及预埋铺材进行进场验收	—	—	√
		2）能够准备和检查钢筋加工机具和工具	√	√	√
		3）能够选择合适的预埋机具和工具	—	—	√
		4）能够准备检查预埋机具和工具	√	√	√
		5）能够进行预埋工程施工作业交底	—	—	√
2	施工主持	6）能够主持一般预埋生产	—	—	√
3	埋件就位	7）能够根据施工图纸要求确定预埋件、预埋管道及预埋螺栓位置	√	√	√
4	埋件固定	8）能够使用工具及机械将预埋件、预埋管道及预埋螺栓紧固在钢筋骨架、模台或模具规定位置	√	√	√
5	施工检查	9）能够对预埋工程的材料和机具进行清理、归类、存放	√	√	√
		10）能够对预埋工程进行质量自检	√	√	√
		11）能够组织施工班组进行质量自检与交接检	—	—	√
6	成品保护	12）能够对前道工序的成果进行成品保护	√	√	√
		13）能够采取防护措施，在隐蔽前对预埋件、预埋管道及预埋螺栓进行保护	—	√	√
		14）能够及时对位置偏移、外观损坏的预埋件、预埋管道及预埋螺栓进行修补及更换	—	√	√
7	班组管理	15）能够对低级别工进行指导与培训	—	—	√
		16）能够提出安全生产建议并处理安全事故	—	—	√
		17）能够提出预埋工程安全文明施工措施	—	—	√
		18）能够进行预埋工程的质量验收和检验评定	—	—	√
		19）能够处理施工中的质量问题并提出预防措施	—	—	√
8	技术创新	20）能够学习应用预埋工程新技术、新工艺、新材料和新设备	—	—	√

注：表中符号"—"表示不做要求；"√"表示对应等级技术工人应具备应对技能。

9.3.6　打胶工职业技能标准

打胶工应具备法律法规与标准、识图、材料、工具设备、打胶技术、施工组织管理、质量检查、安全文明施工、信息技术与行业动态的相关知识，具体应符合表 9.15 的规定。

表 9.15　打胶工应具备的理论知识

项次	分类	理论知识	初级	中级	高级
1	法律法规与标准	1）建设行业相关的法律法规	○	○	■
		2）与本工种相关的国家、行业和地方标准	○	○	■
2	识图	3）建筑制图基础知识	○	■	■
		4）打胶施工图识图知识	○	■	★
3	材料	5）打胶材料的常见种类、性能、技术要求及保管方法	■	★	★
		6）打胶辅料的常见种类、性能、用途及保管方法	■	★	★
		7）打胶部位的保护知识	■	★	★
		8）相关工序的成品保护知识	○	■	★
4	工具设备	9）打胶常用机具的种类、规格、基本功能、适用范围及操作规程	■	★	★
		10）打胶常用机具的维护及保养知识	■	★	★
		11）打胶质量检测工具的种类、基本功能及使用方法	○	■	★
5	打胶技术	12）打胶材料的进场验收	○	○	■
		13）打胶前的准备工作	■	■	★
		14）打胶的环境要求	■	■	★
		15）打胶的工作面要求	■	■	★
		16）打胶的基本程序	■	■	★
		17）基层处理技术	■	■	★
		18）表面遮掩技术	■	■	★
		19）装胶、配胶、混胶的技术要求	○	○	■
		20）打胶的技术要求	■	■	★
		21）刮胶及修补的技术要求	■	■	★
6	施工组织管理	22）打胶施工方案	—	—	○
		23）进度管理基础知识	—	—	○
		24）技术管理基础知识	—	—	○
		25）质量管理基础知识	—	○	■
		26）工程成本基础知识	—	—	○
		27）安全管理基础知识	—	—	○
		28）对低级别工培训的目标和度量	—	○	■
7	质量检查	29）打胶工程质量自检与交接检的方法	○	■	★
		30）打胶质量问题的处理方法	—	○	■
		31）打胶工程质量验收与评定	—	○	■
8	安全文明施工	32）安全生产常识、安全生产操作规程	○	■	★
		33）安全事故的处理程序	■	★	★
		34）突发事件的处理程序	■	★	★

项次	分类	理论知识	初级	中级	高级
8	安全文明施工	35）文明施工与环境保护基础知识	○	■	★
		36）职业健康基础知识	■	★	★
		37）建筑消防安全基础知识	■	■	★
9	信息技术与行业动态	38）装配式建筑相关信息化技术的知识	○	○	■
		39）装配式混凝土建筑发展动态和趋势	○	○	■
		40）打胶工程前后工序相关知识	○	■	★

注：表中符号"　"表示不作要求；"○"表示"了解"；"■"表示"熟悉"；表示"掌握"。

打胶工应具备施工准备、施工主持、基层处理、表面遮掩、打胶、刮胶、施工检查、成品保护、班组管理、技术创新的相关技能，具体应符合表 9.16 的规定。

表 9.16　打胶工应具备的操作技能

项次	分类	操作技能	初级	中级	高级
1	施工准备	1）能够对打胶材料进行进场验收	—	—	√
		2）能够选择合适的打胶机具和工具	—	—	√
		3）能够准备和检查打胶机具和工具	√	√	√
		4）能够按密封要求清理工作面	√	√	√
		5）能够绘制打胶施工草图	—	—	√
		6）能够进行打胶作业施工作业交底	—	—	√
		7）能够安排打胶施工工序	—	—	√
2	施工主持	8）能够主持一般打胶作业	—	—	√
3	基层处理	9）能够使用清洁接缝表面污染物	√	√	√
4	表面遮掩	10）能够使用工具遮住接口周边表面	√	√	√
		11）能够按打胶宽度留好缝隙宽度	√	√	√
		12）能够复核及校正预留打胶位置	√	√	√
5	打胶	13）能够确保基材与密封胶紧密接触	√	√	√
		14）能够根据缝隙情况匀速移动胶枪并使线条均匀、饱满	√	√	√
		15）能够根据缝隙情况准确判断压胶次数	—	√	√
6	刮胶	16）能够正确使用刮胶刀具进行刮胶	√	√	√
7	施工检查	17）能够对现场的材料和机具进行清理、归类、存放	√	√	√
		18）能够对打胶工程进行质量自检	√	√	√
		19）能够组织施工班组进行质量自检与交接检	—	—	√
8	成品保护	20）能够对前道工序的成果进行成品保护	√	√	√
		21）能够确定并保证密封部位最低不触摸时间	—	√	√
		22）能够确定并保证密封部位最低不按压时间	—	√	√

项次	分类	操作技能	初级	中级	高级
9	班组管理	23）能够对低级别工进行指导与培训	—	—	√
		24）能够提出安全生产建议并处理一般安全事故	—	—	√
		25）能够提出打胶工程安全文明施工措施	—	—	√
		26）能够进行本工作的质量验收与评定	—	—	√
		27）能够提出打胶工程质量保证措施	—	—	√
		28）能够处理施工中的质量问题并提出预防措施	—	—	√
10	技术创新	29）能够推广应用打胶工程新技术、新工艺、新材料和新设备	—	—	√
		30）能够根据生产对本工种相关的工器具、施工工艺及管理手段进行优化与革新	—	—	√

9.3.7　装配式建筑施工员职业技能标准

装配式建筑施工员应具备法律法规与标准、识图、材料、工具设备、装配式技术、施工组织管理、质量检查、安全文明施工、信息技术与行业动态的相关知识，具体应符合表 9.17 的规定。

表 9.17　装配式建筑施工员应具备的理论知识

职业功能	工作内容	相关知识要求	初级	中级	高级	技师	高级技师
职业道德	职业道德基本知识	基本概念	√	√	√	√	√
	职业守则	遵规守法，爱岗敬业	√	√	√	√	√
		执行标准，安全操作	√	√	√	√	√
		工作严谨，团结协作	√	√	√	√	√
		着装规范，文明施工	√	√	√	√	√
		守正创新，绿色低碳	√	√	√	√	√
基础知识	装配式建筑施工基本知识	建筑识图基本知识	√	√	√	√	√
		工程测量基本知识	√	√	√	√	√
		常用建材性能	√	√	√	√	√
		构造、构件基本知识	√	√	√	√	√
		部品部件安装工艺流程	√	√	√	√	√
	安全文明生产与环境保护知识	现场安全文明生产的基本要求	√	√	√	√	√
		安全操作与劳动保护的基本知识	√	√	√	√	√
		绿色施工及环境保护的基本知识	√	√	√	√	√
	质量控制知识	岗位质量职责与质量保证措施	√	√	√	√	√
		工艺质量控制要求	√	√	√	√	√
	相关法律、法规知识	《中华人民共和国劳动法》相关知识	√	√	√	√	√
		《中华人民共和国劳动合同法》相关知识	√	√	√	√	√

职业功能	工作内容	相关知识要求	初级	中级	高级	技师	高级技师
基础知识	相关法律、法规知识	《中华人民共和国民法典》相关知识	√	√	√	√	√
		《中华人民共和国安全生产法》相关知识	√	√	√	√	√
		《中华人民共和国环境保护法》相关知识	√	√	√	√	√
		《中华人民共和国特种设备安全法》相关知识	√	√	√	√	√
		《中华人民共和国建筑法》相关知识	√	√	√	√	√
		《建设工程安全生产管理条例》相关知识	√	√	√	√	√
		《建设工程质量管理条例》相关知识	√	√	√	√	√
施工准备	识读图纸与技术交底	预制构件标注方式		√			
		预制构件连接方式		√			
		预制构件标准图集知识			√		
		装配式建筑施工工艺工法				√	
		装配式建筑图纸深化设计和构件拆分原则					√
	场区规划和堆场布置	构件和部品堆场平整度要求		√			
		构件和部品堆场存放设施组装方法		√			
		场区测量和现状图绘制方法			√		
		运输车辆及垂直运输设备型号及性能参数				√	
		堆场布置与预制构件和部品堆放要求				√	
		场区规划方案审核依据					√
		堆场构件和部品存放方案审核依据					√
	方案编制和机具选型	机具的安装及调试方法			√		
		专项施工方案编制依据				√	
		机具型号及性能参数				√	
		施工组织设计编制依据					√
	定位放线和基面复验	定位放线知识		√			
		基面检查及处理方法		√			
		技术交底的内容			√		
		基面复验问题处理方案			√		
		施工验收规范				√	
构件装配	构件检验与现场存放	预制构件规格、型号的标注、标识方法	√				
		预制构件现场存放要求和方法	√				
		预制构件外观缺陷、几何尺寸、预留预埋件位置查验方法		√			
		堆放期间预制构件成品保护方法和限值规定		√			
		预制构件外观质量缺陷检查方法			√		
		预制构件严重质量缺陷检查方法和判定标准				√	

职业功能	工作内容	相关知识要求	初级	中级	高级	技师	高级技师
构件装配	构件检验与现场存放	预制构件存放信息化管理方法				√	
		构件进场计划的编制依据及方法					√
		预制构件质量缺陷处理方法和原则					√
	样板试拼与工艺核验	预制构件安装用设备、工具的参数及使用方法			√		
		预留、预埋件的使用功能和工作原理				√	
		水暖、机电、电气等专业基本施工原则				√	
		预制构件拼装方案编制原则					√
	构件吊装与临时支撑	吊装机具的使用方法	√				
		缆风绳的使用方法及使用注意事项	√				
		预制构件临时固定材料的安装和拆除方法	√				
		支撑体系的搭设和拆除方法	√				
		预制构件翻转、调平、对位方法		√			
		标高垫片/螺母设置、调整原则		√			
		悬挑预制构件支撑体系的搭设与拆除方法		√			
		支撑体系调节、校正方法		√			
		预制构件安装方法及要求			√		
		预制构件校正方法和安装精度要求			√		
		预制构件临时支撑、临时固定要求及检查方法			√		
		预制构件拼装质量标准及检查方法			√		
		预制构件安装全过程工艺流程、施工方法及质量控制措施				√	
		预制构件施工段吊装计划与实施方案编制原则				√	
		预制构件临时固定点位布置原则				√	
		构件装配关键技术原理和实施原则					√
		构件临时支撑设置原则及要求					√
		临时支撑承载力及稳定性验算方法					√
节点连接	钢筋绑扎	钢筋规格、型号标注方法	√				
		钢筋绑扎连接知识	√				
		钢筋保护层定位要求	√				
		预制水平构件钢筋连接构造要求		√			
		预制竖向构件钢筋连接构造要求			√		
		钢筋翻样知识			√		
		钢筋碰撞避让原则及处理方法				√	
		钢筋工程专项施工方案的内容					√
		钢筋连接传力基本知识					√

职业功能	工作内容	相关知识要求	初级	中级	高级	技师	高级技师
节点连接	钢筋连接	灌浆料和座浆料存放环境要求	√				
		称量仪器使用方法	√				
		灌浆设备使用方法	√				
		钢筋机械连接方法	√				
		灌浆料拌和物和座浆料拌和物的制备方法		√			
		灌浆设备的调试步骤和内容		√			
		座浆法施工步骤		√			
		套筒灌浆连接接头的质量要求		√			
		分仓法的施工步骤		√			
		灌浆作业过程资料和视频资料的填写及留存要求		√			
		灌浆料拌和物的制备指标			√		
		套筒灌浆作业试块、试件、试验			√		
		套筒灌浆作业补灌的操作方法			√		
		灌浆设备的工作原理				√	
		施工分仓的原则和技术要求				√	
		灌浆设备的技术参数					√
		套筒、浆锚灌浆的技术要求					√
		套筒灌浆作业常见技术性问题及处理方案					√
	后浇连接	混凝土浇筑操作规程	√				
		模板拼装和拆除的技术要求	√				
		混凝土分层浇筑工艺流程		√			
		模板防渗漏部位加固措施及方法		√			
		混凝土的工作性能及查验方法			√		
		后浇连接技术交底的内容			√		
		混凝土结构工程施工质量验收规范				√	
		混凝土浇筑质量保障措施					√
	螺栓连接（*）	结构用螺栓种类、强度等级	√				
		螺栓节点连接面板（板）平整度要求	√				
		扭矩扳手操作、保养方法	√				
		螺栓工具使用方法及螺栓安装要求		√			
		螺栓终拧判定方法		√			
		螺栓安装工艺			√		
		钢结构工程施工质量验收规范			√		

职业功能	工作内容	相关知识要求	初级	中级	高级	技师	高级技师
节点连接	螺栓连接（*）	螺栓连接操作方法及质量控制措施				√	
		螺栓连接质量问题处理方法				√	
		螺栓连接节点的构造要求					√
	焊接连接（*）	焊接设备维护知识，焊材保管知识	√				
		焊缝标识方法	√				
		焊缝质量要求及焊接方法	√				
		立焊焊接知识		√			
		焊接坡口形式和坡口尺寸的要求		√			
		现场焊接节点的焊接工艺			√		
		焊接设备的调试方法			√		
		焊缝外观质量要求及尺寸允许偏差			√		
		焊接节点连接知识				√	
		焊缝质量问题返修方法				√	
		焊接连接节点的构造要求					√
		焊缝连接质量通病整改方法					√
部品安装	外挂墙板和内隔墙板安装	外挂墙板和内隔墙板编号方法	√				
		外挂墙板和内隔墙板成品保护要求	√				
		外挂墙板和内隔墙板位置标注方法	√				
		外挂墙板和内隔墙板外观质量要求		√			
		外挂墙板和内隔墙板堆放要求		√			
		外挂墙板和内隔墙板施工测量及安装知识		√			
		外挂墙板和内隔墙板连接节点构造			√		
		外挂墙板和内隔墙板安装工艺流程			√		
		外挂墙板和内隔墙板安装质量标准			√		
		外挂墙板和内隔墙板进场验收内容				√	
		外挂墙板和内隔墙板安装技术要求				√	
		外挂墙板和内隔墙板安装验收标准				√	
		装配式外挂墙板和内隔墙板设计图纸					√
		外挂墙板和内隔墙板安装操作规程					√
		外挂墙板和内隔墙板预留预埋技术要求					√
	管线铺设与设备安装	管线设施产品规格、型号识别方法	√				
		管线设施产品的成品保护要求	√				
		管线设施图纸位置信息识读方法	√				
		预留预埋基面检查内容	√				

续表

职业功能	工作内容	相关知识要求	初级	中级	高级	技师	高级技师
部品安装	管线铺设与设备安装	管线设施的外观质量要求		√			
		管线设施现场堆放的技术要求		√			
		预留预埋材料和管线设施的安装方法		√			
		预留预埋材料清单的编制方法		√			
		管线设施连接节点构造			√		
		管线设施装配工艺流程			√		
		预留预埋材料质量的检查方法			√		
		管线设施装配的误差限值			√		
		管线设施进场的验收内容				√	
		管线设施的工作原理和技术参数				√	
		管线设施安装的技术要求				√	
		管线设施安装的验收标准				√	
		装配式建筑管线分离原则					√
		管线设施安装操作空间要求					√
		管线设施安装操作规程					√
		管线预留预埋技术要求					√
	集成厨卫安装	集成厨卫部品编号方法	√				
		集成厨卫部品保护要求	√				
		集成厨卫图纸安装位置、方向等信息识读方法	√				
		集成厨卫部品外观质量要求		√			
		集成厨卫部品堆放要求		√			
		集成厨卫部品测量放线及安装方法		√			
		集成厨卫部品连接节点构造			√		
		集成厨卫安装工艺流程			√		
		集成厨卫预留预埋及安装的偏差限值			√		
		集成厨卫部品进场验收内容				√	
		集成厨卫安装技术要求				√	
		集成厨卫安装验收标准				√	
		集成厨卫设计原则					√
		集成厨卫安装操作规程					√
		集成厨卫预留预埋技术要求					√
	装配式内装施工	楼地面装配式装修定位测量方法		√			
		墙面装修测量方法		√			
		天花板的施工测量放线方法			√		

职业功能	工作内容	相关知识要求	初级	中级	高级	技师	高级技师
部品安装	装配式内装施工	卫生间和厨房部品部件的安装测量放线方法			√		
		装配式装修施工的工艺流程				√	
		绿色建材环保的性能指标				√	
		装配式装修施工标准和规范					√
		装配连接点受力的计算方法					√
现场管理	施工交底与专项培训	钢筋连接构造要求			√		
		套筒灌浆技术			√		
		浆锚连接技术			√		
		螺栓连接操作规程			√		
		焊接工艺			√		
		构件装配技术规范和培训要求				√	
		构件装配临时支撑操作规程				√	
		装配式建筑施工关键技术					√
		装配式建筑技术标准和相关政策					√
	安全保障与质量控制	施工全过程的专项安全知识			√		
		安全操作规程			√		
		专项防护系统搭设的技术要求			√		
		应急预案的实施流程			√		
		专项质量监管的内容			√		
		专项质量监管相关资料的填报要求			√		
		预制装配安全管理制度				√	
		施工全过程的专项防护系统知识				√	
		预埋隐蔽工程的验收标准				√	
		安全操作规范和职业健康安全管理体系					√
		应急预案内容和处置措施					√
		预制构件吊装就位质量要求					√
		建筑结构实体的检验要求					√
	资料归档与信息化管理	项目管理平台相关软件的数据传递和沟通内容浏览功能			√		
		预制构件生产资料的归档内容和要求			√		
		预制构件安装、钢筋工程、模板工程、混凝土工程等资料的归档内容和要求			√		
		工程竣工验收资料的归档内容和要求			√		
		项目管理平台的技术展示功能				√	
		项目管理平台的管理功能				√	

职业功能	工作内容	相关知识要求	初级	中级	高级	技师	高级技师
现场管理	资料归档与信息化管理	构件安装质量检验与评定办法				√	
		装配式施工竣工验收资料归档要求				√	
		BIM 软件的操作方法					√
		项目管理平台的信息共享功能					√
		项目管理平台的权限设置要求					√
		构件安装质量检验与评定标准					√
		信息化管理平台质量评定和资料的归档功能					√

注：表中符号"空白"表示不作要求；"√"表示"掌握"。

装配式建筑施工员应具备施工识图、工艺试验、质量核验、方案编制、技术交底、施工检查、信息管理、现场管理、技术创新的相关技能，具体应符合表 9.18 的规定。

表 9.18　打胶工应具备的操作技能

职业功能	工作内容	技能要求	初级	中级	高级	技师	高级技师
施工准备	识读图纸与技术交底	能识读预制构件名称和对应数量		√			
		能识读预制构件装配连接方式		√			
		能识读图纸中的装配专项说明			√		
		能识读预制构件标准图集			√		
		能识读构件拆分图纸和预埋管线信息				√	
		能对图纸信息进行技术交底				√	
		能结合施工现场情况提出图纸深化建议					√
		能参与图纸会审和汇集技术交底资料					√
	场区规划和堆场布置	能平整堆场场地		√			
		能复核螺栓孔的数量和直径		√			
		能组装构件和部品堆场存放设施		√			
		能测量并绘制场区现状图			√		
		能根据施工进度准备堆场设施			√		
		能编制场区规划方案				√	
		能编制堆场构件和部品存放方案				√	
		能审核场区规划方案					√
		能审核堆场构件和部品存放方案					√
	方案编制和机具选型	能安装并调试机具			√		
		能汇总人员、材料、机具等基本信息			√		
		能编制专项施工方案，并进行技术交底				√	
		能根据施工方案选择机具类型和参数				√	
		能编制施工组织设计方案					√
		能审核机具选型方案					√

职业功能	工作内容	技能要求	初级	中级	高级	技师	高级技师
施工准备	定位放线和基面复验	能对构件和部品安装位置进行定位放线		√			
		能查验构件和部品安装基面是否符合要求		√			
		能对问题基面进行处理		√			
		能对构件和部品定位放线，进行技术交底并复验			√		
		能编制基面复验问题处理方案			√		
		能编制定位放线和基面处理专项方案				√	
		能审核问题基面处理方案				√	
构件装配	构件检验与现场存放	能核对预制构件规格、型号、数量	√				
		能根据构件信息及堆场条件存放预制构件	√				
		能查验预制构件外观缺陷、尺寸误差及预留预埋件位置		√			
		能根据预制构件类型复核存放限值规定		√			
		能根据施工进度提供存放设施			√		
		能判定预制构件表面损伤、裂纹、蜂窝等外观质量缺陷			√		
		能判定预制构件侧面弯曲、开裂露筋、预留预埋偏差等严重质量缺陷				√	
		能对堆放区预制构件进行信息化管理				√	
		能根据安装进度及堆场存放能力，编制构件进场计划					√
		能编制预制构件质量缺陷处理方案					√
	样板试拼与工艺核验	能通过预制构件试拼装优化吊装工具参数			√		
		能通过预制构件试拼装调试设备运行状态			√		
		能通过构件试拼装发现构件设计、生产、施工工艺缺陷				√	
		能通过构件试拼装发现专业之间的对位和连接问题				√	
		能组织预制构件试拼装					√
		能通过预制构件试拼装优化施工工艺并完善施工方案					√
	构件吊装与临时支撑	能完成吊装机具与构件的连接与分离	√				
		能牵引缆风绳控制预制构件移动、悬停	√				
		能使用专用工具、材料临时固定预制构件	√				
		能搭设和拆除一般位置预制构件支撑体系	√				
		能翻转、调平、对位拟吊装构件		√			
		能按要求设置、调节标高垫片或螺母		√			
		能搭设和拆除悬挑预制构件支撑体系		√			
		能调节、校正构件支撑体系位置和垂直度		√			

职业功能	工作内容	技能要求	初级	中级	高级	技师	高级技师
构件装配	构件吊装与临时支撑	能根据预制构件类型安装预制构件			√		
		能校正预制构件位置、标高、水平度和垂直度			√		
		能检查临时支撑、临时固定的可靠性			√		
		能检查预制构件拼装质量			√		
		能对预制构件吊装及临时支撑施工进行技术交底				√	
		能编制构件吊装计划与实施方案				√	
		能确定预制构件临时固定布置位置				√	
		能编制构件吊装及临时支撑关键技术交底文件					√
		能编制构件临时支撑体系搭设及拆除方案					√
		能查验临时支撑承载力及稳定性					√
节点连接	钢筋绑扎	能查验连接钢筋的品种、规格和数量	√				
		能对叠合构件现浇区域进行钢筋定位、绑扎	√				
		能对水平构件现浇连接节点部位进行钢筋定位、绑扎		√			
		能对水平悬挑构件锚固钢筋进行钢筋定位、绑扎		√			
		能对竖向构件现浇连接部位钢筋进行定位、绑扎			√		
		能对预制构件连接部位的钢筋进行翻样，并能对配料单进行查验			√		
		能对钢筋绑扎现场碰撞问题提出处理建议				√	
		能对节点钢筋绑扎进行技术交底和验收				√	
		能编写钢筋工程专项施工方案					√
		能处理复杂节点钢筋碰撞问题					√
	钢筋连接	能按规定存放灌浆料和座浆料	√				
		能按配比称量材料	√				
		能使用灌浆设备灌注灌浆料拌和物	√				
		能完成钢筋机械连接	√				
		能制备灌浆料拌和物和座浆料拌和物		√			
		能调试灌浆设备		√			
		能对座浆料拌和物进行摊铺		√			
		能完成施工分仓和封仓		√			
		能填写灌浆作业过程资料和留存灌浆过程视频		√			
		能检查钢筋机械连接质量		√			
		能将灌浆料拌和物信息录入项目数据			√		
		能在施工现场留置试块			√		

职业功能	工作内容	技能要求	初级	中级	高级	技师	高级技师
节点连接	钢筋连接	能制作套筒灌浆连接试件，测量灌浆料拌和物的流动度			√		
		能对灌浆不饱满的套筒进行补灌			√		
		能核查被连接钢筋的规格、数量、位置和长度			√		
		能根据项目需要和技术特点进行设备选型				√	
		能编制分仓法施工的分仓和封仓方案				√	
		能判断套筒灌浆是否充满				√	
		能判断半灌浆套筒套丝端连接质量是否符合机械连接				√	
		能对灌浆设备参数和注浆工艺进行审核					√
		能编制套筒及浆锚灌浆方案					√
		能处理灌浆过程出现的技术性问题					√
	后浇连接	能对水平构件连接进行混凝土浇筑	√				
		能搭设和拆除混凝土浇筑模板	√				
		能对竖向构件连接分层浇筑混凝土		√			
		能查验模板防渗漏措施，并实施加固		√			
		能对进场混凝土数量和工作性能进行查验			√		
		能对模板拼装和防渗漏措施进行技术交底			√		
		能检查混凝土浇筑质量，并提出缺陷处理方案				√	
		能编制混凝土浇筑工艺并进行技术交底				√	
		能编制混凝土现场浇筑施工方案					√
		能根据连接部位需要对浇筑混凝土性能提出要求					√
	螺栓连接（＊）	能根据图纸查验螺栓的种类和强度等级	√				
		能查验节点连接板的平整度	√				
		能使用扭矩扳手安装高强螺栓	√				
		能根据螺栓种类、安装空间合理选择安装工具进行安装		√			
		能检查螺栓是否完成终拧		√			
		能制定节点连接的螺栓安装顺序			√		
		能检查螺栓连接质量			√		
		能对螺栓连接节点施工进行技术交底				√	
		能对螺栓连接质量问题提出处理方案				√	
		能编制螺栓连接节点施工方案					√
		能审核螺栓连接质量处理方案					√
	焊接连接（＊）	能按要求维护焊接设备和保管焊材	√				
		能识别焊缝图例	√				

职业功能	工作内容	技能要求	初级	中级	高级	技师	高级技师
节点连接	焊接连接（＊）	能使用焊接工具进行平接焊缝焊接	√				
		能使用焊接工具进行三级立焊焊缝焊接		√			
		能对焊接接头和坡口进行检查及修改		√			
		能根据焊接节点要求进行焊接工艺参数制定			√		
		能进行焊接设备的调试			√		
		能对焊接节点外观质量进行判定			√		
		能使用焊接工具进行二级焊缝焊接			√		
		能根据方案进行焊接连接节点施工技术交底				√	
		能对节点焊缝质量问题提出返修方案				√	
		能使用焊接工具进行一级焊缝焊接				√	
		能选择焊接工艺参数、制定焊接工艺					√
		能编制焊缝连接质量通病整改方案					√
部品安装	外挂墙板和内隔墙板安装	能识别外挂墙板和内隔墙板型号	√				
		能对进场外挂墙板和内隔墙板进行成品保护	√				
		能检查外挂墙板和内隔墙板安装位置	√				
		能对外挂墙板和内隔墙板进行外观质量检查		√			
		能对外挂墙板和内隔墙板堆放进行规划		√			
		能对外挂墙板和内隔墙板进行测量放线及就位		√			
		能制作外挂墙板和内隔墙板节点连接构造展示样板			√		
		能演示外挂墙板和内隔墙板安装工艺流程			√		
		能对预留预埋位置进行检查			√		
		能识读外挂墙板和内隔墙板安装节点			√		
		能编制外挂墙板和内隔墙板进场验收方案				√	
		能对外挂墙板和内隔墙板安装位置进行复核				√	
		能对外挂墙板和内隔墙板预留预埋安装方案进行技术交底				√	
		能对外挂墙板和内隔墙板预留预埋安装质量控制进行交底				√	
		能编制外挂墙板和内隔墙板安装方案					√
		能编制外挂墙板和内隔墙板样板展示方案					√
		能编制外挂墙板和内隔墙板预留预埋方案					√
	管线铺设与设备安装	能核对管线设施的产品规格和型号	√				
		能对进场管线设施产品进行成品保护	√				
		能核对管线设施位置	√				
		能对预留预埋基面进行检查	√				

职业功能	工作内容	技能要求	初级	中级	高级	技师	高级技师
部品安装	管线铺设与设备安装	能对管线设施进行外观质量查验		√			
		能对管线设施现场堆放进行规划		√			
		能对预留预埋材料和管线设施进行安装		√			
		能根据施工图纸编制预留预埋材料清单		√			
		能制作管线设施连接节点构造展示样板			√		
		能演示管线设施装配的工艺流程			√		
		能对预留预埋材料质量进行查验			√		
		能对管线设施安装节点质量进行查验			√		
		能编制管线设施产品进场验收方案				√	
		能对管线设施安装空间进行核验				√	
		能对管线设施预留预埋安装方案进行技术交底				√	
		能对管线设施预留预埋安装质量检验进行技术交底				√	
		能编制装配式建筑管线分离方案					√
		能编制管线设施样板展示方案					√
		能编制管线设施安装方案					√
		能编制管线设施预留预埋方案					√
	集成厨卫安装	能识别集成厨卫部品型号	√				
		能对进场集成厨卫部品进行成品保护	√				
		能检查集成厨卫部品安装位置	√				
		能对集成厨卫部品进行外观质量检查		√			
		能对集成厨卫部品堆放进行规划		√			
		能对集成厨卫部品进行测量放线及就位		√			
		能制作集成厨卫部品连接节点构造展示样板			√		
		能演示集成厨卫的安装工艺流程			√		
		能对预留预埋位置进行检查			√		
		能对集成厨卫部品连接节点进行检查			√		
		能编制集成厨卫部品进场验收方案				√	
		能对集成厨卫安装位置进行核验				√	
		能对集成厨卫预留预埋安装方案进行技术交底				√	
		能对集成厨卫预留预埋安装质量控制进行交底				√	
		能编制集成厨卫安装方案					√
		能编制集成厨卫样板展示方案					√
		能编制集成厨卫预留预埋方案					√

职业功能	工作内容	技能要求	初级	中级	高级	技师	高级技师
部品安装	装配式内装施工	能对楼地面进行装配式装修定位放线及安装		√			
		能对墙面进行装配式装修放线及安装		√			
		能对天花板进行测量放线及安装			√		
		能对卫生间和厨房部品部件进行测量放线及安装			√		
		能对装配式装修施工工艺流程进行技术交底				√	
		能对装饰装修材料绿色环保性能指标进行查验				√	
		能编制装配式装修施工方案					√
		能对装配式装修连接点受力安全性进行复核					√
现场管理	施工交底与专项培训	能对节点连接区域钢筋绑扎技术进行施工交底和操作培训			√		
		能对受力主筋的套筒连接和浆锚连接技术进行施工交底和操作培训			√		
		能对螺栓连接技术进行施工交底和操作培训			√		
		能对焊接连接技术进行演示培训			√		
		能对竖向构件装配关键技术进行施工交底和操作培训				√	
		能对水平构件装配关键技术进行施工交底和操作培训				√	
		能对部品装配关键技术进行施工交底和操作培训				√	
		能编制施工关键技术交底方案					√
		能对标准规范及相关政策进行解读和宣贯					√
		能对相关图纸进行解读和研判					√
	安全保障与质量控制	能落实施工专项安全措施和要求			√		
		能检查专项安全措施落实情况			√		
		能落实装配专项安全管理制度			√		
		能搭设专项防护系统			√		
		能检查安全通道保障设施			√		
		能根据应急演练方案组织演练			√		
		能落实专项质量监管内容和要求			√		
		能填报专项质量监管相关资料			√		
		能编制不同施工部位专项防护方案				√	
		能对专项防护系统安全资料进行复核				√	
		能编制预埋预留专项质量要求和质量保障措施方案				√	
		能编制套筒灌浆专项质量监管方案				√	
		能编制专项安全管理方案					√

续表

职业功能	工作内容	技能要求	初级	中级	高级	技师	高级技师
现场管理	安全保障与质量控制	能编制装配施工安全应急预案					√
		能编制预制构件吊装就位专项质量监管方案					√
		能编制建筑结构实体检验专项方案					√
	资料归档与信息化管理	能将施工过程信息上传到 BIM 信息化管理平台			√		
		能处理现场错、漏、碰、缺问题			√		
		能对预制构件生产资料进行汇总、整理和归档			√		
		能对预制构件安装、钢筋工程、模板工程、混凝土工程等资料进行汇总、整理和归档			√		
		能对装配式施工工程竣工验收资料进行汇总、整理和归档			√		
		能通过 BIM 模型进行可视化三维技术交底				√	
		能利用信息化管理手段协调生产、储运和安装进度				√	
		能对预制构件首件验收、首段验收资料进行评定和确认，并按要求进行整理、归档				√	
		能编制装配式建筑资料分类、归档要求				√	
		能使用 BIM 软件					√
		能通过 BIM 技术进行工序模拟					√
		能通过 BIM 信息化管理平台联系参建各方					√
		能结合工程实际编制装配式建筑施工质量评定内容、检验方法和验收标准					√
		能通过信息化管理手段进行质量检验与评定					√

9.4 专业技能考核标准

构件装配工能力测试包括理论知识和操作技能两部分内容，具体应符合表 9.19 的规定。

表 9.19 构件装配工能力测试的内容和权重

项次	分类	评价权重/%				
		初级	中级	高级	技师	高级技师
理论知识	法律法规与标准	5	5	5	5	5
	识图	10	10	10	10	10
	材料	15	10	10	10	10
	工具设备	15	15	10	10	10
	构件装配技术	30	30	30	30	25

项次	分类	评价权重/%				
		初级	中级	高级	技师	高级技师
理论知识	施工组织管理	—	5	10	10	15
	质量检查	5	5	5	5	5
	安全文明施工	15	15	15	15	15
	信息技术及行业动态	5	5	5	5	5
	小计	100	100	100	100	100
操作技能	构件进场	15	10	10	10	10
	装配准备	25	20	20	15	15
	施工主持	—	—	—	5	10
	预留预埋	10	10	5	5	5
	构件就位	15	15	10	10	10
	临时支撑搭拆	15	15	10	10	5
	节点连接	—	10	10	10	5
	施工检查	10	10	10	10	10
	成品保护	10	10	10	10	10
	班组管理	—	—	10	10	10
	技术创新	—	—	5	5	10
	小计	100	100	100	100	100

灌浆工能力测试包括理论知识和操作技能两部分内容，具体应符合表9.20的规定。

表9.20　灌浆工能力测试的内容和权重

项次	分类	评价权重/%				
		初级	中级	高级	技师	高级技师
理论知识	法律法规与标准	5	5	5	5	5
	识图	5	10	10	10	10
	材料	15	15	10	10	10
	工具设备	15	10	10	10	10
	灌浆技术	30	30	25	25	20
	施工组织管理	—	5	10	10	15
	质量检查	5	5	10	10	10
	安全文明施工	15	10	10	10	10
	信息技术及行业动态	10	10	10	10	10
	小计	100	100	100	100	100
操作技能	施工准备	20	20	20	20	20
	施工主持	—	—	—	5	5

项次	分类	评价权重/%				
		初级	中级	高级	技师	高级技师
操作技能	分仓与接缝封堵	30	30	20	15	10
	灌浆连接	25	30	20	15	15
	施工检查	15	10	10	10	10
	成品保护	10	10	15	10	10
	班组管理	—	—	15	20	20
	技术创新	—	—	—	5	10
	小计	100	100	100	100	100

墙板组装工能力测试包括理论知识和操作技能两部分内容，具体应符合表 9.21 的规定。

表 9.21 墙板组装工能力测试的内容和权重

项次	分类	评价权重/%				
		初级	中级	高级	技师	高级技师
理论知识	法律法规与标准	5	5	5	5	5
	识图	5	5	5	5	5
	材料	20	20	15	15	15
	工具设备	15	10	10	10	10
	墙板组装技术	30	30	30	25	25
	施工组织管理	—	5	10	10	15
	质量检查	5	5	10	10	5
	安全文明施工	15	15	10	10	10
	信息技术及行业动态	5	5	5	10	10
	小计	100	100	100	100	100
操作技能	施工准备	30	25	25	20	20
	施工主持	—	—	5	10	10
	放线定位	—	5	5	5	5
	管道敷设	—	10	5	5	5
	支撑搭设	15	15	10	10	5
	墙板组装	20	20	15	15	10
	施工检查	20	15	15	10	10
	成品保护	15	10	10	10	10
	班组管理	—	—	10	10	15
	技术创新	—	—	—	5	10
	小计	100	100	100	100	100

构件制作工能力测试包括理论知识和操作技能两部分内容，具体应符合表 9.22 的规定。

表 9.22　构件制作工能力测试的内容和权重

项次	分类	评价权重/%				
		初级	中级	高级	技师	高级技师
理论知识	法律法规与标准	5	5	5	5	5
	识图	5	5	5	5	5
	材料	20	20	25	25	25
	工具设备	15	15	10	10	10
	制作技术	35	30	20	15	10
	组织管理	—	5	10	10	15
	质量检查	5	5	10	10	5
	安全文明施工	15	15	10	10	10
	信息技术及行业动态	—	—	10	10	10
	小计	100	100	100	100	100
操作技能	生产准备	30	20	15	10	5
	生产主持	—	10	15	20	20
	生产制作	50	40	25	20	10
	生产检查	20	25	25	20	20
	班组管理	—	5	10	15	20
	技术创新	—	—	10	15	25
	小计	100	100	100	100	100

预埋工能力测试包括理论知识和操作技能两部分内容，具体应符合表 9.23 的规定。

表 9.23　预埋工能力测试的内容和权重

项次	分类	评价权重/%		
		初级	中级	高级
理论知识	法律法规与标准	5	5	5
	识图	10	10	10
	材料	20	20	15
	工具设备	15	15	10
	预埋技术	20	20	15
	施工组织管理	—	5	10
	质量检查	5	5	10
	安全文明施工	20	15	15
	信息技术及行业动态	5	5	10
	小计	100	100	100
操作技能	施工准备	20	20	20
	施工主持	—	—	5

项次	分类	评价权重/%		
		初级	中级	高级
操作技能	埋件就位	20	20	10
	埋件固定	20	20	10
	施工检查	20	20	20
	成品保护	20	20	10
	班组管理	—	—	20
	技术创新	—	—	5
	小计	100	100	100

注：表中符号"—"表示不作要求。

打胶工能力测试包括理论知识和操作技能两部分内容，具体应符合表 9.24 的规定。

表 9.24　打胶工能力测试的内容和权重

项次	分类	评价权重/%		
		初级	中级	高级
理论知识	法律法规与标准	5	5	5
	识图	5	5	10
	材料	15	15	10
	工具设备	15	15	10
	打胶技术	30	30	25
	施工组织管理	—	5	10
	质量检查	5	5	10
	安全文明施工	20	15	10
	信息技术及行业动态	5	5	10
	小计	100	100	100
操作技能	施工准备	20	15	20
	施工主持	—	—	10
	基层处理	10	10	5
	表面遮掩	20	20	10
	打胶	20	20	10
	刮胶	10	10	5
	施工检查	10	15	15
	成品保护	10	10	10
	班组管理	—	—	10
	创新	—	—	5
	小计	100	100	100

装配式建筑施工员能力测试包括理论知识和操作技能两部分内容，具体应符合表 9.25 的规定。

表 9.25　装配式建筑施工员能力测试的内容和权重

项次	分类	评价权重/%				
		初级	中级	高级	技师	高级技师
理论知识	职业道德	5	5	5	5	5
	基础知识	30	25	20	15	10
	施工准备	—	10	15	15	20
	构件装配	20	20	20	20	20
	节点连接	20	20	15	15	15
	部品安装	25	20	15	15	15
	现场管理	—	—	10	15	15
	小计	100	100	100	100	100
操作技能	施工准备	—	10	10	15	15
	构件装配	35	30	25	30	25
	节点连接	35	30	30	25	20
	部品安装	30	30	25	15	20
	现场管理	—	—	10	15	20
	小计	100	100	100	100	100

参考文献

[1]　杜常岭. 装配式混凝土建筑口袋书：构件安装. 北京：机械工业出版社，2019.

[2]　叶浩文，等. 装配式混凝土建筑施工技术. 北京：中国建筑工业出版社，2017.

[3]　四川省装配式建筑产业协会. 装配式混凝土建筑项目实施指南. 成都：西南交通大学出版社，2021.

[4]　肖承波，吴体，淡浩，等. 装配式混凝土建筑构件质量控制现状分析研究. 建筑科学，2020（7）.

[5]　淡浩，吴体，肖承波，等. 预制混凝土构件结合面抗剪性能试验及分析. 建筑科学，2020（3）.

[6]　北京市保障性住房建设投资中心. 图解装配式装修设计与施工：微视频教学. 北京：化学工业出版社，2019.

[7]　蒋明慧，邓林，颜有光，等. 装配式混凝土建筑构造与识图. 北京：北京理工大学出版，2022.

[8]　张瀑，鲁兆红，淡浩. 汶川地震中预制装配整体结构的震害调查分析. 四川建筑科学研究：2010（3）.

[9]　徐文杰，陶里，郑清林. 浆锚搭接连接缺陷分类及形成机理. 施工技术：2018（21）.

[10]　肖明和，等. 装配式建筑施工技术（第二版）. 北京：中国建筑工业出版社，2023.

[11]　陈文元，等. 装配式建筑与设备吊装技术. 北京：中国建筑工业出版社，2018.

[12]　王宝申. 装配式建筑建造构件安装. 北京：中国建筑工业出版社，2018.

附　录

附录 1　装配式建筑产业发展政策文件目录

序号	文件名称	发布部门	发布编号
1	关于印发《装配式建筑示范城市管理办法》《装配式建筑产业基地管理办法》的通知	住房和城乡建设部	建科〔2017〕77号
2	关于促进建筑业持续健康发展的意见	国务院办公厅	国办发〔2017〕19号
3	关于大力发展装配式建筑的指导意见	国务院办公厅	国办发〔2016〕71号
4	关于进一步推进工程总承包发展的若干意见	住房和城乡建设部	建市〔2016〕93号
5	关于进一步加强城市规划建设管理工作的若干意见	中共中央国务院	2016年2月6日
6	关于全面开展工程建设项目审批制度改革的实施意见	国务院办公厅	国办发〔2019〕11号
7	关于印发《房屋建筑和市政基础设施项目工程总承包管理办法》的通知	住房和城乡建设部国家发改委	2019年12月23日
8	关于印发"十四五"建筑业发展规划的通知	住房和城乡建设部	2022年1月19日
9	关于推动四川建筑业高质量发展的实施意见	省政府办公厅	川办发〔2019〕54号
10	关于印发《四川省钢结构装配式住宅建设试点工作实施方案》的通知	住建厅	川建建发〔2019〕363号
11	关于在装配式建筑推行工程总承包招标投标的意见	住建厅	川建行规〔2019〕2号
12	关于印发《2022年全省推进装配式建筑发展工作要点》的通知	住建厅	川建建发〔2022〕33号
13	关于印发《四川省装配式建筑部品部件生产质量保障能力评估办法》的通知	住建厅、经信厅、市场监督管理局	川建行规〔2018〕2号
14	关于印发《四川省装配式建筑产业基地管理办法》的通知	住建厅	川建建发〔2018〕809号
15	关于印发《四川省装配式农村住房建设导则》的通知	住建厅	川建建发〔2018〕738号
16	关于印发《提升装配式建筑发展质量五年行动方案》的通知	住建厅	川建建发〔2021〕110号

序号	文件名称	发布部门	发布编号
17	关于印发《四川省装配式建筑装配率计算细则》的通知	住建厅	川建建发〔2020〕275号
18	关于大力发展装配式建筑的实施意见	省政府办公厅	川办发〔2017〕56号
19	关于推进四川省装配式建筑工业化部品部件产业高质量发展的指导意见	住建厅、经信厅、生态环境厅、交通运输厅、市场监督管理局	川经信冶建〔2019〕248号
20	关于印发《2024年全省推进智能建造与装配式建筑发展工作要点》	住建厅	川建建发〔2024〕50号

说明：以上文件仅为重点部分摘要，仅供参考。

附录2　装配式建筑标准规范目录

序号	文件名称	类型	编号
1	国家职业标准 装配式建筑施工员	国标	GZB 6-29-01-06
2	建筑用硅酮结构密封胶	国标	GB 16776—2005
3	钢结构设计标准	国标	GB 50017—2017
4	混凝土结构工程施工质量验收规范	国标	GB 50204—2015
5	建筑模数协调标准	国标	GB/T 50002—2013
6	建筑结构检测技术标准	国标	GB/T 50344—2019
7	建设项目工程总承包管理规范	国标	GB/T 50358—2017
8	绿色建筑评价标准	国标	GB/T 50378—2019
9	装配式建筑评价标准	国标	GB/T 51129—2017
10	装配式混凝土建筑技术标准	国标	GB/T 51231—2016
11	装配式钢结构建筑技术标准	国标	GB/T 51232—2016
12	装配式木结构建筑技术标准	国标	GB/T 51233—2016
13	建设工程化学灌浆材料应用技术标准	国标	GB/T 51320—2018
14	装配式混凝土结构技术规程	行标	JGJ 1—2014
15	钢筋焊接及验收规程	行标	JGJ 18—2012
16	建筑施工高处作业安全技术规范	行标	JGJ 80—2016
17	钢筋机械连接技术规程	行标	JGJ 107—2016

序号	文件名称	类型	编号
18	预制预应力混凝土装配整体式框架结构技术规程	行标	JGJ 224—2010
19	钢筋套筒灌浆连接应用技术规程	行标	JGJ 355—2023
20	装配箱混凝土空心楼盖结构技术规程	行标	JGJ/T 207—2010
21	预制带肋底板混凝土叠合楼板技术规程	行标	JGJ/T 258—2011
22	建筑防水工程现场检测技术规范	行标	JGJ/T 299—2013
23	装配式劲性柱混合梁框架结构技术规程	行标	JGJ/T 400—2017
24	预应力混凝土异型预制桩技术规程	行标	JGJ/T 405—2017
25	装配式环筋扣合锚接混凝土剪力墙结构技术标准	行标	JGJ/T 430—2018
26	装配式住宅建筑检测技术标准	行标	JGJ/T 485—2019
27	钢骨架轻型预制板应用技术标准	行标	JGJ/T 457—2019
28	装配式钢结构住宅建筑技术标准	行标	JGJ/T 469—2019
29	装配式整体卫生间应用技术标准	行标	JGJ/T 467—2018
30	装配式整体厨房应用技术标准	行标	JGJ/T 477—2018
31	四川省建筑工业化预制混凝土构件制作、安装及质量验收规程	地标	DBJ51/T 008—2015
32	四川省装配整体式住宅建筑设计规程	地标	DBJ51/T 038—2015
33	四川省装配式混凝土结构工程施工与质量验收规程	地标	DBJ51/T 054—2015
34	四川省工业化住宅设计模数协调标准	地标	DBJ51/T 064—2016
35	四川省装配式混凝土建筑BIM设计施工一体化标准	地标	DBJ51/T 087—2017
36	四川省装配式混凝土建筑预制构件生产和施工信息化技术标准	地标	DBJ51/T 088－2017
37	四川省装配式混凝土建筑预制外墙接缝防水技术标准	地标	DBJ51/T 197—2022
38	房屋建筑工程与市政基础设施工程施工现场技能工人配备标准	地标	DBJ51/T 203—2022
39	四川省钢结构住宅装配式装修技术标准	地标	DBJ51/T 222—2023
40	四川省装配整体式钢筋网叠合混凝土结构技术标准	地标	DBJ51/T 228—2023
41	四川省建筑工程绿色施工标准	地标	DBJ51/T 229—2023
42	装配式建筑集成式厨房、集成式卫生间应用技术标准	地标	DBJ51/T 234—2023
43	工业化建筑用混凝土部品质量评定和检验标准	地标	DB510100/T 227—2017
44	装配式混凝土建筑技术工人职业技能标准	地标	DBJ50/T 298—2018
45	装配式混凝土结构检测技术标准	团标	T/CECS1189—2022

说明：1. 以上文件仅为部分装配式建筑标准规范的摘要，仅供参考。

2. 本书在编写的过程中参考了相关上述相关标准，在此表示感谢。

附录3　装配式建筑标准图集目录

序号	文件名称	类型	编号
1	装配式保温楼地面建筑构造 FD 干式地暖系统	国标	20CJ95-1
2	预制钢筋混凝土楼梯（公共建筑）	国标	20G367-2
3	装配式建筑蒸压加气混凝土板围护系统	国标	19CJ85-1
4	地铁装配式管道支吊架设计与安装	国标	19T202
5	《装配式住宅建筑设计标准》图示	国标	18J820
6	装配式建筑—远大轻型木结构建筑	国标	18CJ67-2、18CG44-1
7	《装配式管道支吊架》（含抗震支吊架）	国标	18R417-2
8	预制混凝土综合管廊制作与施工	国标	18GL205
9	预制混凝土综合管廊	国标	18GL204
10	预制混凝土外墙挂板	国标	16J110-2、16G333
11	PC 结构预制构件选用目录（一）	国标	16G116-1
12	装配式混凝土剪力墙结构住宅施工工艺图解	国标	16G906
13	预制及拼装式轻型板-轻型兼强板（JANQNG）	国标	16CG27 16CJ72-1
14	装配式室内管道支吊架的选用与安装	国标	16CK208
15	桁架钢筋混凝土叠合板	地标	16G118-TY
16	四川省公共厕所标准图集	地标	川 2018J133-TY
17	四川省农房抗震设防构造图集	地标	DBJT20-63
18	四川省农村居住建筑维修加固图集	地标	川 14G172

说明：以上文件仅为重点部分摘要，仅供参考。